新编农技员丛书

# 大宗淡水鱼生产配套技术手册

戈贤平　主　编
赵永锋　副主编

中国农业出版社

**图书在版编目（CIP）数据**

大宗淡水鱼生产配套技术手册/戈贤平主编．—北京：中国农业出版社，2013.4（2017.3 重印）
（新编农技员丛书）
ISBN 978-7-109-17786-4

Ⅰ.①大… Ⅱ.①戈… Ⅲ.①淡水鱼类－鱼类养殖－技术手册 Ⅳ.①S965.1-62

中国版本图书馆 CIP 数据核字（2013）第 067707 号

中国农业出版社出版
（北京市朝阳区麦子店街 18 号楼）
（邮政编码 100125）
责任编辑 林珠英 黄向阳

---

中国农业出版社印刷厂印刷 新华书店北京发行所发行
2013 年 5 月第 1 版 2017 年 3 月北京第 2 次印刷

---

开本：850mm×1168mm 1/32 印张：11.75
字数：310 千字
定价：26.00 元

## 本书编写人员


主　　编　戈贤平

副 主 编　赵永锋

编 著 者（以编写内容前后为序）

戈贤平　刘恒顺　刘文斌

赵永锋　曾令兵　夏文水

白遗胜　徐维娜　胡海彦

缪凌鸿

# 前　言

大宗淡水鱼主要包括青鱼、草鱼、鲢、鳙、鲤、鲫、鲂七个品种，是我国水产养殖的主体，产业地位十分重要。一是青鱼、草鱼、鲢、鳙、鲤、鲫、鲂这七大养殖品种的产量占我国鱼产量的50%，对保障我国粮食安全、满足城乡市场水产品有效供给起到了关键作用；二是大宗淡水鱼作为一种高蛋白、低脂肪、营养丰富的健康食品，具有健脑强身、延年益寿、保健美容的功效，对提高了国民的营养水平、增强国民身体素质有不可忽视的贡献；三是大宗淡水鱼类养殖业是农村经济的重要产业和农民增收的重要增长点，对调整农业产业结构、扩大就业、增加农民收入、带动相关产业发展等方面发挥了重要作用；四是大宗淡水鱼食物链短、饲料利用效率高，其滤食性鱼类占38%、草食性鱼类占30%、杂食性鱼类占29%，是节粮型渔业的典范；五是大宗淡水鱼多采用多品种混养的综合生态养殖模式，通过搭配鲢、鳙鱼等以浮游生物为食的鱼类，来稳定生态群落，平衡生态区系，在改善水域生态环境方面发挥了不可替代的作用。

虽然大宗淡水鱼为我国的水产养殖业发展作出了重要贡献，但是，当前大宗淡水鱼类养殖产业存在着良种覆盖率低、资源利用方式粗放、环境制约因素突出、病害损失日益严重、产品质量存在安全隐患、养殖基础设施老化落后、养殖效益下降等问题，制约了产业的健康和可持续发展。为构建和完善现代大宗淡水鱼类产业技术体系，强化科研成果与生产实践的衔接，使先进的科学技术为新渔村建设、渔业生产发展和渔民养殖致富奔小康服务，我们组织有关专家编写了《大宗淡水鱼生产配套技术手册》一书。本书将以国家大宗淡水鱼类产业技术体系研发成果为依托，全面系统介绍大宗淡水鱼养殖产前、产中和产后加工的关键实用技术，供广大水产养殖人员、技术推广人员和相关管理人员在发展现代渔业生产时参考使用。

在本书的编写过程中，多位专家参与了编写工作，其中第一章概述和第二章养殖种类介绍由戈贤平、胡海彦、缪凌鸿编写；第三章养殖设施建设由刘恒顺、白遗胜编写；第四章饲料的选择和投喂由刘文斌、徐维娜编写；第五章人工繁殖、第六章苗种培育和第七章成鱼养殖由赵永锋编写；第八章病害防控技术由曾令兵编写；第九章水产品加工由夏文水编写。此外，张成锋、李冰等参与了资料的收集和校对工作，国家大宗淡水鱼类产业技术体系各综合试验站站长提供了大量基础资料，在此一并表示致谢。

由于时间匆忙，加上水平有限，书中会有错误或不当之处，敬请广大读者批评指正。

编著者

2013年5月

# 目　录

# 第一章

# 概　述

## 一、大宗淡水鱼养殖发展史

我国是世界上进行大宗淡水鱼养殖历史最悠久的国家，公元前460年的春秋战国末期，世界上出现了第一本养鱼文献——《养鱼经》，我国养鱼史上著名始祖范蠡，用文字详细记载了池塘养鲤的环境条件、繁殖和饲养方法。《养鱼经》原书已失传，现在的主要依据是后魏贾思勰所编“齐民要术”中引证的一小段内容，共343个字。公元前206—公元265年（汉代），鱼池建造渐趋完善（见《玉壶冰》记载），并已出现稻田养鱼。据史料记载，四川郫县已在稻田中饲养鲤（见《史记》）。公元618—907年（唐代），我国大宗淡水鱼养殖进入了一个新的发展阶段，开始捞江苗养殖青鱼、草鱼、鲢、鳙，从单品种养殖扩大到多品种混养。公元960—1279年（宋代），因江河鱼苗的张捕和运输技术的蓬勃发展，池塘养殖区域更加扩大。《癸辛杂识》记载了江西九江地区捞捕青鱼、草鱼、鲢、鳙鱼苗的情况；《绍兴府志》记载了浙江绍兴青鱼、草鱼、鲢、鳙的苗种培育及鱼的食性。此外，苏东坡诗“我识南屏金鲫鱼”记载了浙江杭州南屏山等处开始饲养观赏鱼金鲫（金鱼的前身）；苏辙的《物类相感志》记载了鱼病及防治方法：“鱼生白点名虱，用枫树皮投水中则愈”。公元1368—1644年（明代），大宗淡水鱼养殖技术更加完善，已有文字详细记载了鱼池建造、鱼种搭配、饵料投喂、鱼病防治等（见黄省曾著《养鱼经》、徐光启著《农政全书》）。估计在1537年前后，浙江绍兴开始河道养鱼（又称外荡养鱼）（见《绍兴府志》)。到了公元1616—1911年(清代),我国劳动人民对鱼苗生产季节、鱼苗习性、过筛分养和运输等技术的掌握更加成熟,屈大均著《广东新语》记载了两广用“撇鱼”来去除捕捞鱼苗中凶猛性鱼类的具体方法。并从清代开始,进行鲂、鳊和鲮的养殖(见清光绪《农学报》245期)。

明代时期,我国的养鱼区主要在江苏、浙江等省区,到20世纪上半叶也不例外,其养鱼以江苏、浙江为多,广东其次。江苏省的养鱼区主要在苏州、无锡、镇江、昆山、高淳、南通、如皋、泰兴、泰县及南京等地;浙江省的养鱼区主要在吴兴、嘉兴、绍兴、萧山、诸暨、杭州、金华,尤其吴兴所属邻近太湖各乡镇,养鱼技术为全国之冠。江浙两省的鱼种主要由吴兴的菱湖供给。安徽的养鱼区主要在芜湖、安庆。江西的养鱼区主要在吉安、新安、赣县、南昌、上饶、贵溪、弋阳、河口、袁州、武宁、上高、临川、南城和宁都等地,以养草鱼为主。广东的养殖区主要在九江、汕头和梅溪等地。此外,河南、四川、广西、台湾也都有鱼类养殖。大部分地区是采用小规模经营方式,很多地区则作为农业的副业。大宗淡水鱼养殖是在面积比较狭小的池塘水体中进行,其养鱼生产和管理比较方便,便于人工控制环境的变化,能全面控制生产过程。养鱼的周期,即由鱼苗养成食用鱼的过程,鲢、鳙通常2年;青鱼、草鱼、鲤为3年或3年以上。

新中国成立后,大宗淡水鱼养殖技术得到了快速的发展。1958年家鱼人工繁殖成功,从根本上改变了长期依靠天然鱼苗的被动局面,满足养鱼生产按计划发展的需要,开创了淡水渔业新纪元。南海水产研究所钟麟等于1958年6月2日第一次人工孵出1万余尾鲢、2万余尾鳙鱼苗,钟麟也被尊称为“家鱼之父”。1960年以江苏省无锡市河埒乡为主要总结地区,总结出“八字精养法”,成为鱼类养殖的技术核心。1964年“赶拦刺张”联合捕鱼法创造成功,解决了水库中鲢、鳙的捕捞问题,促进了

水库渔业的发展。改革开放以来，我国确立了“以养为主”的渔业发展方针，培育出了建鲤、异育银鲫、团头鲂“浦江1号”等一批新品种，促进了水产养殖向良种化方向发展。配合饲料、渔业机械也得到广泛应用，使得大宗淡水鱼养殖业取得了显著的成绩。不但解决了长期困扰的吃鱼难问题，而且满足了人们对优质鱼类的需求，丰富了菜篮子。大宗淡水鱼养殖业已成为农民致富、解决三农问题的强势产业。

## 二、大宗淡水鱼生产现状

大宗淡水鱼类，主要包括青鱼、草鱼、鲢、鳙、鲤、鲫和鲂七个品种。这七大品种是我国主要的水产养殖品种，其养殖产量占内陆养殖产量的较大比重，是我国食品安全的重要组成部分，也是主要的动物蛋白质来源之一，在我国人民的食物结构中占有重要的位置。据2011年统计资料显示，全国淡水养殖总产量2 471.9万吨，而上述7种鱼的总产量1 698.5万吨，占全国淡水养殖总产量的68.7%（图1-1）。其中，草鱼、鲢、鲤、鳙、鲫产量均在220万吨以上（图1-2），分别居我国鱼类养殖品种的前5位。大宗淡水鱼类的主产省分别为湖北、江苏、湖南、广东、江西、安徽、山东、四川、广西和辽宁等省（图1-3）。

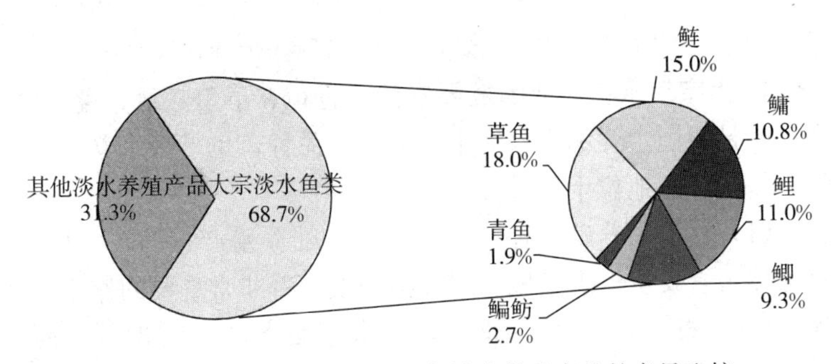


图1-1　2011年大宗淡水鱼与淡水养殖产品的产量比较

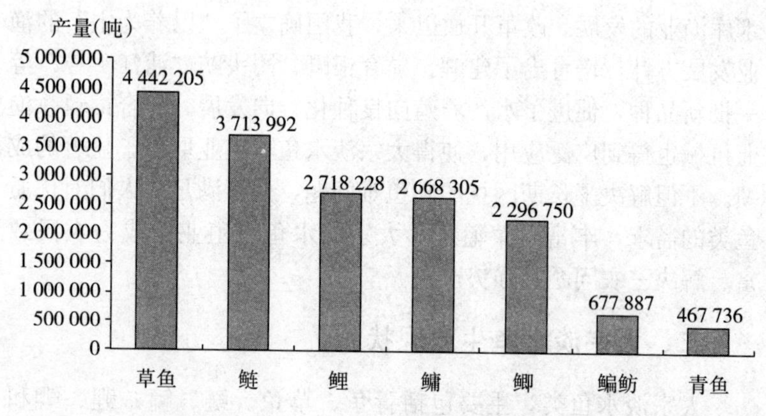


图 1-2 2011 年大宗淡水鱼各种类产量比较

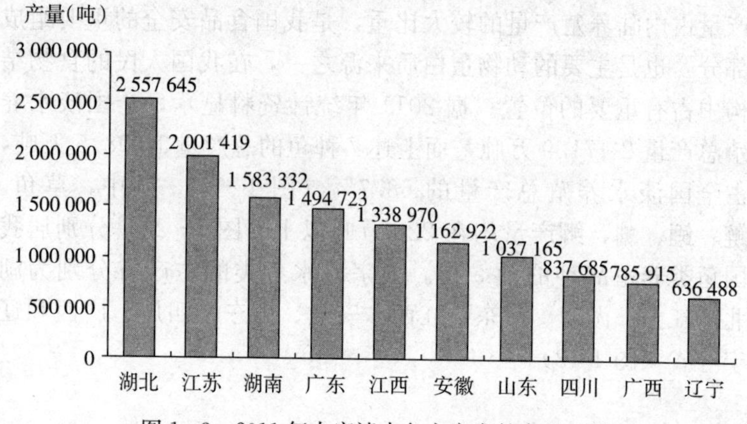


图 1-3 2011 年大宗淡水鱼主产省份产量比较

**1. 大宗淡水鱼产业的发展成就** 青鱼、草鱼、鲢、鳙、鲤、鲫、鲂是我国主要的大宗淡水鱼类养殖品种，也是淡水养殖产量的主体，产业地位十分重要：

（1）这七大养殖品种的产量均占内陆养殖产量的较大比重，对保障粮食安全、满足城乡居民消费发挥着非常重要的作用。在我国主要农产品肉、鱼、蛋、奶中水产品产量占到 31%，而大宗淡水鱼产量占我国鱼产量的 51.4%，在市场水产品有效供给

中起到了关键作用。值得一提的是，近年来我国猪肉、禽蛋等动物性食品价格大幅上涨时，大宗水产品价格却保持相对稳定，有效平抑了物价，满足了部分中低收入家庭的消费需求，得到社会的普遍肯定。美国著名生态经济学家布朗高度评价我国的淡水渔业，认为在过去二三十年，“中国对世界的贡献是计划生育和淡水渔业”。而大宗淡水鱼类养殖业是“淡水渔业”的重要组成部分，占淡水产品产量的63%。

（2）大宗淡水鱼满足了国民摄取水产动物蛋白的需要，提高了国民的营养水平。大宗淡水鱼几乎100%是满足国内的国民消费（包括港、澳、台地区），是我国人民食物构成中主要蛋白质来源之一，在国民的食物构成中占有重要地位。发展大宗淡水鱼类养殖业，对提高人民生活水平，改善人民食物构成，提高国民身体素质等方面发挥了积极的作用。大宗淡水鱼作为一种高蛋白、低脂肪、营养丰富的健康食品，具有健脑强身、延年益寿、保健美容的功效。发展大宗淡水鱼类养殖业，增加了膳食结构中蛋白质的来源，为国民提供了优质、价廉、充足的蛋白质，提高了国民的营养水平，对增强国民身体素质有不可忽视的贡献。

（3）大宗淡水鱼类养殖业已从过去的农村副业转变成为农村经济的重要产业和农民增收的重要增长点，对调整农业产业结构、扩大就业、增加农民收入、带动相关产业发展等方面发挥了重要作用。2011年全国渔业产值为7 884亿元，其中，淡水养殖和水产苗种的产值合计达到4 145亿元，占到渔业产值的52%。根据当年平均价格的不完全计算，2011年大宗淡水鱼成鱼的产值是1 078亿元，占渔业产值的13.7%。现在渔业从业人员有1 458万人，其中约70%是从事水产养殖业。2011年渔民人均纯收入达10 011元，高于农民人均纯收入3 034元（2011年我国农民人均纯收入6 977元）。大宗淡水鱼养殖的发展，还带动了水产苗种繁育、水产饲料、渔药、养殖设施和水产品加工、储运物流等相关产业的发展，不仅形成了完整的产业链，也创造了大

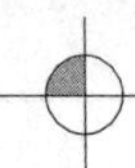



量的就业机会。

此外，大宗淡水鱼养殖业在提供丰富食物蛋白的同时，又在改善水域生态环境方面发挥了不可替代的作用。我国大宗淡水鱼类养殖是节粮型渔业的典范，因其食性大部分是草食性和杂食性鱼类，甚至以藻类为食，食物链短，饲料效率高，是环境友好型渔业。另外，大宗淡水鱼多采用多品种混养的综合生态养殖模式，通过搭配鲢、鳙等以浮游生物为食的鱼类，来稳定生态群落，平衡生态区系。通过鲢、鳙的滤食作用，一方面可在不投喂人工饲料的情况下生产水产动物蛋白；另一方面可直接消耗水体中过剩的藻类，从而降低水体的氮、磷总含量，达到修复富营养化水体的目的。因此，近年来鲢、鳙成为我国江河湖库主要的放流鱼类，在修复生态环境方面发挥了重要作用。

**2. 大宗淡水鱼产业存在的问题**　虽然大宗淡水鱼类养殖业在我国渔业中占有重要的地位，但由于长期以来缺乏足够的重视，科技对产业发展的支撑作用没有得到有效的体现，表现在养殖设施老化、设备陈旧，良种的覆盖率低，病害频发、损失比较严重，养殖模式比较落后，效益提升乏力，产业发展与资源、环境的矛盾加剧，水产品质量安全和养殖水域生态安全问题突出等问题。

（1）*养殖设施陈旧，集约化程度不高*　在我国，设施化程度较高的主要养殖模式，包括养殖池塘、流水型养殖设施、循环水养殖设施和网箱养殖设施等。上述主要的养殖设施，除最为低级的池塘养殖设施在养殖生产中占主体地位外，其他几种模式在生产量上都还处于相对弱小的地位，而且设施化程度越高，应用程度越低，这是由养殖设施的投资、生产成本和运行管理要求等因素造成的。因此，这些设施多用来养殖经济价值比较高的水产品，在大宗淡水鱼养殖中应用较少。

池塘养殖作为我国水产养殖的主要生产方式，属于开放式、粗放型的生产系统，其设施化和机械化程度低，技术含量少，装

备水平差。池塘养殖设施以“进水渠＋养殖池塘＋排水沟”模式为代表，成矩形，依地形而建，纳水养殖，用完后排入自然水域。池塘水深一般1.5～2.0米，面积0.3～1公顷，大者十几至几十公顷。主要配套设备为增氧机、水泵、投饲机等。目前，淡水养殖的池塘多数建于20世纪80年代，随着时间的推移，这些池塘并没有得到有效的治理与整修，反而因生产承包方式的转变，变得越来越不符合现代渔业生产的要求。以大宗淡水鱼第一主产省湖北省为例，约有330万亩* 的精养池塘，均为20世纪80～90年代修建，淤积现象严重，急需改造，约占全省精养面积的70%。落后的池塘设施系统不能为集约化的健康养殖生产提供保障，而现代化的养殖设施的构成和维护还缺乏必要的技术支撑。另外，我国的池塘养殖，基本上沿袭了传统养殖方式中的结构和布局，仅具有提供鱼类生长空间和基本的进排水功能，池塘现代化、工程化、设施化水平较低，根本不具备废水处理、循环利用、水质检测等功能。

针对以上问题，未来的池塘养殖必须创新理念，改革池塘养殖的传统工艺，建立池塘生态环境检测、评估和管理技术。但目前池塘养殖水生态工程化控制设施系统尚需进一步研究完善，即建立不同类型池塘养殖水生态工程化控制设施系统模式；研究系统在主要品种集约化养殖前提下，不同水源和气候变化条件下水生态环境人工控制技术，形成系统设计模型。在上述技术、设施和设备集成的基础上，还应组合智能化水质监控系统、专家系统和自动化饲料投喂系统等，建立生产管理规范，在不同地域，分不同类型进行应用示范。另外，我国的池塘养殖水生态工程化控制系统关键设备研制技术也相当落后，须进一步研究。

（2）*良种选育研究滞后，种质混杂现象严重*　在良种体系建设初期，国家主要投资建设了“四大家鱼”、鲤、鲫、鲂原种场、

---

* 亩为非法定计量单位，1亩＝1/15公顷。

良种场。到目前为止，全国“四大家鱼”养殖用亲本基本来源于国家投资建设的6个原种场，即基本实现了养殖原种化。但除鲢外，青鱼、草鱼和鳙还没有良种。而鲤、鲫已经基本实现了良种化，即全国养殖的鲤、鲫大多是人工改良种。近年来，团头鲂“浦江1号”在全国各地得到了一定的推广，但原种的使用量仍然较大。水产良种是水产养殖业可持续发展的物质基础，推广良种、提高良种覆盖率，是促进水产养殖业持续健康发展的重要途径之一。但我国大宗淡水鱼类的良种选育和推广工作，仍存在以下几方面的问题：一是种质混杂现象严重。苗种场亲本来源不清，近亲繁殖严重，导致生产的“四大家鱼”（青鱼、草鱼、鲢、鳙）和鲤、鲫、鲂苗种质量差，生产者的收益不稳定。二是良种少。到目前为止，在我国广泛养殖、占淡水养殖产量46%的“四大家鱼”，只有长丰鲢、津新鲢2个品种为人工选育的良种，其他全部为野生种的直接利用，所谓“家鱼不家”。鲤、鲫、鲂虽有良种，但良种筛选复杂，良种更新慢，特别是高产抗病的新品种极少。三是保种和选种技术缺乏。当前，不少育苗场因缺乏应有的技术手段和方法，在亲鱼保种与选择方面仅靠经验来选择，使得繁育出的鱼苗成活率低，生长慢，抗逆性差，体型、体色变异等。四是育种周期长、难度大。由于“四大家鱼”的性成熟时间长（一般需要3～4年），而按常规选择育种，需要经过5～6代的选育，所以培育1个新品种约需20年以上。同时，由于这些种类的个体大，易死亡，保种难度很大，因此，需要有一支稳定的科研团队和科研经费支持。

（3）病害频发、造成较大经济损失，药物滥用、引起质量安全问题　目前，大宗淡水鱼类品种养殖过程中，病毒性、细菌性和寄生虫等疾病均有发生。据统计，淡水养殖鱼类病害种类达100余种，其中，主要病害种类有病毒性疾病（草鱼出血病、淋巴囊肿病等），细菌性疾病（如出血性败血症、溃疡综合病等），寄生虫性疾病（孢子虫病、小瓜虫病等）以及其他类疾病（主要为真菌性疾病、藻类性疾病等）。如四川省 2006—2008 年对大宗淡水鱼类常见疾病进行监测，发现其常见病害主要包括病毒性 1 种，真菌性 1 种，细菌性 11 种和寄生虫 10 种。主要有草鱼出血病、出血性败血症、烂鳃病、肠炎病、赤皮病、打印病、腐皮病、白头白嘴病、烂尾病、溃疡病、水霉病、蛙红腿病、车轮虫病、小瓜虫病、中华鳋病、鲺病、三代虫病、锚头鳋病、指环虫病、孢子虫、杯体虫和斜管虫等。病害频发引发了较大的经济损失，据统计，2006 年水产养殖因病害造成的直接经济损失为 115.08 亿元。其中，鱼类 53.86 亿元，占 46.81%；淡水养殖鱼类损失 45.42 亿元，占鱼类病害损失的 84.32%，其中主要淡水养殖鱼类损失占淡水养殖鱼类病害损失的 87.34%，分别为草 21.26 亿元、鲤 3.35 亿元、鲫 7.88 亿元、鲢鳙 7.18 亿元。

由于病害频发，导致渔药被滥用。因为绝大多数养殖户对病害防控知识了解甚少，只能听任饲料销售人员或药物经销人员的意见，而药物销售人员由于缺乏基本的专业技术知识，往往不能准确诊断疾病和对症下药，而是滥用药、随意更换药，有的甚至使用违禁药物。目前，养殖生产中普遍存在使用抗生素、激素类和高残留化学药物的现象，且用药不规范、不科学，导致水产品药物残留问题日趋严重。近几年发生的氯霉素、孔雀石绿等残留事件，使水产品的生产、出口、消费都不同程度地受到负面影响和冲击，暴露出现行淡水池塘养殖模式的安全隐患。

要减少病害发生，必须采取综合防控技术，提高对疾病的预警能力，加强研制高效、低毒、针对性强的渔药产品，制定现有渔药的科学使用标准。目前，在市场上流通的水产养殖用药有近 600 种，98%以上是从畜禽药或人用药转换过来的，但这些药物在水产养殖上使用的休药期规定仍然大都是参照畜禽，由于载体不同，代谢情况也不同，因此即使是可用药，仍存在药残的可能。另外，从科学的防疫角度讲，疫苗的使用技术是关键，但目前我国能适合于大规模鱼群免疫接种的商品化疫苗尚处于空白状态。

(4) 自然资源消耗较大，制约水产业可持续发展　我国传统的池塘养殖是以不断消耗自然资源为代价来开展的，具体表现为：一是池塘养殖对土地资源占有越来越大。由于许多地方不断盲目追求养殖产量，而养殖产量的提高又依赖于不断扩大养殖面积，其结果是池塘养殖占用了越来越多的有限土地资源。据估计，1992—2007年虽然我国的池塘养殖总产量增加了1 146万吨，但同时养殖面积也增加了近1 665万亩。二是池塘养殖对水资源消耗越来越大。一般情况下，鱼类池塘养殖后期由于密度加大，每7天左右需换水1次来改善水质，全年换水20次，每次换水率在20%～30%，平均为25%，起捕时全池抽干，池塘水深按1米计，这样每亩池塘养殖年需水量约为4 000米$^3$。三是池塘养殖对生物资源消耗越来越大。在传统的池塘混养模式中，常投以大量的草、有机肥、植物粉粕及低质量饲料，饲料利用率低，其结果产生大量养殖废物，并导致池塘水质恶化，需要通过机械增氧或换水加以缓和，这样做既耗能源又耗水。

针对以上问题，只有增加单位面积产量，才能在有限的土地资源上生产足够多的水产品，来满足大众的消费；只有采用循环水养殖，才能在我国这样一个水资源缺乏的国家使淡水养殖得到可持续发展；只有在养殖全过程中使用高效环保渔用配合饲料，才能使我们的淡水养殖走上良性发展的轨道。但目前发展节地、节水、节能、减排的池塘养殖模式还不成熟，增加单位面积产量还面临着养殖成本升高、养殖风险加大和群众难以接受等矛盾，高效环保渔用配合饲料研制尚处于起步阶段，有关影响鱼类对营养要素消化吸收的机理尚未摸清，这些技术瓶颈问题不攻克，就很难支撑行业的可持续发展。

(5) 环境破坏较为严重，影响水域生态安全　由于我国传统的池塘水产养殖方式基本上都是开放型的，相关养殖废水排放标准还没有建立，养殖废水大量排放到周围环境中，对周围环境造成了很大的压力。根据农业部2002年太湖流域农业面源污染调查资料显示，每年长三角地区鱼类池塘养殖向外排放总氮10.08千克/亩、总磷0.84千克/亩。因而，传统池塘养殖对环境的影响是不可低估的：一是水产养殖自身废物污染日益严重，造成水环境恶化问题也日益突出，使养殖水产品的有毒有害物质和卫生指标难以达到标准及规定；二是只注重高价值水生生物的开发，忽视了对水域生物多样性的保护，造成渔业水域生物种类日趋单一，生物多样性受到严重破坏，水域生态系统的自我调控、自我修复功能不断丧失，养殖水域的生态安全问题日益突出；三是传统养殖水域养殖布局和容量控制缺乏科学依据和有效方法，养殖生产片面追求经济效益，养殖水域超容量开发，盲目扩大养殖规模，忽略了对水域生态环境的保护。如2007年夏天，太湖蓝藻暴发已成为轰动全球的水危机事件，这将给淡水池塘养殖的可持续发展敲响了警钟。

针对以上问题，只有采取对养殖废水进行净化处理的技术，才能达到减排的目的。目前，淡水池塘中开展循环水养殖和水质净化的方式已在一些地区开展，但技术还不很成熟，是否可以将工厂化养殖系统和技术移植到池塘养殖中，变革现行的池塘养殖模式，应值得探讨研究。

## 三、大宗淡水鱼产业发展对策

**1. 组建研发队伍，创新技术体系** 大宗淡水鱼类产业技术体系建设的原则是：充分利用国内现有的研发基础和产业建设基础，及已建立的产学研合作关系，在不改变原有人、财、物资源关系的基础上，通过建立各单位、各环节间有效的协调运行机制和信息沟通渠道，达到产业技术整合的目标。

产业技术体系框架及布局如下：以国家级水产研究所、与水产相关的重点大学、农业部重点实验室、国家级水产遗传育种中心、国家级水产苗种和水产品质检中心为技术依托，组建国家级创新基地，主要承担关系产业全局的共性技术的研发。其技术体系包括国家级淡水鱼类苗种繁育和检测体系、水产养殖病害防治技术支撑体系、淡水鱼类饲料营养研发中心、产品质量标准体系和可追溯管理系统、现代化池塘循环水养殖系统研发中心。

考虑到目前我国的淡水鱼类产业现状，以省一级研究所、推广站、国家级原良种场和国家、省级龙头企业为技术依托，在全国淡水鱼类主要养殖区域建立综合试验站。通过建立区域性淡水鱼类产业技术研发平台，主要解决具有地区特色的技术问题，职能包括：一是配合国家创新基地，并结合本地区存在主要问题开展良种繁育工作；二是为当地淡水鱼类养殖企业提供所需良种；三是针对淡水鱼类养殖过程存在的具体技术问题，有针对性地开展应用技术为主的研究、开发与示范推广。

**2. 加强科技攻关，突破产业技术瓶颈** 从我国水产养殖业健康、稳定和可持续发展的根本需求和长远利益出发，以提高水产养殖产品的质量和取得社会、经济效益双丰收为目标，按照“健康、高效、安全、生态、节水、节地、节能、减排”的要求，进行产业关键技术研究与集成，以淡水池塘养殖为重点，围绕青鱼、草鱼、鲢、鳙、鲤、鲫、鲂的健康养殖技术的整体性提升，运用工程学、生态学、生物学等方法，开展关键技术突破和集成研究，形成可控的人工生态系统，分不同类型，建立代表我国池塘养殖设施技术未来发展方向的“养殖示范小区”，并进行示范推广。

(1) 研究资源节约、环境友好的池塘养殖新模式 开展水资源循环利用技术研究，达到节水、减排的要求。根据养殖生物的不同习性，将池塘养殖分为鱼类主养区、鱼贝混养区、虾蟹养殖区和水源区等功能区，使养殖排水逐级净化，水资源循环利用和营养物质多级利用，使水质净化达到最佳效果，达到池塘养殖零污染排放的目的。通过该项技术的研究实施，探讨水产行业生态循环经济的内在机理，探索农业生态循环经济的实用模式。一方

面发展了水产养殖，改变了我国水产养殖的传统观念；另一方面从科学发展观的高度，对充分利用有限的资源、保护生态环境具有深远的意义，有利于水产养殖的可持续发展。

建立池塘生态环境检测和评估体系，保护渔业生态环境。池塘生态环境的监测与保护，要紧紧围绕制约渔业可持续发展的主要环境问题，以应用基础性研究为重点，突出发展创新、实用的新技术。对日趋严重的水域污染、蓝藻等灾害，提出主要环境问题的诊断，建立灾害的预警预报、渔业水域生态环境保护、修复和管理的理论、方法和技术。在研究方法上，要从单项的、对不同因素的分别研究，向多项的、基于生态系统的整体研究发展。要加强国际合作，广泛运用现代化研究手段，从一般性生态环境监测与评价朝规律性、保护性、修复方面的研究发展。

利用多级生物进行生物修复，实现池塘养殖可持续发展。采用多级生物系统对淡水养殖池塘环境进行修复，主要的技术有固定化微生物生态修复技术、水上农业改善池塘环境技术、植物化感物质控藻技术、池塘底质改良技术等。通过原位修复技术，使养殖生物在良性的生态环境中生长发育，最大限度减少池塘养殖对外环境的影响，实现池塘养殖可持续发展。

开发高效环保渔用配合饲料，提高养殖经济、社会和生态效益。开发高效环保饲料，是目前降低农业面源污染的一个关键环节。只有采用高效环保饲料，才能加速鱼类健康生长，降低养殖的成本；才能减少饲料损失，提高鱼体吸收率，减少对水环境的污染；才能提高养殖产量与经济效益，提高社会效益及生态效益。

（2）研究保障水产品质量安全的病害防治新技术　构建水产养殖病害预警体系，增强综合防控能力。建立数字化病害监控技术复合体系，一方面由病原监测、生态因子监测、专家分析库等组合成预警功能体系；另一方面由疫苗、免疫增强剂、环境改良生物制剂等系列产品及其配套技术，并结合抗病品种、低污染高能饲料应用等组合成控制功能体系。两功能体系间的多元素有机集成，构建具有病害信息分析、指示控制方案、技术产品优化推荐、效应反馈分析、功能库更新提升等计算机识别监控技术系统，提高病害预警和防治能力，为产业发展护航，提高病害预警能力，特别是要重点研究解决鱼类暴发性疾病的预警和防治问题。

开展药代动力学和新渔药研究，消除质量安全的隐患。加强渔药代谢学的研究，尽快制订相关渔药的休药期。另外，要尽快制订或修订禁用药和可用药目录，与国际接轨制定或修订相关药物残留的检测方法和标准，制定合理的残留检测线，研究和开发药残快速监测技术或产品，确保残留监控的及时性和有效性；研发高效、低价、低残留的专用渔用药物和禁药的替代药物，解决新渔药缺乏的窘境；研发新型的水质改良剂，减少渔药的使用量，制定水质改良剂标准。

开发用于鱼类抗应激的添加剂，提高鱼体抗病能力。目前，养殖鱼类受多重胁迫因子影响，抗应激能力下降，生产上常出现捕捞时易出血、运输成活率下降，以及鱼体免疫力下降、死亡率上升等现象。为了给鱼类创造一个良好的生长环境，必须研究鱼类的抗应激机制，研发抗应激产品。

建立全新池塘养殖管理体系，保障水产品质量安全。水产品安全不仅直接威胁到消费者的身体健康和生命安全，而且还直接或间接影响到食品、农产品行业的健康发展。因此，水产品安全是对食品链中所有从事水产品生产、加工、储运等组织的首要要求。作为食品链的初端，水产品养殖过程直接影响到水产品及其加工食品的安全水平。为达到符合法律法规、相关标准的要求，满足消费者需求，保证食品安全和促进渔业的可持续发展，应建立全新的池塘养殖管理体系。

（3）研究池塘水生态工程化控制集成技术　开展不同类型水生态工程化控制设施系统研究与模式建立。针对南方、北方和中部不同地域气候环境条件，建立不同类型池塘养殖水生态工程化控制设施系统模式；研究系统在主要品种集约化养殖前提下，不同水源和气候变化条件下水生态环境人工控制技术，形成系统设计模型。

①开展水生态工程化控制设施系统集成与示范研究：在上述技术、设施和设备集成的基础上，组合智能化水质监控系统、专家系统和自动化饲料投喂系统等，建立生产管理规范，在不同地域、分不同类型进行应用示范。

②开展池塘养殖水生态工程化控制系统关键设备研究：一是进行大流量低扬程节能型水泵研制；二是进行深水增氧——曝气提水设备研制；三是进行深水池塘起捕移动式机械研制；四是进行池塘淤泥清除利用工艺研究与脱水设备研制。

（4）*研究与开发淡水鱼类产品加工新技术* 大宗淡水鱼加工技术相对其他规模化养殖品种来说还比较落后，这也是制约淡水常规水产品发展的瓶颈之一。目前，淡水水产品加工主要采用腌制等较为简单的加工工艺，因此，必须加大这方面的技术力量和研发力度，扶持加工龙头企业，建立符合我国国情的淡水常规水产品的加工体系。

**3. 普及健康养殖模式，转变产业增长方式** 要实现养殖基地规模化、标准化，开展水产健康养殖示范场、标准化示范区、无公害生产基地等创建工作，不断提高养殖综合效益。并注重加强水产投入品管理，有效改善养殖水体生态环境，降低水产病害的发生。要切实加强生产用药安全监管，规范养殖户用药行为。大力推行产品标签制度，确保水产品质量安全可追溯。

**4. 加大基础设施建设，提高池塘增产潜力** 全国3 700多万亩养殖池塘，有2 000万亩出现不同程度的淤积坍塌、进排不畅等老化现象，其中，亟须改造的主要承担大宗产品养殖的池塘近1 000万亩。建议中央财政加强对鱼塘、道路和水源等水产养殖基础设施建设的投入，通过中央财政专项资金、地方财政配套资金和农户自筹资金等方式，鼓励养殖户加大对基础设施建设和渔业机械的投入。

**5. 健全公益性服务体系，发展多元化服务模式** 积极引导各类有资质的主体进入水产社会化服务领域，为大宗淡水鱼产业提供优质、及时、便捷、有效的社会化服务。应保证专业技术人员下到塘边进行指导，及时提供技术咨询服务和市场信息服务。应积极发展渔民合作组织和运销专业合作组织，提高渔民组织化程度，提高其市场谈判地位。建议强化县级水产技术推广组织的建设，强化水生动物疫病防治体系队伍和能力建设。重视技术培训和信息服务工作，健全水产品市场信息体系。应保证专业技术人员到塘边进行指导，及时提供技术咨询服务和市场信息服务。

**6. 提供公共财政补贴，扩大良种覆盖率** 大宗淡水鱼是我国粮食安全的有效保障，但养殖效益低，理应得到公共财政的补贴。大宗淡水鱼新品种的推广，可快速提高养殖者的经济效益，保持产业的稳定。建议中央财政给予一定的财政补贴，优先重点对水产养殖品种良种扩繁场进行改扩建，改造陈旧、落后的苗种繁育设施，加快苗种繁殖场更换良种亲本的进度，切实提高水产良种覆盖率。加强苗种质量安全监管，规范苗种生产秩序，净化苗种销售市场。积极开展品种选育工作，培育抗逆性强的优良品种。

**7. 加强金融支持力度，为广大渔农提供资金保障** 应鼓励农村信用合作社和农业银行等正规金融机构，在广大农村地区推出适合水产养殖户需求的小额信贷产品，扩大对水产养殖户的资金支持力度，提高贷款额度，简化贷款审批手续，以渔业生产周期为标准延长贷款期限。对渔业保险给予必要的政策支持和财政补贴，通过保费补贴、税收优惠、贷款支持等政策引导商业保险机构提供渔业保险服务。要建立渔业灾害保险补偿基金，保障渔业可持续发展。

**8. 推进产业化发展，提高应对市场风险能力** 按照一条鱼

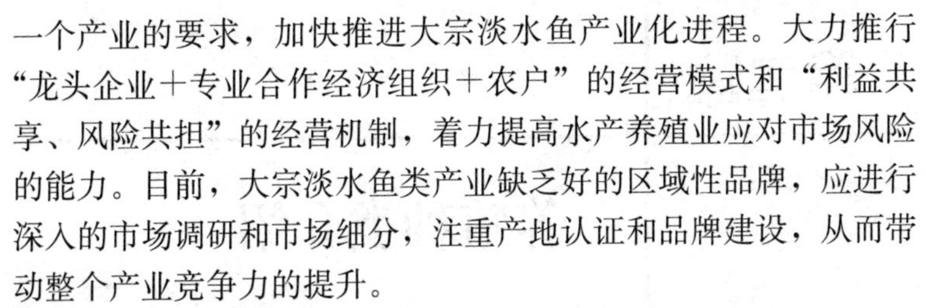

一个产业的要求，加快推进大宗淡水鱼产业化进程。大力推行“龙头企业＋专业合作经济组织＋农户”的经营模式和“利益共享、风险共担”的经营机制，着力提高水产养殖业应对市场风险的能力。目前，大宗淡水鱼类产业缺乏好的区域性品牌，应进行深入的市场调研和市场细分，注重产地认证和品牌建设，从而带动整个产业竞争力的提升。

**9. 稳定鱼塘承包权，建立长效发展机制**　建议稳定鱼塘承包权，建立渔业发展的长效机制，使养殖户在基础设施建设、品种改良、结构优化等方面敢于投入，使其对未来渔业发展和收入增长增强信心。

# 第二章

# 养殖种类介绍

## 一、传统种类介绍

**1. 青鱼**　青鱼也称螺蛳青、乌青和青鲩，为底层鱼类。青鱼体较长，长筒形，尾部稍侧扁。头顶宽平，口端位，成弧形。上颌稍长于下颌。无须。眼部于头侧正中。鳃耙稀而短小。下咽齿呈臼齿状，齿面光滑。腹部圆。体被六角形大圆鳞。侧线在腹鳍上方一段微弯，后延伸至尾柄的正中，侧线鳞 40～43。背鳍短，无硬刺。胸鳍不达腹鳍，腹鳍不达臀鳍。尾鳍深叉，中间截形，上下叶等长。体青灰色，背部尤深，腹面灰白色，各鳍均为灰黑色。主要生活在江河深水段，喜活动于水的下层以及水流较急的区域，喜食黄蚬、湖沼腹蛤和螺类等软体动物。10 厘米以下的幼鱼，以枝角类、轮虫和水生昆虫为食物；15 厘米以上的个体，开始摄食幼小而壳薄的蚬螺等。冬季在深潭越冬，春天游至急流处产卵。2011 年全国青鱼养殖产量为 46.77 万吨，较 2010 年增加 4.36 万吨，增幅 10.28％，占大宗淡水鱼产量的 2.75％。主要养殖区域为湖北、江苏、安徽等省（图 2－1）。

**2. 草鱼**　草鱼也称草鲩、混子、草混和草青，为典型的草食性鱼类。草鱼体较大。体长，略呈圆筒形，腹圆无棱，尾部侧扁。头顶宽平，口圆钝，上颌稍长于下颌。无须，下咽齿 2 行呈梳状。体被大圆鳞。侧线微弯，后延至尾柄正中轴。鳍无硬棘，胸鳍不达腹鳍，胸鳍不达肛门，尾鳍叉形。体呈茶黄色，背部青灰，腹面白色，胸鳍、腹鳍略为灰黄色，其余各鳍淡灰色。肉厚刺少味鲜美，出肉率高。草鱼一般喜栖居于江河、湖泊等水域的

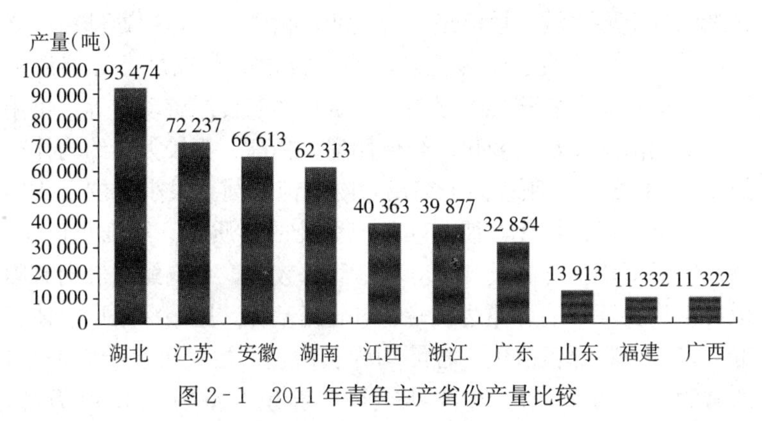

图 2-1　2011 年青鱼主产省份产量比较

中、下层和近岸多水草区域。具河湖洄游习性，性成熟个体在江河流水中产卵，产卵后的亲鱼和幼鱼进入支流及通江湖泊中育肥。草鱼性情活泼，游泳迅速，常成群觅食，性贪食。2011 年全国草鱼养殖产量为 444.22 万吨，较 2010 年增加 22.00 万吨，增幅 5.21%，占大宗淡水鱼产量的 26.15%，位居第一，是世界上产量最大的养殖鱼类。主要养殖区域为湖北、广东、湖南等省（图 2-2）。

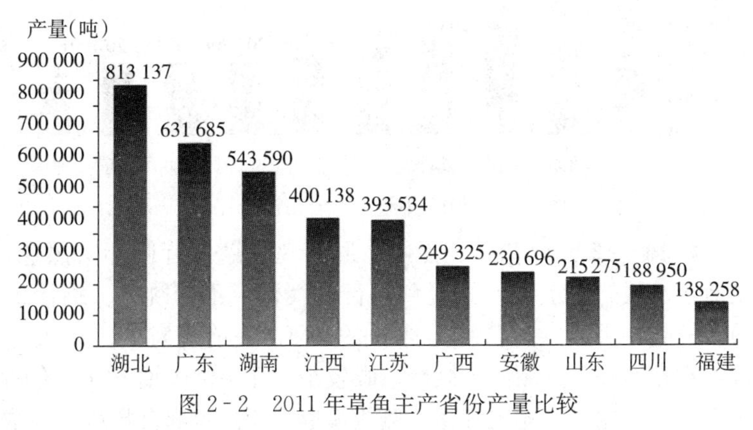

图 2-2　2011 年草鱼主产省份产量比较

**3. 鲢**　鲢也称白鲢、鲢子。鲢体银白色，栖息于大型河流或湖泊的上层水域，性活泼，善跳跃，稍受惊动即四处逃窜，终生以浮游生物为食。幼体主食轮虫、枝角类和桡足类等浮游动物，成体则滤食硅藻类、绿藻等浮游植物兼食浮游动物等，可用于降低湖泊水库富营养化。鲢体侧扁，稍高，头较大，约为体长的 1/4。口宽，下颌稍向上突出，吻短钝而圆。眼小，位于头侧中轴之下，鳃耙特化，彼此联合成多孔的膜质片。鳞细小而密。侧线明显下弯，有侧线鳞 120 枚。腹部较窄，自胸鳍至肛门有腹棱突出。胸鳍末端可伸达或略超过腹鳍基部。尾鳍深叉形。体背部为灰色，腹部银白色，各鳍均为灰白色。最大可达 100 厘米，通常为 50～70 厘米。2011 年全国鲢养殖产量为 371.39 万吨，较 2010 年增加 10.64 万吨，增幅 2.95%，占大宗淡水鱼产量的 21.87%，是第二大的养殖鱼类。主要养殖区域为湖北、江苏、湖南等省（图 2-3）。

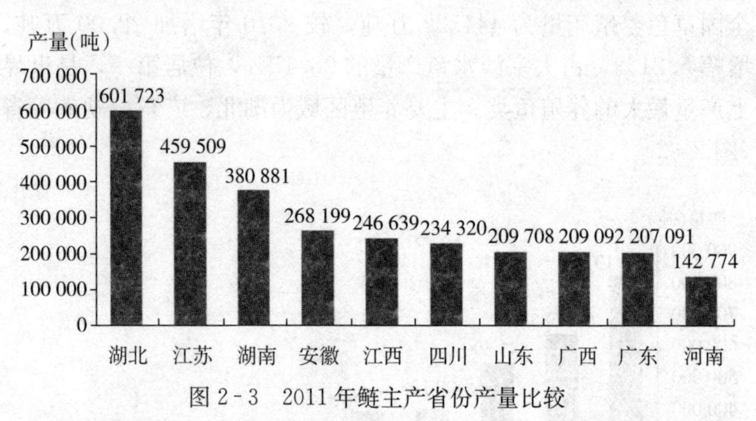

图 2-3　2011 年鲢主产省份产量比较

**4. 鳙**　鳙也称花鲢、黑鲢、胖头鱼。鳙体背侧部灰黑色，生活于水域的中上层，性温和，行动缓慢，不善跳跃。鳙体侧扁，较高。头大，头长约为体长的 1/3，头前部宽阔。口大端位，吻宽而圆，下颌向上微翘。眼较小，在头侧中轴下方。有咽头齿。鳃孔宽大，鳃耙细密。侧线弧形下弯。腹部自胸鳍至腹鳍较圆，腹鳍至肛门有腹棱。胸鳍达于腹鳍，腹鳍不达于臀鳍。尾鳍叉形。体背面及两侧面上部微黑，两侧有许多不规则的黑色斑点，腹面灰白色，各鳍均为淡灰色。在天然水域中，数量少于鲢。平时生活于湖内敞水区和有流水的港湾内，冬季在深水区越冬。终生摄食浮游动物，兼食部分浮游植物。2011 年全国鳙养殖产量为 266.83 万吨，较 2010 年增加 11.75 万吨，增幅 4.60%，占大宗淡水鱼产量的 15.71%，位居第四。主要养殖区域为湖北、广东、湖南等省（图 2-4）。

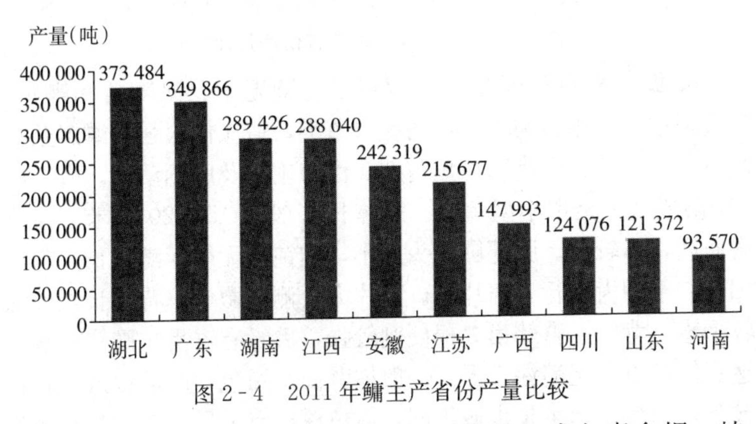


图 2-4　2011 年鳙主产省份产量比较

**5. 鲤**　鲤也称鲤拐子、鲤鱼。杂食性，成鱼喜食螺、蚌、蚬等软体动物，仔鲤摄食轮虫、枝角类等浮游生物，体长 15 毫米以上个体，改食寡毛类和水生昆虫等。鲤体长，略侧扁，背部在背鳍前稍隆起。口下位或亚下位，呈马蹄形。有吻须 1 对，较短；颌须 1 对，其长度为吻须的 2 倍。鳃耙短。下咽齿 3 行。腹部圆，鳞片大而圆。侧线明显，微弯。侧线鳞 36 枚。背鳍长，其起点至吻端比至尾鳍基部为近。臀鳍短。背鳍、臀鳍第 3 棘为粗壮的带锯齿的硬棘。尾鳍深叉形。2011 年全国鲤养殖产量为 271.82 万吨，较 2010 年增加 17.98 万吨，增幅 7.08%，占大宗淡水鱼产量 16.00%，位居第三。主要养殖区域为山东、辽宁、河南等省（图 2-5）。

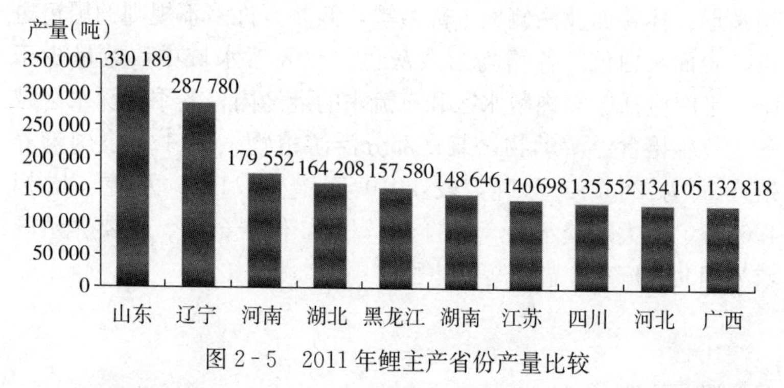


图 2-5　2011 年鲤主产省份产量比较

**6. 鲫**　鲫也称鲫瓜子、鲫拐子、鲫壳子、河鲫鱼和鲫鱼，为我国重要食用鱼类之一。属底层鱼类，适应性很强。鲫属杂食性鱼，主食植物性食物，鱼苗期食浮游生物及底栖动物。鲫一般2冬龄成熟，是中小型鱼类。鲫体长一般在 15～20 厘米，体侧扁而高，体较厚。腹部圆，头短小，吻钝。无须，鳃耙长，鳃丝细长。下咽齿一行，扁片形。鳞片大。侧线微弯。背鳍长，外缘较平直。背鳍、臀鳍第 3 根硬刺较强，后缘有锯齿。胸鳍末端可达腹鳍起点。尾鳍深叉形。一般体背面灰黑色，腹面银灰色，各鳍条灰白色。因生长水域不同，体色深浅有差异。在天然水域生长较慢，一般在 250 克以下，大的可达 1 250 克左右。2011 年全国鲫养殖产量为 229.68 万吨，较 2010 年增加 8.07 万吨，增幅 3.64%，占大宗淡水鱼产量的 13.52%，位居第五。主要养殖区域为江苏、湖北、江西等省（图 2-6）。

**7. 团头鲂**　团头鲂也称武昌鱼。喜生活在湖泊有沉水植物敞水区区域的中下层，性温和，草食性，因此有“草鳊”之称。体背部青灰色，两侧银灰色，体侧每个鳞片基部灰黑，边缘黑色素稀少，使整个体侧呈现出一行行紫黑色条纹，腹部银白，各鳍条灰黑色。体侧扁而高，呈菱形。头较小，头后背部急剧隆起。眶上骨小而薄，呈三角形。口小，前位，口裂广弧形。上下颌角质不发达。背鳍具硬刺，刺短于头长；胸鳍较短，达到或仅达腹

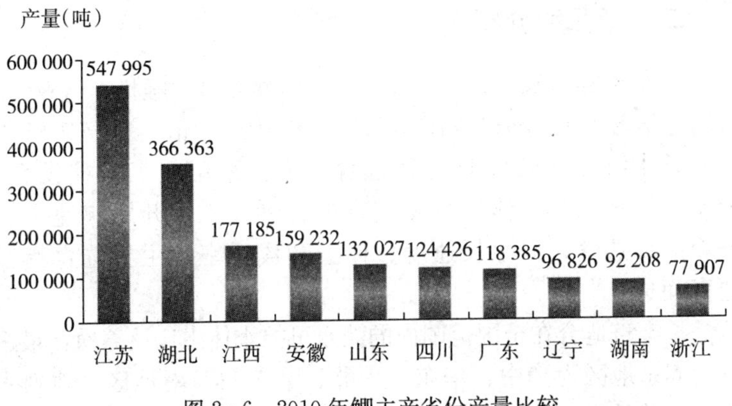


图 2-6 2010 年鲫主产省份产量比较

鳍基部，雄鱼第 1 根胸鳍条肥厚，略呈波浪形弯曲；臀鳍基部长，具 27～32 枚分支鳍条。腹棱不完全，尾柄短而高。鳔 3 室，中室最大，后室小。幼鱼以浮游动物为主食，成鱼则以水生植物为主食。团头鲂生长较快，100～135 毫米的幼鱼经过 1 年饲养，可长到 0.5 千克左右，最大体长可达 3.5～4.0 千克。2011 年全国鳊鲂养殖产量为 67.79 万吨，较 2010 年增加 2.56 万吨，增幅 3.94%，占大宗淡水鱼产量的 3.99%，位居第六。主要养殖区域为江苏、湖北、安徽等省（图 2-7）。

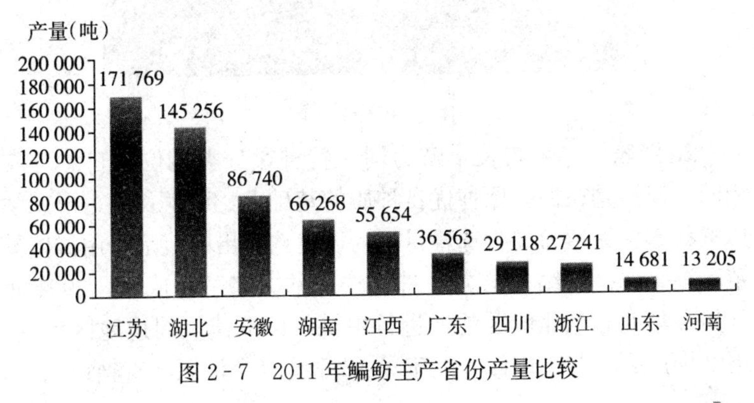


图 2-7 2011 年鳊鲂主产省份产量比较

## 二、新品种介绍

**1. 长丰鲢** 长丰鲢（图2-8），属鲤形目、鲤科、鲢亚科、鲢属。学名为 *Hypophthalmichthys molitrix*。俗名白鲢、鲢子鱼。长丰鲢是从长江野生鲢选育而来。采用人工雌核发育、分子标记辅助与群体选育相结合的育种技术，开展快速生长鲢新品种选育，以生长速度、体型和成活率为主要选育指标选育而成。

长丰鲢适合在全国范围内的淡水可控水体中广泛养殖，最适宜的养殖地区为华中、华东、华北、华南和西南地区。池塘主养、套养是长丰鲢的主要养殖模式，在连续4年的中试试验中，中试试验点覆盖湖北、安徽、陕西3个省份，中试面积达到1.1万亩。中试结果表明，选育的长丰鲢适应性强，生长速度快，平均亩增产为16%～30%，增产效果明显。

图2-8 长丰鲢

**2. 津鲢** 津鲢与长丰鲢为同一特种，分类地位与自然分布相同。津鲢是在保持原种优良种质的基础上，以生长快、形态学形状稳定、繁殖力高为选育目标，逐代选育出的，是采用群体繁殖和混合选择相结合的方法进行选育的。津鲢育成后，2001年开始在华北和东北地区池塘进行中试，以天津及周边地区为主，逐渐推广到河北、山西、辽宁等12个省（自治区、直辖市）。与

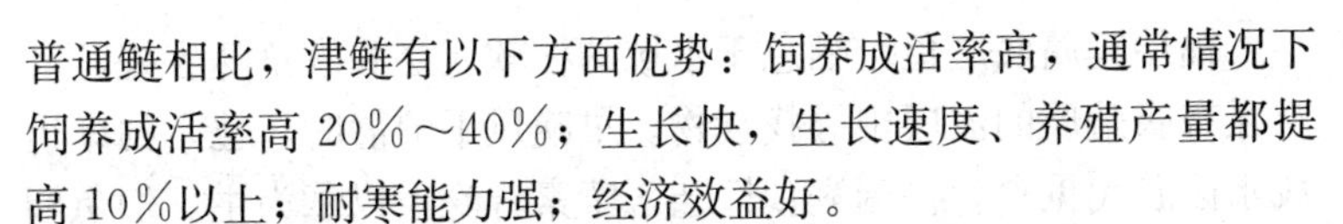

普通鲢相比，津鲢有以下方面优势：饲养成活率高，通常情况下饲养成活率高20%～40%；生长快，生长速度、养殖产量都提高10%以上；耐寒能力强；经济效益好。

**3. 福瑞鲤** 福瑞鲤是以建鲤和野生黄河鲤为基础选育群体，借助PIT（Passive Integrated Transponder，被动整合雷达）标记技术，运用数量遗传学BLUP（Best Linear Unbiased Prediction，最佳线性无偏预测）分析和家系选育等综合育种新技术，以生长速度为主要选育指标，经1代群体选育和连续4代BLUP家系选育获得的鲤新品种。该品种于2010年12月，在第四届全国水产原种和良种审定委员会第三次会议上通过了良种审定，2011年4月获得了水产新品种证书，品种登记为GS-01-003-2010。

福瑞鲤，属鲤形目（Cypriniformes）、鲤科（Cyprinidae）、鲤亚科（Cyprinae）、鲤属（*Cyprinus*）、鲤种（*Cyprinus carpio*）。英文名为FFRC strain common carp（*Cyprinus carpio*）。它的原始亲本为选育的建鲤（*Cyprinus carpio* var. *jian*）和野生黄河鲤（*Cyprinus. carpio haematopterus* Temminck et Schlegel）。福瑞鲤体梭形，背较高，体较宽，头较小；口亚下位，呈马蹄形，上颌包着下颌，吻圆钝，能伸缩；全身覆盖较大的圆鳞；体色随栖息环境不同而有所变化，通常背部青灰色，腹部较淡，泛白；臀鳍和尾鳍下叶带有橙红色（图2-9）。

图2-9 福瑞鲤

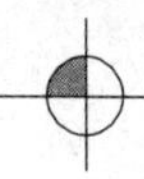


福瑞鲤属底层鱼，栖息于水域的松软底层和水草丛生处，喜欢在有腐殖质的泥层中寻找食物。早晚风平浪静时，也常到岸边浅水区游弋觅食。福瑞鲤食性杂，荤素皆吃，以荤为主。幼鱼期主要吃浮游生物，成鱼则以底栖动物为主要食物。小鱼、小虾、红虫、俎虫、螺肉、水蚯蚓以及藻类果实等，都是它的美味佳肴。随着气候和水温的变化，其摄食口味也会发生某些改变，有时有明显的选择性。福瑞鲤的吻部长而坚，伸缩性强，吃饵常常翻泥打洞。福瑞鲤喜弱光，喜活水。喜欢在水色比较暗褐、透明度较低的水域中生活，阴天时比晴天时活跃。特别喜欢在有新水注入的流水口处游弋和觅食。福瑞鲤生长快，寿命长，个体大。当年鱼可长到350～1000克。福瑞鲤可在0～37℃的水体中生活，适宜在水温15～30℃生活；摄食量也与水温关系密切，水温20～25℃时，食欲最旺，从早至晚不停地摄食；水温低于10℃，活动量很小，基本上不进食；水温在2℃以下时，躲进深水处越冬，不吃不动。福瑞鲤适应能力强，能耐寒、耐碱、耐低氧，对水体要求不高，能在各种水体中生活，只要水域没有被污染，就能生存。福瑞鲤繁殖力强，2冬龄鲤便开始产卵，产卵数量大。

2008年和2009年，福瑞鲤在江苏、四川、山东等地进行了小规模的生产性对比试验。结果表明，生长速度提高20%以上，也比一些地方养殖的建鲤品系有很大的提高。2010年在河南开封和银川宁夏进行养殖对比试验显示，福瑞鲤的生长速度比当地的建鲤品系快1倍左右。

**4. 德国镜鲤选育系** 该选育系（图2-10）是在引进德国镜鲤原种的基础上，采用混合选育和家系选育的方法，历时10余年选育而成。选育出的$F_4$比原种的$F_1$生长快10.8%，抗病力提高25.6%，池塘饲养成活率达到98.5%，抗寒能力达到96.3%，比原种提高33.8%。该选育系已经推广到黑龙江、吉林、辽宁、内蒙和新疆等省市，全国都可养殖，但以“三北”地

区最适宜养殖。

图 2-10　德国镜鲤选育系

**5. 松浦镜鲤**　松浦镜鲤（图 2-11）于 2009 年 2 月 25 日通过全国水产原种和良种审定委员会审定为鲤鱼新品种（品种登记号：GS01-001-2008），并由《中华人民共和国农业部公告第 1169 号》发布。松浦镜鲤具有以下优点：①体型，背部增高，头部变小，即胴体部分增加了，可食部分增加；②鳞片少，群体无鳞率可达 66.67%，左侧线鳞为 0.28±0.61 片，右侧线鳞为 0.16±0.47 片，明显少于德国镜鲤选育系（$F_4$）；③生长快，比德国镜鲤选育系（$F_4$）快 34.31%以上；④繁殖力高，3～4 龄鱼的平均绝对怀卵量为（3.42±0.26）$\times 10^5$ 和（6.25±0.62）$\times 10^5$ 粒，分别比德国镜鲤选育系（$F_4$）提高了 86.89% 和 142.24%，平均相对怀卵量为（152.14±11.79）粒/克和（201.38±12.09）粒/克，分别比德国镜鲤选育系（$F_4$）提高了 56.17%和 88.17%；⑤适应性较强，1～2 龄鱼的平均饲养成活率为 96.95%和 96.44%，分别比德国镜鲤选育系（$F_4$）提高了 13.66%和 6.48%，平均越冬成活率为 95.85%和 98.84%，分别比德国镜鲤选育系（$F_4$）提高了 8.86%和 3.36%。目前，在全国推广累计养殖面积 6.51 万公顷，新增产值 4.57 亿元，已推广黑龙江省大部分地区（哈尔滨、黑河、伊春、五常、北安、庆安、肇源、泰来、大庆、望魁、绥化等地），以及天津、河北、吉林、山东、辽宁、重庆、广西、广东及内蒙古等地。

图 2-11 松浦镜鲤

**6. 豫选黄河鲤** 豫选黄河鲤（图 2-12）是利用野生黄河鲤作亲本，经过近 20 年、连续 8 代选育而成，体形成纺锤状，体色鲜艳、金鳞赤尾，子代的红体色和不规则鳞表现率已降至 1%以下；体长/体高为 2.7～3.0；体型更接近于原河道型黄河鲤。生长速度有了显著提高，比选育前提高 36.2%以上。用选育的黄河鲤鱼苗（体长 2～3 厘米），可在当年（养殖期 5～6 个月）育成单产 1 000 千克/亩、规格 750 克以上的商品鱼，成活率 90%左右。该品种性状稳定，生长速度快，成活率高，易捕捞。全国各地均可养殖。

图 2-12 豫选黄河鲤

**7. 湘云鲤** 湘云鲤（图 2-13）是由鲫鲤杂交四倍体鱼（♂）×丰鲤（♀）杂交而成，湘云鲤的体型美观，肉质细嫩，含肉率高出普通鲤 10%～15%；生长速度快，比普通鲤快 30%～40%；抗病力强，耐低温和低氧。其养殖技术与其他鲤养殖技术相似，可进行套养、单养及网箱养殖等。

图 2-13 湘云鲫

**8. 松荷鲤** 松荷鲤（图 2-14）是由黑龙江鲤（♀）与荷包红鲤（♂）杂交的 $F_1$，与散鳞镜鲤杂交，其杂种经生长和抗寒力对比试验，选出体型呈纺锤形，全鳞和体色青灰的个体繁殖至 $F_3$，然后采用人工雌核发育技术活的雌核发育个体，再与前述 $F_3$ 和黑龙江鲤杂交的后代进行交配，所获后代连续选育至 $F_7$，育成的抗寒能力强的鲤鱼品种。其冰下自然越冬存活率在 95%以上，生长速度比黑龙江鲤快 91.2%以上。适于气候寒冷、生长期短的北方地区养殖。

图 2-14 松荷鲤

**9. 颖鲤** 颖鲤（图 2-15）是以散鳞镜鲤为母本、鲤鲫移核鱼 $F_2$ 为父本，杂交而成的子一代。其父本鲤鲫移核鱼是，将荷包红鲤的囊胚细胞核移植到鲫鱼的去核卵内发育而成。杂交种颖鲤具有三品系杂交的生长优势。当年个体增重平均比双亲快47%。2龄颖鲤个体增重平均比双亲快60.1%。颖鲤的保种制种相对简便，易为生产单位应用推广。

颖鲤具有生长快、含肉率高、单交保种、制种简便的优点，已在湖北、湖南等十几个省（自治区、直辖市）进行大面积的养殖，经济效益显著，深受养殖者和消费者的喜爱。全国各地均可养殖。

图2-15 颖 鲤

**10. 丰鲤** 丰鲤（图2-16）是以兴国红鲤为母本、散鳞镜鲤为父本，通过杂交而获得的杂交一代，其形态性状介于双亲之间。丰鲤生长速度快，在鱼种阶段，生长速度为母本的1.5～1.62倍、父本的2.4倍；成鱼阶段，生长速度为母本的1.32

图2-16 丰 鲤

倍。具有明显的杂交优势。丰鲤具有适应性广、成活率高、生长迅速、抗病力强、容易捕捞和肉味鲜美等优点，已经在全国许多省（自治区、直辖市）推广养殖，经济效益明显。全国各地均可养殖。

**11. 芙蓉鲤** 芙蓉鲤（图 2－17）是由兴国红鲤父本与散鳞镜鲤母本杂交而成的子一代。芙蓉鲤与其父本相比具有杂交优势，具有生长快、耐低温等特点，其生长速度比母本快 40％左右，比父本快 60％左右。全国各地均可养殖。

图 2－17 芙蓉鲤

**12. 乌克兰鳞鲤** 乌克兰鳞鲤（图 2－18）为鲤形目、鲤科、鲤属的一个经选育的养殖品种。体形为纺锤形，略长，体色青灰色，头较小，出肉率高。该品种 3～4 龄性成熟，怀卵量小，有利于生长。2 龄鱼在常规放养密度下，平均体重达 1.5～2 千克。适温性强，生存水温 0～30℃，鱼种越冬成活率在 95％以上。在

图 2－18 乌克兰鳞鲤

水温16℃以上即可繁殖生产。食性为杂食性，生长快、耐低氧、易驯化、易起捕，适宜在池塘养殖。通过该品种在天津、河北、辽宁等省部分地区进行的生产性对比试验养殖，增产效果明显。适宜在全国各地推广养殖。

**13. 彭泽鲫** 彭泽鲫（图2-19）属鲤形目、鲤科、鲤亚科、鲫属，是原产江西省彭泽县丁家湖、太泊湖、芳湖等天然水域的1个地方品种，又名芦花鲫、彭泽大鲫。彭泽鲫是江西省水产科学研究所和九江市水产科学研究所经过7年6代系统选育和筛选出的优良品种，并成为我国第一个直接从野生鲫中选育出的优良养殖新品种，通过了农业部水产原良种审定委员会的审定，并被确定为适宜全国推广的养殖品种。彭泽鲫具有繁养殖技术简单、生长快、个体大，产量高、营养丰富、抗逆性强、病害少、优良性状稳定和易运输等特性。其当年苗可长成商品鱼，生长速度为一般鲫的3.5倍，目前发现的最大个体体重达到6.5千克；对水温、pH、溶氧等水质条件有很强的耐受力，能在各种水体中生长繁殖，具有很强的生命力；其肉质鲜美，肌肉含蛋白质为18.3%，脂肪为1.3%，并含有人体所需的8种必需的氨基酸，可食率为72.4%，高于其他鲫类10%，具有很高的营养价值。彭泽鲫已在全国大面积推广养殖，获得了较高的经济效益和较好的社会效益。

图2-19 彭泽鲫

**14. 松浦银鲫** 松浦银鲫是采用生物技术——人工诱导雌核

发育和性别控制，使方正银鲫产生基因突变，再从突变个体中定向选育成。生长速度稍快于方正银鲫，在推广中不易与南方鲫混杂和在池塘养殖中发生退化，始终保持高背鲫的形态。松浦银鲫为人工育成的银鲫新品系。具有生长快、个体大、肉质优良、经济价值高等特点，在生产应用中取得较好的养殖效果。全国各地均可养殖。

**15. 湘云鲫**　湘云鲫（图 2-20）是鲫鲤杂交四倍体鱼做父本、日本白鲫做母本杂交而成的。湘云鲫的体型美观，肉质细嫩，肋间细刺少，含肉率高出普通鲫鱼 10%～15%。生长速度快，比本地鲫快 3～4 倍；抗病力强，耐低温、低氧，10℃以上能摄食生长，并具有浮游生物食性。其养殖技术与其他鲫相近，可进行套养、单养及网箱养殖等。全国各地均可养殖。

图 2-20　湘云鲫

**16. 异育银鲫"中科 3 号"**　异育银鲫"中科 3 号"（图 2-21）是中国科学院水生生物研究所培育出来的异育银鲫新品种。该品种已获全国水产新品种证书，品种登记号为 GS01－002－2007。异育银鲫"中科 3 号"是异育银鲫的第三代新品种。经过生长对比和生产性对比养殖试验表明，与已推广养殖的高体型异育银鲫相比，异育银鲫"中科 3 号"具有如下优点：①生长速度快，比高背鲫生长快 13.7%～34.4%，出肉率高 6%以上；②遗传性状稳定；③体色银黑，鳞片紧密，不易脱鳞；④寄生于肝脏造成肝囊肿死亡的碘泡虫病发病率低。异育银鲫"中科 3 号"的苗种生产方法与异育银鲫和高背鲫相同，严格按照异精雌核生殖方式进行苗种生产。在生产实践中，用兴国红鲤精子刺激异育银鲫“中科3号”所产的卵子进行雌核生殖，即可产生异育银鲫“中科3号”的全雌性苗种用于养殖。异育银鲫“中科3号”适宜在全国范围内的各种可控水体内养殖。

图2-21　异育银鲫“中科3号”

**17. 芙蓉鲤鲫**　芙蓉鲤鲫（图2-22）于2009年在第四届全国水产原种和良种审定委员会第二次会议上通过品种审定（品种登记号GS-02-001-2009）。芙蓉鲤鲫是运用近缘杂交、远缘杂交和系统选育相结合的综合育种技术，经20年研究培育的新型杂交鲫。在8%～10%选择压力下，以形态和生长为主要指标，进行群体繁育混合选择，以连续选育3代的散鳞镜鲤为母本、兴

图2-22　芙蓉鲤鲫

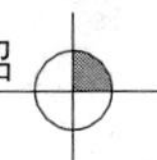

国红鲤为父本进行鲤鱼品种间杂交，获得杂交子代芙蓉鲤；再以芙蓉鲤为母本，以同等选择压力下选育 6 代的红鲫为父本进行远缘杂交，得到体型偏似鲫的杂交种芙蓉鲤鲫。

芙蓉鲤鲫具有体型像鲫、生长快、肉质好、抗逆性强、性腺败育等优良特性。其质量性状稳定，没有明显分离，其体色灰黄，体型侧扁，背部较普通鲫鱼高且厚，全鳞且鳞片紧密；侧线鳞 30～35，背鳍：Ⅲ-17～19，臀鳍：Ⅲ-5～6；口须呈退化状，无须个体占 20%，其余个体有 1 或 2 根细小须根；体长为体高的 2.28～2.84 倍，为头长的 3.21～3.87 倍，为体厚的 4.74～5.83 倍，尾柄长为尾柄高的 1.07～1.34 倍，主要比例性状的变异系数 0.065～0.091。芙蓉鲤鲫的形态学特征尤其是与体型相关的性状偏向父本红鲫。芙蓉鲤鲫是二倍体，染色体众数值为 2n＝100，RAPD 与微卫星研究结果显示，芙蓉鲤鲫与红鲫的遗传距离最小而遗传相似性最高。相对而言，芙蓉鲤鲫的遗传结构更偏向父本红鲫。

芙蓉鲤鲫生长快、肉质好。芙蓉鲤鲫当年鱼的生长速度比父本红鲫要快 102.4%，为母本芙蓉鲤的 83.2%；2 龄鱼生长速度比红鲫快 7.8 倍，为芙蓉鲤的 86.2%。芙蓉鲤鲫 1 龄和 2 龄鱼的空壳率平均 86.8%，明显高于普通鲤鲫（70%～80%）。芙蓉鲤鲫肌肉蛋白质含量高（18.22%），脂肪含量低（3.68%），18 种氨基酸和 4 种鲜味氨基酸含量均高于双亲，不饱和脂肪酸含量略高于双亲平均水平。

芙蓉鲤鲫两性败育，没有发现其自交繁殖后代。对发育较好的芙蓉鲤鲫进行人工催情，有发情追逐行为，但雄鱼不能产生精液，极少数雌鱼可产卵，但卵粒大小不匀，不饱满，缺乏弹性和光泽，即使与其他鲤、鲫交配也不能受精。

芙蓉鲤鲫制种规范，适合规模化生产应用。该品种制种繁殖技术与普通鲤鲫相似，可以实行人工催产，自然产卵受精，亦可人工采卵授精后上巢孵化或脱黏流水孵化。国家大宗淡水鱼类产业技术体系长沙综合试验站现有亲本 3 000 组，年苗种生产量可达 2 亿尾。芙蓉鲤鲫适宜在全国范围人工可控的淡水水域，进行池塘养殖、网箱养殖、稻（莲）田养殖。芙蓉鲤鲫 1993 年开始生产养殖，1997 年以来先后在湖南、湖北、广东、江苏、山东、重庆等 13 个省（自治区、直辖市）进行过试养，累计养殖面积达 1 万公顷，新增产量过 10 万吨，受到养殖者和消费者的广泛好评，产生了显著的经济效益和社会效益。

**18. 团头鲂“浦江 1 号”** 团头鲂浦江 1 号（图 2-23）是以湖北省淤泥湖的团头鲂原种为基础群体，采用传统的群体选育方法，经过十几年的选育所获得的第六代新品种鱼。团头鲂浦江 1 号遗传性稳定，具有个体大、生长快和适应性广等优良性状。生长速度比淤泥湖原种提高 20%。在我国东北佳木斯、齐齐哈尔等地区，翌年都能长到 500 克以上，比原来养殖的团头鲂品种在同样的条件下增加体重 200 克。目前，团头鲂浦江 1 号已推广到全国 20 多个省市。江苏滆湖地区产量达 6 万吨，主要销往上海、杭州等大城市。池塘主养单产超过 500 千克/亩，滆湖地区达到 800 千克，湖泊网围养殖亩产量可达 1 000 千克以上。商品鱼养成规格 650 克/尾以上。养殖周期由常规团头鲂的 3 年缩短至 2 年。

图 2-23 团头鲂“浦江 1 号”

## 三、原良种场建设

我国水产原良种体系是支撑水产养殖业的基础保障，1998—

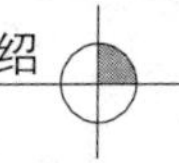

2010年，各级政府先后投入16多亿元进行水产原良种场建设，其中，中央财政投资逾9亿元，地方财政配套逾7亿元；共安排建设项目428个，其中原种场65个，良种场301个，苗种繁育场15个，引种保种中心27个，水产种质检测中心3个，遗传育种中心17个，初步构建起全国水产原良种生产体系框架，原良种生产能力有了较大的提高。据不完全统计，目前全国共有56家国家级水产原良种场，400多家省级水产原良种场，全国水产原良种体系的框架已基本形成。

水产原种场、良种场、苗种繁育场、引种保种中心和遗传育种中心在全国水产原良种体系中发挥的功能各自如下：

**1. 原种场**　负责水产原种的搜集、保存、采捕和供种，并向良种场提供繁殖用的原种亲本。

**2. 良种场**　负责野生种的驯化、遗传改良，新品种培育，从国外引种或引进原种或经过审定的良种，培育亲本、后备亲本或繁殖良种苗种，供应苗种场或养殖场。

**3. 水产引种保种中心**　负责水产原种、良种的保存或国外引进种的风险评估、隔离检疫、试养、保种以及良种的推广应用。

**4. 苗种繁育场**　从原种场或良种场引进亲本，按技术规范繁育苗种供应养殖生产者。根据2001年全国水产苗种场普查数据，全国水产苗种繁育场约1.6万个。

**5. 遗传育种中心**　我国已建成的水产原良种场，在设计上只强调建设规模和建设标准，功能只是一般性生产设施，如养殖池、育苗池的功能，与良种培育和生产的主线关系不大。建设内容中缺少现代育种体系所需要的选育功能、配种功能、标记系统等重要设施、设备等。为此，近年来我国以水产主导养殖品种为主，选择技术力量雄厚的国家级水产科研院所和运转状况良好的良种场，进行设施的改扩建以及新技术的引进，建设了多个遗传育种中心，以期培育一批具有自主知识产权的良种。

“四大家鱼”和鲤、鲫、鳊鲂是我国的重要养殖品种，占我国淡水养殖产量68.7%，必须加大品种遗传改良和新品种培育力度。“四大家鱼”要以已建立的国家级原种场为依托，扩大原种的养殖面积，目前除鲢有2个新品种外，草鱼、鳙正在进行新品种选育；鲤重点发展福瑞鲤、建鲤、松浦镜鲤、荷包红鲤和兴国红鲤，并在此基础上培育出新的品种；银鲫重点发展异育银鲫“中科3号”、方正银鲫、彭泽鲫和芙蓉鲤鲫，并继续加大新品种的培育；团头鲂重点发展浦江1号和经过遗传改良的团头鲂，并加大对原种的开发力度见表。

**我国已建或在建的部分大宗淡水鱼国家级水产原良种场**

| 序号 | 场　　名 | 地点 | 对　　象 | 现状 |
|---|---|---|---|---|
| 1 | 邗江长江系家鱼原种场 | 江苏省邗江 | 长江“四大家鱼” | 已验收 |
| 2 | 芜湖水产原种场 | 安徽省芜湖 | 长江“四大家鱼” | 已验收 |
| 3 | 瑞昌长江“四大家鱼”原种场 | 江西省瑞昌 | 长江“四大家鱼” | 已验收 |
| 4 | 老江河长江“四大家鱼”原种场 | 湖北省石首 | 长江“四大家鱼” | 已验收 |
| 5 | 老江河长江“四大家鱼”生态库 | 湖北省监利 | 长江“四大家鱼” | 已验收 |
| 6 | 湖南长江鱼类原种场 | 湖南省长沙 | 湘江“四大家鱼” | 已验收 |
| 7 | 嘉兴鱼类原种场 | 浙江省嘉兴 | 长江“四大家鱼” | 已验收 |
| 8 | 九江市彭泽鲫良种场 | 江西省九江 | 彭泽鲫 | 已验收 |
| 9 | 方正银鲫原种场 | 黑龙江省方正县 | 方正银鲫 | 已验收 |
| 10 | 黑龙江野鲤原种场 | 黑龙江省哈尔滨 | 黑龙江野鲤 | 建设中 |
| 11 | 梁子湖团头鲂原种场 | 湖北省鄂州 | 团头鲂 | 建设中 |
| 12 | 江西婺源荷包红鲤原种场 | 江西省婺源县 | 荷包红鲤 | 已验收 |
| 13 | 江西兴国红鲤原种场 | 江西省兴国县 | 兴国红鲤 | 建设中 |
| 14 | 杭州钱塘江三角鲂原种场 | 浙江杭州 | 三角鲂 | 已验收 |
| 15 | 河北任丘四大家鱼良种场 | 河北任丘 | 四大家鱼 | 已验收 |
| 16 | 上海松江团头鲂良种场 | 上海松江 | 团头鲂 | 已验收 |

# 第三章 养殖设施建设

## 一、池塘建设条件

池塘建设的最根本条件是要有合适的场地。所谓合适，不同的地区、不同的经济实力，对于合适的判断存在一定的差异性，但在因地制宜的大前提下，至少要考虑几个核心条件：水源、水质、水量和土质。

一般而言，对于丘陵山区往往缺少大片平整的土地环境，要利用有限的土地开挖池塘，进行水产养殖，在判断场地是否合适用于建设池塘时，就只能考虑场地是否符合几个核心条件。对于大面积的成片地进行池塘建设，在考虑池塘建设时，则不能仅仅只考虑单个池塘建设的所需，更要系统地考虑整个配套工程及设施的合理需要。在注意水源、水质、水量和土质的基础上，要同时考虑地形、电力供应和交通运输等条件。对于经济实力较差者来说，一般需要充分依赖现有的自然条件，而且这些必备的自然条件还具有较好的自然组合状态；对于经济实力较好者来说，可以通过人工建筑的方式，把自然条件组合在一起，从而满足建设和生产的需要，比如，修建引水渠道或提水泵站解决水源问题。比如，通过修建人工湿地和生物净化池塘等复合生态方法净化和改良水质，等等。因此，池塘建设的条件要根据实际情况而定，基于不同的自然条件、不同的经济实力，能落实合理的选址就是池塘建设条件。选址得当、科学实用，不但方便设计、施工、降低建设成本，有利日后生产，易于形成良好的经济与社会效益，而且具有较大的生产潜力和美好的发展前景；否则，给建设、生产和发展带来无尽的麻烦，甚至“骑虎难下”，十分被动。因此，选址是最基础、最基本的技术过程。

选址涉及的因素很多，选址应从水源、水质、交通、电力、环境、土质和地形等诸多方面进行调查、研究和现场考察，甚至测试，然后进行综合分析、比较，以达到科学定位和正确决策的目的。

### （一）水源

养鱼的首要条件是水，不论江河、溪流、湖泊、水库、泉水、地下水和雨水等，只要水量充足，水质良好，均可作为水源。

水源的选择一般随地区而不同。如河泊地区，当以江河和湖泊作为水源，山陵地区大多以溪流、泉水或地下水为水源。为了满足用水量的要求，对水源的情况必须加以考察。源远流长，水量充足，可以避免干涸的危险，但是，河湖有泛滥的可能，从而带来漫溢的灾害；山洪有暴涨的可能，从而带来冲毁的灾难。所以，水源的地理、水文以及历史情况，有进行调查摸底的必要。

水源选择的另一面，要注意水源的环境，如果河流来自工厂区，有工业污水流入，应该调查污水性质，是否影响鱼类的生活和生命。如果河流通过大城市，必须调查市政方面的区域规划，或市政发展计划，注意工厂区的将来发展情况。总之，既要看到目前的现状，又要顾及未来的发展，只有这样才可以减免不必要的损失。

水源的选择还要从工程设施方面去考虑。利用溪流作为水源，是否要拦河筑坝，储积水量。利用雨水为水源，要注意集水建筑物及蓄水池等工程的建筑条件。利用地下水或泉水，是否要有引水、导水和加温等的工程设施。

### （二）水质

鱼类是水生动物，鱼的生存、生长、繁育离不开水，水的质量是决定某一水源能否作为养殖用水的基本条件。

作为养鱼用水的水源，不是自然的江、河、湖、库和溪流，就是地下井水和冷、热泉流等。前者是最常用、最好的选择；后者因来自地下，受各地地质的影响，水质理化指标差异较大，即使是自然水体随着工农业和渔业发展，不同程度存在污染，无论水源如何，要用于养殖生产，都要符合养殖用水的基本要求（表3-1），即符合国家渔业用水标准，否则就不符合养鱼的水质要求。

**表3-1　淡水养殖用水水质要求**

| 项　　目 | 标准值 |
|---|---|
| 色、臭、味 | 不得使养殖水体带有异色、异臭、异味 |
| 大肠杆菌（个/升） | ≤5 000 |
| 汞（毫克/升） | ≤0.000 5 |
| 镉（毫克/升） | ≤0.005 |
| 铅（毫克/升） | ≤0.05 |
| 铬（毫克/升） | ≤0.1 |
| 铜（毫克/升） | ≤0.01 |
| 锌（毫克/升） | ≤0.1 |
| 砷（毫克/升） | ≤0.05 |
| 氯化物（毫克/升） | ≤1 |
| 石油类（毫克/升） | ≤0.05 |
| 挥发性酚（毫克/升） | ≤0.005 |
| 甲基对硫磷（毫克/升） | ≤0.000 5 |
| 马拉硫磷（毫克/升） | ≤0.005 |
| 乐果（毫克/升） | ≤0.1 |
| 六六六（丙体，毫克/升） | ≤0.002 |
| 滴滴涕（毫克/升） | ≤0.001 |

作为鱼类养殖水质基本要求，pH为7～8.5，溶解氧在24小时内，16小时以上大于5毫克/升，其余时间不得低于3毫克/升，总硬度以碳酸钙计为89.25～142.80毫克/升，以德国

度计不能低于3度，有机耗氧量在30毫克/升以下，游离氨低于0.02毫克/升，硫化物不允许存在。所以，一般工厂、矿山排出的废水和部分地下水，往往含有对水生动、植物有害的物质，没有经过分析和处理，不宜作为淡水养殖用水。

水源、水质关系到鱼类养殖的全过程，换言之，即使其他条件再好，水源、水质不好，也不适于池塘进行水产养殖。

**（三）水量**

水源的水质符合养鱼的要求后，紧接着就是要考虑水源的水量，是否能够充分满足池塘养殖全过程的用水需要。勘察水源水量是否够用，不能单凭勘察时的情况决定，应详细了解一年中各季节水量的变化，特别是旱、涝季节的变化，必须保证池塘在不同季节、不同生产阶段，都有足够的水量供应。一般春季常为干旱季节，水源水位低，水量少，而这时正是鱼池需要注水时期。在生产季节内，鱼池由于蒸发、渗漏以及换水的需要，必须经常补注新水。冬季越冬池塘需要有流水，水源水量也必须满足这些方面的要求。

在勘察水量时，还必须注意到水源在一年中最高、最低和平常水位，以作为设计鱼池水位的参考指标。对于历年来当地的最高洪水水位也要注意调查，这将为是否需要建设池塘保护外堤、堤坝修建的必要高度等提供设计和施工参考。

水源水量是随当地的水文、气象、地形、土质等条件而变化的，鱼池需水量除这些条件的影响外，还因养鱼措施的不同而异。在勘察水源时，要充分收集有关这些方面的资料，结合各季节养鱼生产需水的数量，来确定水源的水量是否适用。

如果以江河、湖泊、水库作为水源时，水量一般都是能够满足用水需要的；如果水源是小溪、泉水、雨水时，就要注意水量了。

**（四）土质和地形**

一个区域的土质和地形都是基本上稳定的，所谓选择只是力

争挑选好的土质，如壤土是建设池塘最好的材料，黏土较差，沙石土和沙土最差。地形则是如何利用的问题。

实际上壤土不具备普遍性，其他各类土壤千差万别，主要是如何根据具体情况进行利用。如利用壤土做通水坡面或核心堤，即使是沙石土和沙土，也可根据具体情况将鱼池适当挖深些，使其基本水位在枯水季节能维持1～1.5米。

平原区域，地势平坦，建池容易，鱼池保水性能好，但无地势、地物利用，进、排水完全靠动力提水；而局部人造1～1.5米的高地或抬高池堤作为高处蓄水塘，或建鱼类人工繁殖蓄水池、催产池兼蓄水池完全是可能的。不过人造高地需要隔年进行，中间需要停工等待，让其自然下沉一段时间和谨慎处理基础。

丘陵和山区，地势崎岖不平，一般平地较少，建池较难，但有地势地物利用，需要综合平衡，巧妙规划与设计。凡需要抬高水位，如人工繁殖设备和提高水温晒水塘应建在地势高处，一般鱼池需处理好因地势高差的渗漏问题，并力争进排水自流，节省能源。

### （五）电力和交通

养殖场的电力和交通，关系到养鱼物资和产品的运进、运出的通畅、便利；关系到人员和信息的来往与交流；最终关系到经济与社会效益。这是不言而喻的道理。

一般鱼类养殖场大多建在偏远的湖区、库区和河网地带，交通和电力不如其他地方方便，但基本要求应有一定等级的场区公路与省道、国道相通，甚至与高速路和机场相通，则更加理想，基本电力不可缺少。随着人们生活水平的提高，湖、库、河往往与风景休闲、旅游相关联，将渔业发展与之相结合，进行综合开发利用，是振兴地方经济、持续发展的明智之举。

## 二、鱼池的总体规划和布局

根据鱼池的功能分，一般分为亲鱼池、鱼苗池、鱼种池和成鱼池四类鱼池。并不是所有的养殖场都需要四类鱼池。根据不同养殖场的规模、条件和生产侧重点，有的可能以养鱼苗、鱼种为主，有的可能以养成鱼为主。因此，不同养殖场鱼池的种类或数量都是不一样的。鱼池的总体规划和布局，其出发点是要便于生产和管理。同时，还要考虑建设的经济成本。这就要求，既要从工程角度来布局，更重要的是要根据生产上的方便和要求来布置。因此，在设计鱼池的总体规划和布局时，既要土建工程师参与，也要养殖专家参与，提出生产上的要求，共同进行研究，以便得到较为满意的设计。

从整个养殖场的全局而言，鱼池的总体规划和布局，必须同时考虑渠道、道路、场房、抽水动力设备和孵化设备等。从实际操作来看，一般是将鱼池与渠道、动力与设施、场房与道路等单个布局设计好之后，将它们放在场区适当的区位上，即组装成总体布局。为此，首先需要一张场址范围的地形平面图，或通过测量方位及导线图，将以上单个布局绘在图上，即成总体布局设计图，为单个具体设计和放样提供基础蓝图。

我国的地形、地貌复杂多样，对于不同的地区，充分利用不同的自然条件修建鱼池和建立养殖场，不同的地区有不同的特点。

**（一）山区养殖场**

山区养殖场由于地形关系，场地面积不能要求像平坦地区那么大，或者是分区分散的。水源要利用溪流或泉水，水量虽然不丰富，但给进排水造成有利条件，因此，作总体布置时要考虑到这些特点。山区的鱼池要利用地形起伏来修，鱼池的布置依地势分层成为阶梯形。由于鱼池要保持适宜的水量，溪流（或泉水）不宜直接流入鱼池，在溪水流入鱼池之前，布置几个面积较大、深度较浅（深度不大于0.5米）的池塘，让溪水（或泉水）流入这个池塘，停留相当时间，吸收阳光和空气中的热量来提高水温，然后开放闸门让水流

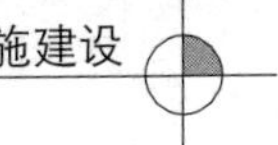

入鱼池。如果这时的水温还不适合鱼类生活时，就得有加温设备来提高水温。

阶梯形的鱼池，每一层可以1排，也可以有2排鱼池。各种鱼池的布置，一般把产卵池和鱼苗池放在最上层，成鱼池布置在最下层。出于预防鱼病的考虑，每一层鱼池所排泄的水不宜进入下一层的鱼池。给水系统必须修建自水源通往阶梯形各层鱼池的给水渠道，从给水渠（或进水沟）用支渠分给各层鱼池。

### （二）湖泊（平坦）地区养殖场

我国的湖泊很多，如太湖、洞庭湖、鄱阳湖等。这些湖泊地区，地势平坦，水路交错，自古以来就是养鱼的好地方。湖泊（平坦）地区有其地区的特征，地势平坦，水量充沛，水质也肥沃，沟渠纵横，在规划时一要考虑充分利用自然的沟渠，尽量把沟渠作为给排水渠道，以减少填挖土方，节省建场费用。二要把全场划区，可以按照生产要求，根据便利性原则，分区安排亲鱼池、鱼苗池、鱼种池和成鱼池。

### （三）河川养殖场

在河川流过的区域，利用江河之水作为水源修建的养殖场，就是河川养殖场。比较典型的就是利用河川三角洲地区的农田或荒地开挖鱼池，在规划布局时，要实现引用河水顺着进水渠道（沟）导向鱼池，排水渠（沟）可以通向河流下游。

### （四）水库养殖场

在水库拦河坝的下游，选地开辟养殖场，引用水库的水作为水源，这样的养殖场，进、排水都很方便，只要从水库修建给水沟导向鱼池，用进水闸来控制水量，而且还可以建成流水养鱼池。鱼池的总体布置与山区养殖场相似。

鱼池的总体布局是以鱼池、渠道和道路的整体协调、配合为基本原则。兼顾场房及其有关配套建筑坐落有致，动力与设施到位并保证其功能实现，地形、地物得到充分利用，水通、电通、路通，生产及其指挥方便、快捷，省时、省力、省材；还要适当植树绿化，环境优美、大方。

## 三、鱼池的种类及水系配套

### （一）鱼池的种类

鱼池的种类难以使用一个统一标准去进行分类。形态、大小或功能都可以作为鱼池分类的依据，在实际生产中往往都会有所应用。

如果以一个生产功能比较完整的养殖场应该具备的结构而论，鱼池从功能上划分，应有亲鱼池、鱼苗池、鱼种池和成鱼池（或称食用鱼池）四种类型。

**1. 亲鱼池** 面积不宜过大，但也不宜过小，一般利于亲鱼生长和便于捕捉，以面积3～7亩、水深2～3米为宜。亲鱼池总面积如繁殖家鱼，则占养殖场水面的2%～3%；如仅仅繁殖鲤、鲫、团头鲂等，则占总水面0.5%左右。

**2. 鱼苗池** 由鱼苗养至夏花的鱼池为鱼苗池。一般面积2～3亩，水深1.2～1.5米。一般鱼苗池总面积占养殖场总面积的5%左右。

**3. 鱼种池** 由夏花培育鱼种的鱼池为鱼种池。面积4～10亩，水深2.5米左右。一般鱼种池的面积占养殖场水面的10%左右。

**4. 成鱼池** 由鱼种一直养殖到上市的鱼池为成鱼池。面积和水深与成鱼池基本相同。面积4～10亩，水深2.5米左右。一般要占总水面的80%以上。

养殖场专门从事鱼类原、良种繁育，这类场只具备亲鱼池、鱼苗池、鱼种池三种类型鱼池；有的养殖场专门从事成鱼养殖，这类场只具备成鱼池。

### （二）水系配套

在养殖场中的水系配套，就是指与鱼池相连接的进、排水渠

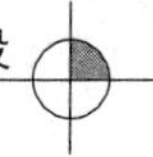

道的配套。所谓的配套，就是指在养殖场的整个生产周期中，进水渠道能够提供用水需求。不仅水质符合用水需求，而且水量能够满足用水需求。排水渠道能够及时排出鱼池生产中所不需要的水。因此，水系配套就涉及量的问题，既要考虑结构，还要考虑经济节约等，需要进行科学计算。

与鱼池相配套的是进、排水渠道，它是鱼池的命脉。在布局上，应使每个鱼池都能与进、排水渠道相通。为了节省土地和减少土方，应尽可能地减少渠道长度，同时还应合理分布，以免妨碍交通，或因之架桥建闸太多而增大投资。为此，通常采取相邻两排鱼池的宽边共1条进水渠道，另一宽边与再相邻鱼池的宽边共1条排水渠道。进、排水渠道相间，各与鱼池宽边相平行。这类进、排水渠道称为进、排水支渠。进水总渠位于进水支渠中段交叉，横贯各进水支渠，并与之相通，以便能及时快捷地为各池进水；排水总渠一般较宽、深，而且布局于场四周，兼有护场作用，排水支渠两端均与排水总渠相通，同样能及时快捷地分别向两端排水。

养殖场的进、排水渠道，设计要求基本相同。所谓渠道设计，就是渠道断面的设计。在土基上建渠道，其断面为梯形结构，边坡为1∶$m$。$m$越大，坡度就越缓；反之就越陡。当$m=0$时，其断面为矩形。矩形断面渠道只有在两边砌砖石挡土才能采用，并且占地少。

设计渠道断面，首先是根据养鱼生产需要，定出每条渠道应达到的流量，然后按土质定边坡系数$m$，粗糙系数$n$，渠底坡度的不冲允许流速$v$，用以求出渠底宽度$b$和水深$h$。

**1. 渠道流量计算**　计算公式为：

$$\text{进水净流量（米}^3\text{/秒）}=\frac{\text{需要进水鱼池总面积（米}^2\text{）}\times\text{平均水深（米）}}{\text{规定进水天数}\times\text{每天工作时间（小时）}\times 3\,600}$$

进水总流量（米$^3$/秒）＝净流量÷［1－渠道流量损失的百

分数（%）]，进渠在通水过程中，必有渗漏损失，其损失量占总量的10%～30%。沙壤土损失最大，占总量的20%～30%，通常平均为15%。干渠的流量是各支渠流量的总和。由于鱼池不是同时过水，所以，设计渠道的总流量应为计算总流量的30%～60%。确定总渠流量也亦然。

排水渠的流量计算同进水渠。排水渠底一般要低于鱼池底0.3米以上。排水渠一般除排鱼池旧水以外，还应考虑排除雨季洪水。故排水量往往在同级进渠进水量基础上，加大10%～20%即可。

**2. 渠道有关参数的确定** 边坡系数（$m$）是根据具体情况设定的[土堤1：(2～3)、砖石堤1：0]；粗糙度系数（$n$）是根据流量（$Q$）大小、渠的形状和养护水平而定（表3-2），池底纵坡度（$i$）是根据渠的性质而定（支渠1/300～1/750，干渠1/750～1/1 500，总渠1/1 500～1/3 000）；不冲允许流速（$V$）是根据土壤性质而定（表3-3）。

**表3-2 土质渠道粗糙系数 $n$ 值**

| 渠道特征 | $n$ 值 | |
|---|---|---|
| | 灌溉渠道 | 退水渠道 |
| $Q>25$ 米$^3$/秒的 | | |
| 平整顺直，养护良好 | 0.020 | 0.022 5 |
| 平整顺直，养护一般 | 0.022 5 | 0.025 |
| 渠床多面，杂草丛生，养护较差 | 0.025 | 0.027 5 |
| $Q=1\sim25$ 米$^3$/秒的 | | |
| 平整顺直，养护良好 | 0.022 5 | 0.025 |
| 平整顺直，养护一般 | 0.025 | 0.027 5 |
| 渠床多面，杂草丛生，养护较差 | 0.027 5 | 0.030 |
| $Q<1$ 米$^3$/秒的 | | |
| 渠床弯曲，养护一般 | 0.025 | 0.027 5 |
| 支渠以下的固定渠道 | 0.027 5～0.030 | |

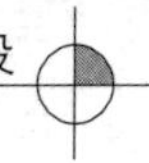

表 3-3　土质渠道的不冲允许流速

| 土质 | 不冲允许流速（米/秒） |
| --- | --- |
| 轻壤土 | 0.6～0.8 |
| 中壤土 | 0.65～0.85 |
| 重壤土 | 0.70～1.00 |
| 黏土 | 0.75～0.95 |

**3. 渠道流量模数和水力要素的计算**　当水流量计算出来之后，通过一定的流量，可求出流量模数 $K$ 和通过表 3-4 求水力要素 $W$（渠道横截面积）、$x$（渠道湿周）和 $R$（水力半径）。

$$K=CW\sqrt{R}=Q/\sqrt{i}$$

式中　$K$——流量模数；

$Q$——流量（米$^3$/秒）；

$i$——渠底纵向坡度；

$C$——谢才系数。

表 3-4　渠道断面的水力要素*

| 断面形 | 面积（$W$） | 湿周（$x$） | 水力半径（$R$） | 水面宽（$b$） |
| --- | --- | --- | --- | --- |
| 矩形 | $bh$ | $b+2h$ | $bh/(b+2h)$ | $b$ |
| 梯形 | $(b+mh)h$ | $b+2h\sqrt{1+m^2}$ | $(b+mh)h/(b+2h\sqrt{1+m^2})$ | $b+2mh$ |

* 表中 $W$ 为过水断面积；$m$ 为边坡系数；$b$ 为渠底宽；$h$ 为渠中水深。

如果渠道按梯形断面求 $W$、$X$ 和 $R$：

$$W=(b+mh)h$$

式中　$W$——过水断面面积（米$^2$）；

$b$——渠底宽（米）；

$m$——渠边坡系数；

$h$——渠水深（米）。

$$X=b+2h\sqrt{1+m^2}$$

$$R=W/X$$

**4. 渠道底宽和深的计算** 按 $R$ 值和已知 $n$，用表 3－5 查出相应的 $C$ 值（谢才系数），然后设 $h$ 的诸值，计算对应的 $K_i$ 值（$K_i=CW\sqrt{R}$）。通过 $K_i$ 值，可列表 3－6 求出对应的 $h$，有了 $h$ 就可计算 $b$ 值。$h$ 和 $b$ 就是设计渠道断面的参数。

**表 3－5 谢才系数 $C$ 值**

| $R$ \ $C$ \ $n$ | 0.018 | 0.020 | 0.022 5 | 0.025 | 0.027 5 | 0.030 | 0.035 | 0.040 |
|---|---|---|---|---|---|---|---|---|
| 0.10 | 35.4 | 30.6 | 26.0 | 22.4 | 20.6 | 17.3 | 13.8 | 11.2 |
| 0.12 | 36.7 | 32.6 | 27.2 | 23.5 | 21.6 | 18.3 | 14.7 | 12.1 |
| 0.14 | 37.9 | 33.0 | 28.2 | 24.5 | 22.6 | 19.1 | 15.4 | 12.8 |
| 0.16 | 38.9 | 34.0 | 29.1 | 25.4 | 23.3 | 19.9 | 16.1 | 13.4 |
| 0.18 | 39.8 | 34.8 | 30.0 | 26.2 | 24.0 | 20.6 | 16.8 | 14.0 |
| 0.20 | 40.7 | 35.7 | 30.8 | 26.9 | 24.7 | 21.3 | 17.4 | 14.5 |
| 0.22 | 41.5 | 36.4 | 31.5 | 27.6 | 25.3 | 21.9 | 17.9 | 15.0 |
| 0.24 | 42.2 | 37.1 | 32.2 | 28.5 | 25.9 | 22.5 | 18.5 | 15.5 |
| 0.26 | 42.9 | 37.8 | 32.8 | 28.8 | 26.4 | 23.0 | 18.9 | 16.0 |
| 0.28 | 43.6 | 38.4 | 33.4 | 29.4 | 26.9 | 23.5 | 19.4 | 16.4 |
| 0.30 | 44.2 | 39.0 | 33.9 | 29.9 | 27.4 | 24.0 | 19.9 | 16.8 |
| 0.35 | 45.5 | 40.3 | 35.2 | 31.1 | 28.4 | 25.1 | 20.9 | 17.8 |
| 0.40 | 46.8 | 41.6 | 36.3 | 32.2 | 29.4 | 26.0 | 21.8 | 18.6 |
| 0.45 | 48.0 | 42.5 | 37.3 | 33.1 | 30.0 | 26.9 | 22.6 | 19.4 |
| 0.50 | 49.0 | 43.5 | 38.2 | 34.0 | 31.0 | 27.8 | 23.6 | 20.1 |
| 0.55 | 49.8 | 44.4 | 39.0 | 34.5 | 31.7 | 28.5 | 24.0 | 20.7 |
| 0.60 | 50.6 | 45.2 | 39.8 | 35.5 | 32.4 | 29.2 | 24.7 | 21.8 |
| 0.65 | 51.4 | 45.9 | 40.5 | 36.2 | 33.0 | 29.8 | 25.3 | 22.1 |
| 0.70 | 52.1 | 46.6 | 41.2 | 36.9 | 33.6 | 30.4 | 25.8 | 22.4 |
| 0.75 | 52.8 | 47.3 | 41.8 | 37.5 | 34.1 | 31.0 | 26.3 | 22.9 |
| 0.80 | 53.4 | 47.9 | 42.4 | 38.0 | 34.6 | 31.5 | 26.8 | 23.4 |

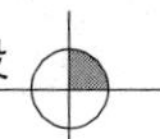

（续）

| $R$ \ $C$ \ $n$ | 0.018 | 0.020 | 0.022 5 | 0.025 | 0.027 5 | 0.030 | 0.035 | 0.040 |
|---|---|---|---|---|---|---|---|---|
| 0.85 | 54.0 | 48.4 | 42.9 | 38.5 | 35.1 | 31.9 | 27.2 | 23.8 |
| 0.90 | 54.6 | 48.8 | 43.4 | 38.9 | 35.6 | 32.3 | 27.6 | 24.1 |
| 0.95 | 55.1 | 49.4 | 43.9 | 39.4 | 36.0 | 32.8 | 28.1 | 24.6 |
| 1.00 | 55.6 | 50.0 | 44.4 | 40.0 | 36.7 | 33.8 | 28.6 | 25.0 |
| 1.10 | 56.5 | 50.9 | 45.3 | 40.9 | 37.2 | 34.1 | 29.3 | 25.7 |
| 1.20 | 57.5 | 51.8 | 46.1 | 41.6 | 37.9 | 34.8 | 30.0 | 26.3 |
| 1.30 | 58.4 | 52.5 | 46.8 | 42.3 | 38.5 | 35.5 | 30.6 | 26.9 |
| 1.50 | 59.7 | 53.9 | 48.1 | 43.6 | 39.0 | 36.7 | 31.7 | 28.0 |
| 1.70 | 61.0 | 55.1 | 49.3 | 44.7 | 40.6 | 37.7 | 32.7 | 28.9 |
| 2.00 | 62.6 | 56.6 | 50.8 | 46.0 | 41.8 | 38.9 | 33.8 | 30.0 |
| 2.50 | 64.8 | 58.7 | 52.6 | 47.9 | 43.5 | 40.6 | 35.4 | 31.5 |
| 3.00 | 66.5 | 60.3 | 54.2 | 49.3 | 44.7 | 41.9 | 36.6 | 32.5 |

例如：有一引水渠，已知 $Q=1.0$ 米$^3$/秒，$m=1.0$，$n=0.030$，$i=0.000\,6$，求梯形渠道断面各值。设已假定 $b=1.5$ 米，求水深 $h$。

解：先求出流量模数 $K$ 和水力要素 $w$、$x$ 与 $R$。

$$K=Q/\sqrt{i}=1.0/\sqrt{0.000\,6}=40.8\ (米^3/秒) \qquad (3.1)$$

$$w=(b+mh)\,h=(1.5+1.0h)\,h \qquad (3.2)$$

$$x=b+2h\sqrt{1+m^2}=1.5+2.83h \qquad (3.3)$$

$$R=w/x=[(1.5+1.0h)\,h]/(1.5+2.83h) \qquad (3.4)$$

查表 3-5，按 $R$ 值可得 $n=0.030$ 时的 $c$ 值。设 $h$ 为 1.00、0.90、0.85、0.86 诸值，查出相应的 $c$ 值，计算出对应的 $K$ 值。从 $K_i=40.8$ 米$^3$/秒，则 $K_i$ 所对应 $h_i$ 就是所要求出的结果。具体计算可列表 3-6。

**表 3-6　渠底深（$h$）计算**

| $h$（米） | $w$（米$^2$） | $R$（米） | $C$ | $x$（米） | $K=CW\sqrt{R_i}$（米$^3$/秒） |
|---|---|---|---|---|---|
| 1.00 | 2.50 | 0.58 | 28.9 | 4.33 | 55.0>40.8 |
| 0.90 | 2.16 | 0.53 | 28.2 | 4.05 | 44.3>40.8 |
| 0.85 | 2.00 | 0.513 | 27.9 | 3.90 | 40.0<40.8 |
| 0.86 | 2.03 | 0.515 | 28.0 | 3.94 | 40.8=40.8 |

通过表 3-6，可查到对应 $K=40.8$ 米$^3$/秒的渠底深（$h$）为 0.86 米。有了 $h$，可通过上面的公式（3.3）计算渠道水面宽（$b$）为 1.31 米。

为了保证渠道来水突然增大时能安全输水，渠堤应有一定超高，一般在 0.3 米以上（表 3-7）。

**表 3-7　渠堤超高规范**

| 流量（米$^3$/秒） | 堤顶超过（米） |
|---|---|
| 30～20 | 0.50 |
| 20～10 | 0.45 |
| 10～2 | 0.40 |
| 2 以下 | 0.30 |

为了交通需要，堤顶应有一定宽度（表 3-8）。

**表 3-8　渠道顶宽规范**

| 流量（米$^3$/秒） | 30～20 | 20～10 | 10～5 | 5～1 | 1～0.5 | 0.5 以下 |
|---|---|---|---|---|---|---|
| 顶宽（米） | 2.5 | 2.0 | 1.5 | 1.25 | 1.0～0.8 | 0.8～0.5 |

## 四、鱼池的施工

鱼池施工前，不可或缺的工作是，要根据已选场地实际情况进行鱼池的设计，要进行挖、填土方的计算，从而对于鱼池建设的总工程量、总投资等提供预算依据。

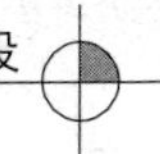

### （一）鱼池的设计

鱼池设计首先需要许多参数。根据生产的实际需要，鱼苗池、鱼种池、成鱼池和亲鱼池的大小、水深都有一定的要求（表3-9）。

**表3-9　鱼苗、鱼种、成鱼、亲鱼各池基本规格**

| 池类 | 面积（亩） | 水深（米） | 基本池形 |
| --- | --- | --- | --- |
| 鱼苗池 | 1～4 | 1～1.5 | 长方形 |
| 鱼种池 | 5～10 | 1.5～2 | 长方形 |
| 成鱼池 | 10～15 | 2～2.5 | 长方形 |
| 亲鱼池 | 4～5 | 2～2.5 | 长方形 |

鱼池通常为长方形，以长边为东西向，以便增加光照，还应考虑当地经常出现的风向。一般长边垂直该风向为宜，以尽可能保护池堤不被大浪冲刷；如果土质好，或用砖、石、水泥护坡，鱼池长边也可以平行于风向，以利风力推动上、下水层混合和增加水体溶氧。

长方形鱼池的长宽比适宜5∶3或6∶3。当同一规格鱼池的面积确定之后，就可按邻边比求出长、短边值。

池塘堤埂往往要求有一定斜坡。斜坡一般是用堤的高度和从堤肩垂直下到坡脚的水平距离之比来表示，即写成1∶$m$，$m$称边坡系数。浅池边坡为1∶1.5，深池为1∶2～2.5，沙性土为1∶（2.5～3）。有些养蟹、养鲤鱼池甚至为1∶4。

尽管以上坡比接近自然坡度，有一定的稳固度，但由于风浪冲刷、鱼的活动和人为操作影响，一般鱼池使用10年以后，堤塌损毁严重，所以，每年或隔年需要人工维护。为了提高鱼池“寿命”，人们往往增加建池投资，利用砖、石、水泥护坡。实践表明，凡垂直护坡，以后易于向池内倾倒，也不利人工操作。还是应有一定坡度1∶（1.5～2），用砖、石、水泥护坡。值得注重的是，用砖石、水泥预板块或混凝土护坡，一定要将池坡底的基础做得深宽一些（30～40 厘米），同时，池堤面上也应压顶（宽 25～30 厘米）。池底要求平坦，并由进水口向出水口方向有 1∶200 或 1∶300 的倾斜，排水口最低，以便排干池水。平原区域地势平坦，无落差，鱼池依靠提水排水，故直接用移动动力机械潜水泵抽水进入排水沟；其他能自排的池塘或部分自排池塘，可采用卧管式分 2～3 层排水，操作简便。

### （二）鱼池的施工

当各项测量、设计、计算工作就绪之后，以鱼池、渠道为主体的施工工程相继展开。它是实现设计目标的具体行动。而施工的首要程序是要在开工前，按照设计图纸在工地上准确放样。放样分平面放样和断面放样。

**1. 平面放样**　平面放样俗称放线。它必须按照各项设施设计的规格、形状、方位，如实地用灰线复制在工地上。其中，包括各项设施的定向、定位、定形和定水平面。

（1）定向　平面放样的关键。方向不准，全部建筑物就会变动位置，打乱全盘方案。决定方向时，首先在工地上找到测量时留下的与图纸相应标准桩，依标准桩间的直线作为基准线与池、渠、路的中心经平行或垂直，从而确定各自的定向。

（2）定位　从基准线两端标桩或中心桩开始，按照纵、横堤的设计规格，量出中对中的距离，找出各池四角中心桩。这样，各池的规格、位置就基本固定下来。

（3）定形　又称整形，固定已经可以看出的池形。但是，四条边在堤角处是否垂直，与基准线的方向是否协调，需要检查调整，以免池不方、渠不直。因此，必须用标杆瞄准法、直角拉线法来加以调整，使用水准仪调整则更为方便。

（4）定水平面　定出鱼池四角中心桩的高度，用来决定各中心桩处填方高度或下挖深度，使建成后的池塘四周堤顶面在一个水平面上，防止倾斜过大而浪费土方。在地形平坦的地区比较简单，然而在实际放样中，地面并不那么平坦，四周中心桩常常高

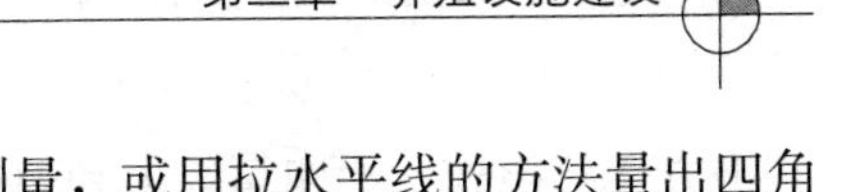

低不一，这就需要用水准仪测量，或用拉水平线的方法量出四角中比该池最低的高度和次高度变化，并用红漆标出各桩处应填高度。

**2. 断面放样**　池堤填方和池塘、渠道挖方都需要进行断面放样。首先是钉中心桩。在中心桩的两侧还要钉脚桩，再立竹竿，牵以绳索，做成与堤坝断面相合的样架。对于池塘和渠道，除中心桩外，还要在它们的挖土边线以及底部边线钉立木桩。根据需要深度及池底渠底比降数据，在木桩上标明下挖深度。

**3. 挖池填埂**　挖池填埂是养殖场主体土建工程。尽管设计、放样合理，土方计算准确，挖填平衡，但如果施工不当，往往不能达到设计要求，浪费人力、物力、财力。为此，施工前还应做好充分准备。一般池塘建于地势较低处，同时又需挖方，故首先应挖沟排水，变难工为易工。排水沟呈非字形，与主排水沟相通。主排沟深度低于池底面，便于排水或抽水晒土。还应修好施工道路，搭好工棚，安排好物资供应，然后集中力量进行施工。

施工中应特别注意合理分配土场，组织好劳力，统一指挥，以保证运土距离近，施工秩序好，功效高；否则容易出现远土无人挑，近土抢着运的局面。即使是利用推土机操作，同样也会出现推土不合理，其结果造成鱼池长边池堤高、宽边池堤低，四角严重缺土，池面不平，来回返工。

在挖池填埂实践中，总结群众施工经验，即“喇叭沟”施工法。这种方法既能使开挖的鱼池一次性达到池深、池坡、池堤的设计要求，又保证了施工质量，省工、省时、省力。“喇叭沟”施工法的要点，用通俗的四句话概括为：先挖“喇叭沟”，做好两挡头，端起“茶盘角”，再挑两边土。

所谓先挖“喇叭沟”，就是根据池堤四角和宽边（两挡头）的土路较远及需土量大的情况，先在鱼池中心依长边纵向挖1条状似喇叭的大沟。如鱼池为10亩，“喇叭沟”朝土方量较大的一端宽9米、另一端宽7米，深度达到池底设计平面。“喇叭沟”

的土方全部挑到鱼池四角堤上和两挡头的堤上。确定分别挑到两挡头的土方分界线，要根据鱼池两挡头不同的需土量而定。这条大沟不仅满足了两挡头和四角堤上较远需土量，而且还起到排水作用，雨后不久或地下水位高时仍能连续施工。端起“茶盘角”，是指长方形鱼池状如茶盘，利用“喇叭沟”的土方做起四角，一旦“喇叭沟”的全部土方挑到两挡头和四角堤上，鱼池两端堤埂平面即体现出来。再挑两边土，是指最后做起鱼池两长边大堤。由于池底剩下的土方恰是两边大堤所需土方，并且土方正如由“喇叭沟”两边分别直线上堤，达到运输距离短、挑土行走方便和工效高的效果。

每个鱼池同样施工，最终全场鱼池建成后都处在同一平面上，外观整齐、平坦。这种施工方法使鱼池设计要求和土方平衡易于付诸实现，从而保证了工程进度和质量。该法不但适合人工开挖池塘，而且也适合指导机械施工。

以上方法是在地形平坦区域应用。在不平坦地区开挖池塘，同样需要合理分布土场，因势利导，力求挖填结合，就地解决土方平衡问题。对多出的土方应妥善处置；不足土方就近取土，以建成高质量、高标准的养鱼基地。

## 五、鱼池的维护与改造

### （一）鱼池的维护

池塘经过多年养鱼之后，池底、池堤、池坡都有不同程度的损坏，这既影响正常劳动管理与技术操作，也会造成使鱼产量下降。因此，需要定期进行维护。池塘的维护和改造，基本上是以正规池塘的设计、配套、施工技术为基础，同时还应因地制宜，以达到既有利于养鱼又便于管理之目的。

一般情况下，每隔2～3年要对鱼池进行一次较全面的工程维护。维护项目分三个方面：

**1. 池底的维护**　池底的维护主要是清淤。鱼池经过2～3年

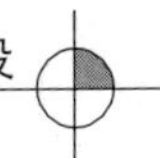

养鱼后，池塘淤泥逐年加厚。这不仅降低了水深，缩小了养鱼有效水体，而且过多的淤泥是池塘重要耗氧因子，不但影响鱼类生长，易诱发鱼病，同时还降低肥料、饵料的利用率。因此，清除过多淤泥作为农肥，扩大养殖水体，是提高池塘生产能力和综合利用的重要技术措施之一。

池塘清淤的最简单的方法是排干池水，晒泥，然后人工挖挑多余的淤泥。但这种方法劳动强度太大，效率太低，速度太慢，人们往往不愿意采用。有的地方采取鱼稻、鱼稗、鱼瓜轮作的方法，先以塘泥种稻收稻、种瓜收瓜或种稗作为草食性鱼类青饲料，或部分作绿肥培植鱼种和鲢、鳙的天然饵料。当塘泥干化后用机械（推土机、挖掘机等）集中操作，将清淤与池塘维护和护坡紧密结合起来。当然这种方法十分有效，但需要一定的投资条件才能付诸实施。

当池塘使用年限较短，堤埂较为完整，或池坡经过硬化，不需要大量维护，可采用浊流泵改装的清淤船，带水清淤作业。每年或隔年将部分淤泥带水输往池堤饲料地（埂边筑小堤拦泥）作为种青肥料，或输往其他低凹浅塘、废地，或年底非生产季节，排出大部分池水，利用专门的清淤机清淤。目前，已有泥泵型和绞车型等几种型号的清淤机械在部分区域运行中。总之，池塘清淤较为困难，还有待进一步研究机械高效清淤的方式、方法。

**2. 池堤、池坡的维护**　池堤、池坡的损坏是经常性的，其损坏有以下几个方面，应采取相应的维护措施。

（1）*雨水和风浪冲刷的维护*　这种损坏是大自然的作用，尤其是池堤坡度过小、池塘面积过大及土壤沙质较重的情况下损坏更严重。维护时应整平堤面，使水流分散，减少冲刷力。

（2）*池堤较窄、坡比较小的维护*　有的地方为了节省用地、扩大水面，池堤在开挖时就较窄、坡比较小，这样的池堤自然损坏更快，应注意及时维护。如有条件，最好在维护时用砖石或水泥板护坡。

## （二）鱼池的改造

决定对鱼池进行维护还是改造，要根据经济实力来决定。资金不足的情况下，对鱼池要进行必要的维护；资金雄厚的情况下，可以对鱼池进行改造。无论是维护还是改造，清淤是必要的工作，改造与维护主要差别在于鱼池池坡、渠坡和道路的硬化上。我国鱼池大多为土池。尽管土池对水质的缓冲作用比较好，但由于风浪的侵蚀，鱼的活动和人为操作对鱼池造成损毁，即池坡坍塌、池堤销蚀、道路崎岖渐窄等多种老化状态，生产力逐渐下降，甚至无法开展正常生产。一般土池使用10年，需要彻底维护。

为了提高鱼池使用年限，保持稳定和较高的生产能力，国内不少场家投入了可观的资金，进行鱼池维护。如采用水泥预制板块护坡或砖石护坡，也起到一定作用。但往往由于质量较差，或基础不牢或方法不对，其保护的程度仍然有限，甚至使用时间不长，池坡、池堤垮塌严重。

实践表明，无论采用什么材料护坡，坡底基础一定要十分牢固，一般砖石基础应深入池底（不包括淤泥）30～40厘米，宽24～37厘米，坡面缝隙用水泥砂浆填实，坡顶应有宽约30厘米的混凝土或砖、石压边。如果在池坡上直接用混凝土护坡，其厚度为8～10厘米，同样需要打好基础和压好顶边。

实践还表明，凡用砖、石砌成垂直墙体的池堤（堤中间仍为土壤），往往使用年限不长，因土壤横向作用力使墙体向池内倾斜而最终倒塌，同时也不利拉网操作；有的将墙体做成城墙式，有所改善。

所以，池塘堤埂保持一定的坡度1：（1.5～2），利用混凝土或水泥预制板块或砖、石护坡，保持池底土壤和一定的淤泥是比较好的一种方式。为了便于拉网操作，在两长边上设计一定宽度的下池台阶，并且尽可能地使护坡光滑、不易损坏网具是必需的。

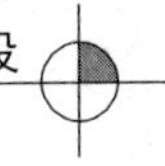

至于渠道护坡，基本要求与鱼池相同。鉴于渠道不深，采用垂直式墙体，渠道既耐用，过水量大，又节省地面。

养殖场纵、横或环场主道路硬化也是现代化渔场的突出特征之一，可根据渔场规模、运输需要和资金能力，修建一定宽度和厚度的硬化道路，同样也是生产发展所必需的。

## 六、养殖场配套建筑物的设计要求

一般而言，养殖场的主体建筑物包括各种鱼池、孵化池（车间）、蓄水池（塔）、渠道、道路和电力设施等。配套建筑物应包括办公室、实验室、仓库、员工宿舍（管理房）、生活设施和机房等建筑物。

一般而言，对于养殖场来说，土地面积较大，土地价格也会相对便宜，办公室修建做到宽敞明亮容易实现，安装电话、传真都很容易办到。但是要注意的是，随着信息科学的发展，信息也已经成为了养殖场生产和经营中不可或缺的，一般的养殖场地理位置会比较偏僻一些，网络的配套性一般没有城市市区好，网络的重要性往往容易被淡化，一定要让网络连通外部的世界。

对于一般的养殖场，实验室没有必要参照研究所、大学的实验室那样要求建设。但是，常规的仪器设备和试剂还是要配备齐全，如普通实验台、显微镜、解剖器具、水质分析仪器，治疗鱼病的药物和常用药品，以及普通测绘仪器等。面积也不能太小，最好有配套的样品处理间，实验室的地面应易清洁、耐磨、防滑。

仓库在设计上除了空间大小要求外，主要注意以下几个方面：一是要有灭火救援设施，仓库周围应设置消防车道，仓库的两个长边应设置灭火救援场地；二是要有消防设施，仓库必须设有充足的消防水源；三要有防盗、防鼠设施，等等。

养殖场内的员工宿舍，根据经济实力，除了尽可能在舒适度、功能上满足员工的需求外，在设计过程中，要考虑员工在宿舍内便于观察养殖场内的动静，有利于及时发现和处理各种问题。

有条件的养殖场可以建设一些附属的生活设施，提高养殖场的生活品质，如篮球场、羽毛球场、文化活动室、健身设备等。

机房是养殖场的重要设施，主要是柴油机、电动机、抽水机、发电机以及各种仪表集中安装的房间。尽可能修建得宽敞明亮，通风效果好，室内不积水。

## 七、新型鱼池的设计

所谓新型鱼池，是随着生产发展和科技进步，在传统鱼池的基础上进行较大改进与创新所设计的鱼池。因此，新型鱼池具有与传统鱼池不同的鲜明特点。

根据养殖方式不同和新技术的应用，新型鱼池分为护坡鱼池、池塘水循环鱼池、人工湿地鱼池、天然湿地鱼池、流水养鱼池和设施化鱼池等多种养鱼地。

### （一）护坡鱼池

护坡鱼池是针对传统的土鱼池的池堤池坡受风浪冲刷，鱼的活动和人为操作易于损坏，缩短鱼池养殖年限等具体情况，利用砖、石、水泥预制板块、混凝土和合成材料网格进行池堤、池坡护理。这样，将大大改善养殖管理、延长池塘养殖使用年限，降低一般修复成本和提高养殖效果（表 3-10）。

**表 3-10　护坡鱼池与传统鱼池（土）比较**

| 坡型 | 护坡材料 | 坡比 | 特　点 | 使用年限 | 成本 |
|---|---|---|---|---|---|
| 土坡 | 泥土 | 1∶1.5 | 易坍塌 | 3～5 年 | 低 |
| 土坡 | 泥土 | 1∶2 | 较易坍塌 | 5～10 年 | 低 |
| 土坡 | 泥土 | 1∶3 | 坍塌慢 | 10～20 年 | 低 |
| 硬化 | 砖石 | 1∶0 | 易向池中倾斜至倒塌 | 5～10 年 | 较高 |

（续）

| 坡型 | 护坡材料 | 坡比 | 特　　点 | 使用年限 | 成本 |
|---|---|---|---|---|---|
| 硬化 | 砖石 | 1∶0.5 | 较稳固 | 20～30年 | 较高 |
| 硬化 | 水泥预制板（长条形、方形、六角形） | 1∶（0.5～1.5） | 坡稳固以六角形为最稳固 | 30～50年 | 高 |
| 硬化 | 水泥、预制花板 | 1∶（0.5～1.5） | 坡稳固，生态效果较好 | 30～50年 | 高 |
| 硬化 | 混凝土 | 1∶（0.5～1.5） | 坡稳固 | 30～50年 | 高 |
| 特材 | 塑料网格 | 1∶（1.5～2） | 坡稳固，生态效果好 | 10～20年 | 较低 |
| 特材 | 玻璃纤维网格 | 1∶（1.5～2） | 坡稳固，生态效果好 | 20～30年 | 较低 |

**1. 鱼池硬化护坡的设计**　鱼池无论采用哪种材料硬化护坡，其设计的共同要求首先是要压实坡面，必须要有牢固的基础和完整的压顶板块。硬化的基础是在坡面与池底交接处，深入淤泥以下，其深和宽各为40厘米。基础用砖、石砌成，或混凝土灌注，然后从基础处向上护坡，到了坡顶则用宽25～50厘米，厚5厘米的砖、石或水泥预制板块平压（图3-1）。

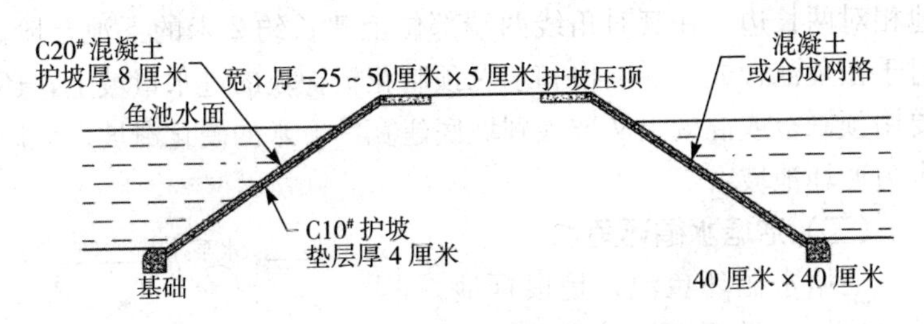


图3-1　鱼池硬化护坡设计示意图

（1）水泥预制板块护坡　利用水泥预制板块护坡，即是按一定的坡比，在整理好土坡面和建好基础之前，预制好水泥板块。水泥预制板块的大小、形状、结构，有长方形、方形和六角形几种，其中，以六角形较为稳固。无论是哪种板块，其厚度均为5厘米左右。

（2）水泥预制花板护坡　水泥预制花板护坡与水泥预制板块

护坡基本相同，而不同点是“花板”材料。即将预制板预制成花板，其花形有8形，方孔和圆形孔，或其他形孔。正因为预制板中有孔，使池水与坡中泥土有一定范围直接接触，同时，也利于水生生物着床生长，净化水质，改良池水环境。

（3）混凝土护坡　先在池坡上直接用C10#的混凝土（厚3～4厘米）在土坡上平铺作为垫层，在垫层之上用C20#的混凝土（厚8～10厘米）平铺即成。每隔10～15米留伸缩缝1厘米，并用柏油填缝。为了便于护坡操作，混凝中的碎石不能太大，一般用1～1.5厘米如指甲大小的碎石或细卵石材料为好。

（4）合成材料网格护坡　所谓合成材料，即利用塑料纤维和玻璃纤维加工制成的网格布状材料，网格大小为0.5～1厘米。利用合成材料网格护坡，成本较低，生态效果好，而以玻璃纤维网格为最佳。为了使网格更好地与土坡结合，当网格护好坡之后，依种植季节不同，在网格坡上撒播种上黑麦草或其他作物，利用其根系将网格与泥土固定起来。

为了便于下池操作管理，无论采用什么材料护坡，需要依鱼池相对两长边，在其对角线两端部位上建长约2米的下池台阶。对于在鱼池合成材料网格和水泥预制花板护坡的进水口坡上，还要用预制板或混凝土从坡顶到坡底建宽约2米的硬化滑坡，以防水力冲坏池坡。

## （二）池塘水循环鱼池

池塘水循环鱼池，是根据池塘水体生态学原理设计的一种新型鱼池。该鱼池是利用多个池塘，用管道从鱼池对角线部位串联或并联起来，以动力水泵或潜水泵抽取串联池最后的池塘水进入第一口池塘中，或抽取回水生态沟中的水，分别进入并联池中，以

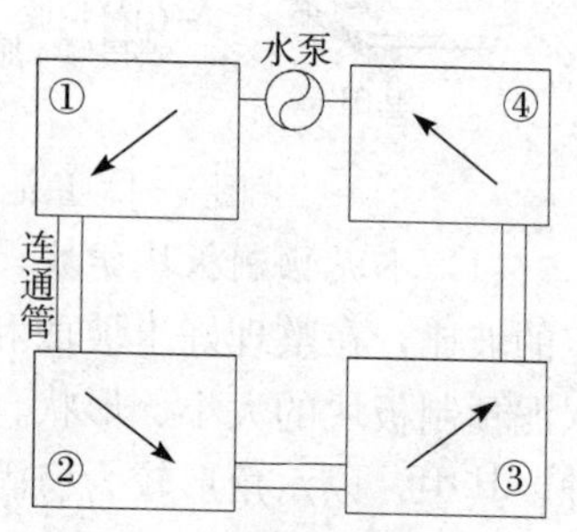

图3-2　串联循环鱼池平面示意图（1）

形成水位差不断依次流动循环往复（图 3-2～图 3-5）。

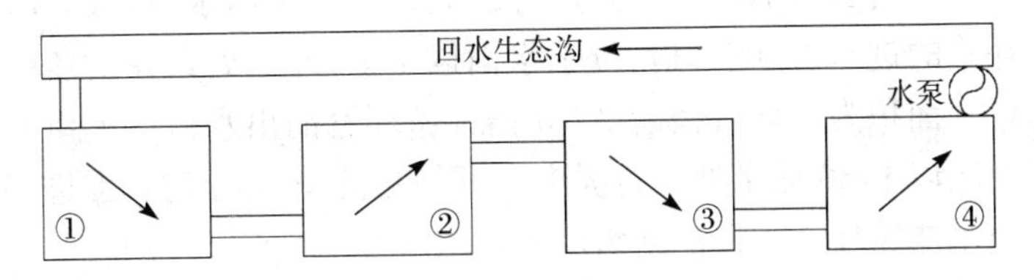


图 3-3　串联循环鱼池平面示意图（2）

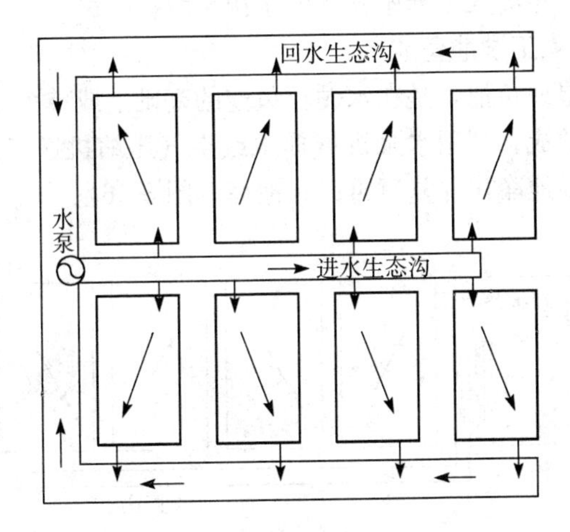


图 3-4　并联循环鱼池平面示意图

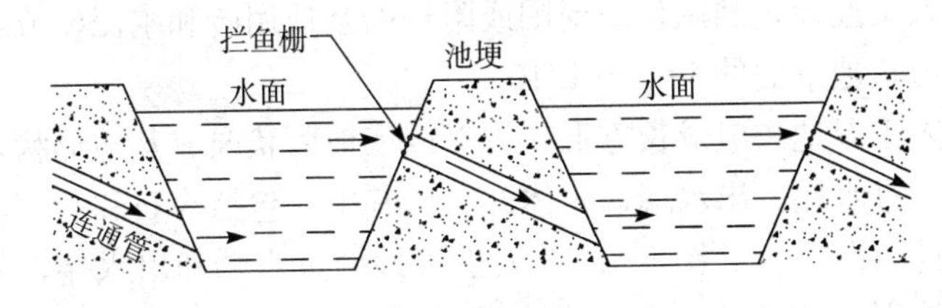


图 3-5　串联、并联鱼池循环管切面示意图

值得注意的是，不能让回水生态沟中生长水花生、水葫芦等漂浮性植物，否则，水面遮阳妨碍水体中植物的光合作用。

这种新型循环鱼池，将池塘和进、排水沟渠构成水循环系统。该系统的动力设备配套一般 20～30 亩为 3～5 千瓦，随着面积扩大，适当增加动力。循环管的规格为水泵出水口径的 3 倍，循环管的进水口（上口）位于水面以下 30 厘米处，并安装拦鱼栅，其面积为循环口径的 2～3 倍；循环管的出水口（下口）位于池底以上 30 厘米处。每天中、下午开机 3～4 小时，促进多个池塘水体循环，改良池塘水环境。

水循环鱼池适合水源缺乏和水源不同程度污染区域应用，特别适合构建鱼类人工繁殖独立的水源系统。

## （三）人工湿地鱼池

人工湿地鱼池，是在水循环鱼池的基础上或单个鱼池串联上人工湿地即成，利用水泵机械提水或空气压缩机送气推动池水，经过人工湿地净化并复氧再回入池塘（图 3－6）。

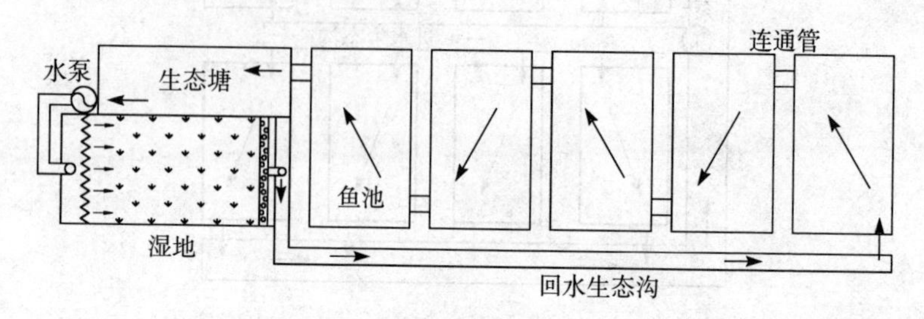


图 3－6　人工湿地鱼池平面示意图（动力水泵）

人工湿地是利用鱼池周围或附近的空地用砖和水泥建成，其面积占鱼池水面的 1/15～1/10。

人工湿地一般成长方形、方形或依地面状况成其他形状，其结构分进水端、出水端、主体部分，其中，包括碎石和管道等几个组件（图 3－7、图 3－8）。人工湿地的进水端和出水端，分别在湿地宽边的两端外侧。进水端成沟状，其长度与湿地宽边等长，深度和宽度均为 20～30 厘米，沟的内侧上缘口边成“锯齿”开口，“锯齿”成等边三角形，其边长为 10～15 厘米、高 10 厘米，每个“锯齿”深度都在一个水平面上。在沟的中段底部接上

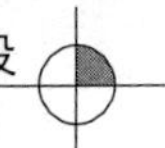

进水管，进水管与水泵相连。管径依湿地面积而定，一般为10～15 厘米。

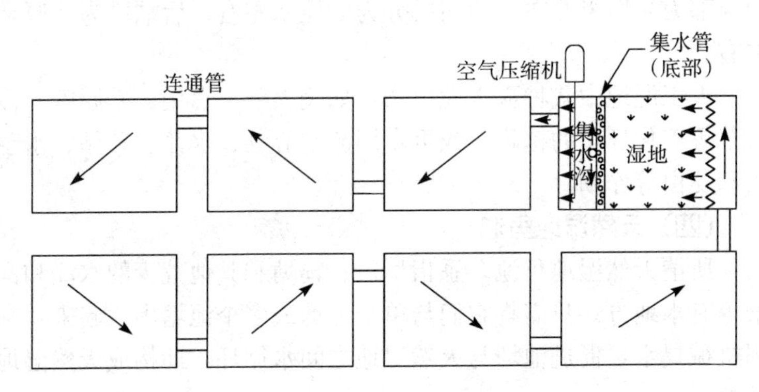


图 3-7　人工湿地鱼池平面示意图（动力空气压缩机）

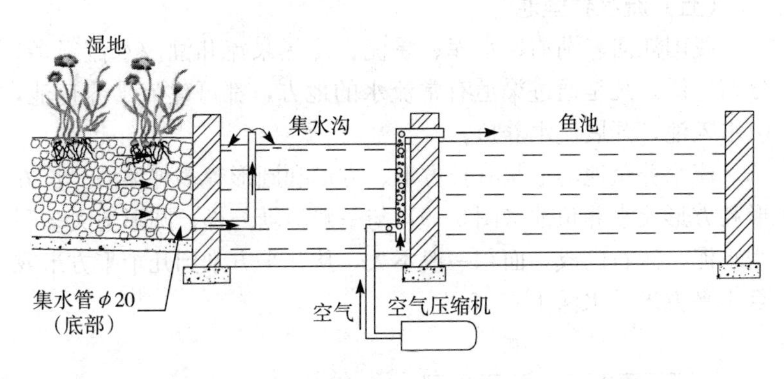


图 3-8　人工湿地鱼池空气压缩机处切面示意图

出水端也为沟状，其长度与湿地宽边等长，深度和宽度均为 30～40 厘米。在沟的中段底部向湿地内接平行连通管，并外接 90°弯头垂直向下，其高度低于湿地宽边墙面 10 厘米。连通管内端以“三通”接头与湿地靠墙底部平行的集水管接通。集水管长度与湿地宽边等长，管壁每隔 5～8 厘米钻有小孔，孔径为 1～1.5 厘米。

主体部分深 50～60 厘米，四周和底部要防渗，不能漏水。主体内放满碎石或卵石，其大小分三种类型，在靠近进水端 1/3 的前部为 4 厘米左右，中间段分为 3 厘米左右，后端段为 2 厘米左右。

人工湿地中栽种喜水性植物，如美人蕉、鸢尾、千屈蕨、梭鱼草等美化环境的植物，或可食用的空心菜、水芹、慈姑、水芋头和茭白等作物。

### （四）天然湿地鱼池

所谓天然湿地鱼池，系指稻田、藕塘和其他荒废的水洼和沟渠等有水地方。只需将它们与单个池塘或多个池塘串联起来，利用机械提水，促进池塘与天然湿地之间水循环，即构成天然湿地鱼池。

### （五）流水养鱼池

我国江河、湖泊、水库、溪流、冷热泉流和潮汐水流很多，分布广泛。凡是通过渠道有常流水的地方，都可建流水养鱼池，引水入池，开展流水养鱼。

流水养鱼池的形状有长方形、方形和圆形等多种类型。长方形和方形流水养鱼池（图 3－9）与一般池塘一样；圆形池大多利用水泥，砖石砌成，面积一般不大，从几平方米到几十平方米或百十平方米，水深 1～1.5 米。

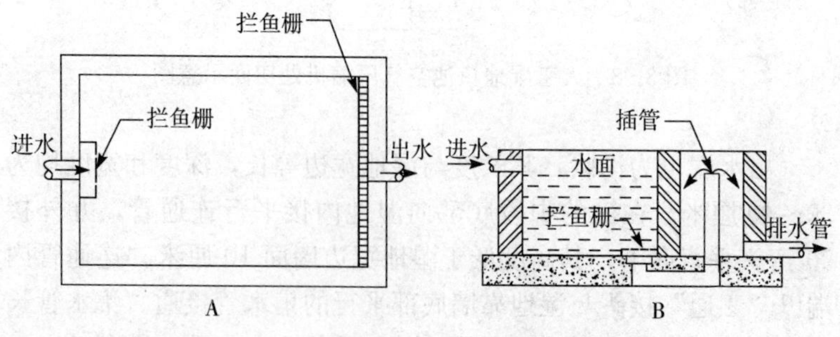


图 3－9　方形流养鱼池平面和切面示意图

A. 平面示意图　B. 切面示意图

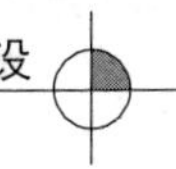

流水养鱼池的结构，分进水口、出水口、排污口和主体池几部分。进水口有闸门或阀门控制一定的流水量，出水口和排污口连在一起，一方面可常流排水，另一方面还可定期排污。长方形池进水口在鱼池宽边的口面上，圆形池同样在口面上，进水口有拦鱼栅；出水口与排污口，长方形池在与进水口相对的一端的宽边底部，圆形池则在中心底部并有连通管接到池外（图 3-10）。

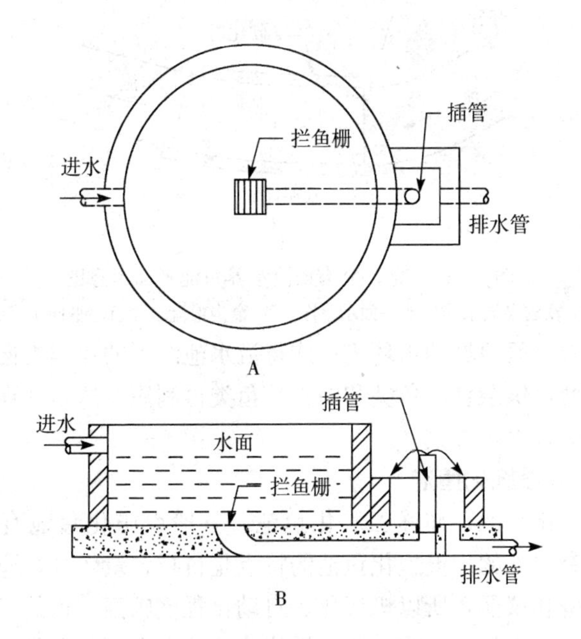


图 3-10　圆形流水养鱼池平面和切面示意图
A. 平面示意图　B. 切面示意图

此外，在具有常流水的沟、渠中，纵向或横向拦截一部水体开展流水养鱼。这种流水养鱼池成长方形，面积可大可小，池体利用角铁和钢筋焊接而成，靠沟、渠的一边用砖、石硬化，池底部用混凝土铺设（图 3-11）。

为了提高饲料利用率，降低养鱼成本，在有条件的地方可将流水养鱼池与一般池塘连接起来，将流水养鱼池的水流引入池

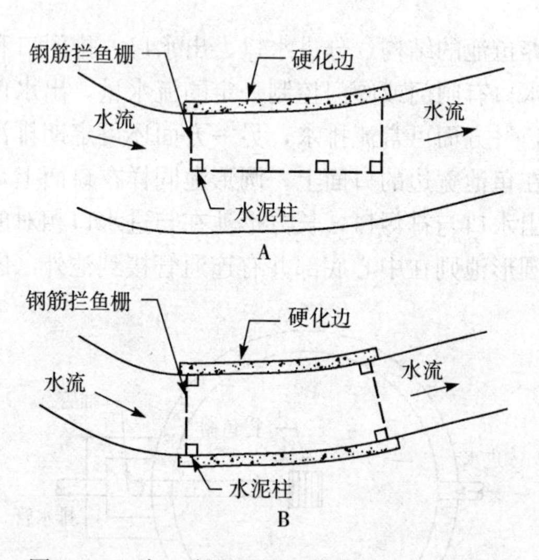


图 3-11　宽、窄沟渠流水养鱼池平面示意图

A. 宽沟渠流水养鱼池平面示意图　B. 窄沟渠流水养鱼池平面示意图

塘，改善一般池塘的水环境；或将流水池沉下的鱼类粪便及残饵排入池塘，供杂食性鱼类和滤食性鱼类再利用。这是一项有应用前景的综合养鱼方式。

### （六）设施化鱼池

设施化鱼池，亦称工厂化鱼池。一般设施化鱼池有室内厂房，还有室外的。设施化鱼池的特点是科技含量较高，应用多种机械设备和仪器，所以机械化、自动化程度较高；鱼的产量和质量较高，成本相应较高，所以设施化鱼池大多饲养名优鱼类；当然，也可应用其中某些技术饲养一般的鱼类或用于一般池塘，以提高总体养鱼的技术水平。

设施化鱼池一般是用水泥、砖石砌成，面积从几平方米到几十平方米、百十平方米不等，水深1米左右，形状有长方形、方形、圆形等。其基本结构与流水养鱼池类似，只不过所用机械、仪器较多，如在线监测溶氧（$O_2$）、酸碱度（pH）、氨氮（$NH_3$）、亚硝酸盐（$—NO_2$）、主要理化因子和鱼的活动等变动

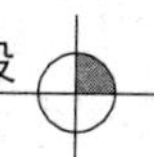

情况，自动控制机械设备运行和采取水质净化措施等。

目前，由于某些机械、仪器及其他设备的使用寿命和管理技术水平问题，加上成本较高等多方面的因素，设施化鱼池应用还不够广泛，有的还处在试验和示范阶段。

## 八、产卵、孵化设备的建造

产卵、孵化设备，广义上应包括人工繁殖泵站、催产池、孵化环道、孵化槽、集苗池、蓄水池（蓄水塘）和孵化用水过滤池。

### （一）人工繁殖泵站，泵站（机、泵房）

这是动力提水设备，分水泵、电动机、发电机组、配电盘及自动控制抽水组件和机房。水泵、电动机和发电机组的功率要求依生产规模而定。中等生产量按 5.5～7.5 千瓦功率配套。具有自流水源的则不需建泵站。泵站一般靠近蓄水池。为了预防水泵或电机损坏或停电，中断供水，还需有一组备用发电设备，并同时配套安装好，以便应急使用，保证催产、孵化工作正常进行。

### （二）催产池

催产池是亲鱼产卵的专用池（图 3－12）。其结构分为主体池、集卵池和分卵池，各部分均以钢筋混凝土、砖混结构建造。

**1. 主体池**　圆形，直径 8～10 米，深 1.2 米左右，池底呈浅锅底形，容量 50 $米^3$ 左右。在主体池池壁水面下有 45°角的进水管口（直径 100 毫米），池中央有一出水管口（直径 150 毫米），口上装有 40 厘米×40 厘米的拦鱼栅。

**2. 集卵池**　长方形（1.5 米×2.5 米），深 1.5 米左右，连接主体池，一端底部有进水兼进卵管口（直径 150 毫米），并与主体池中央出水管口相通；另一端紧靠水面以下有一排水、排卵管口（直径 100 毫米），并与分卵池相连，上、下两管口以袖网相接，输送鱼卵；也可使袖网与小网箱相接收卵。在池后端一角紧靠水面有一溢水口管（直径 150 毫米），溢水口管对集卵池和

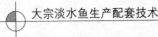

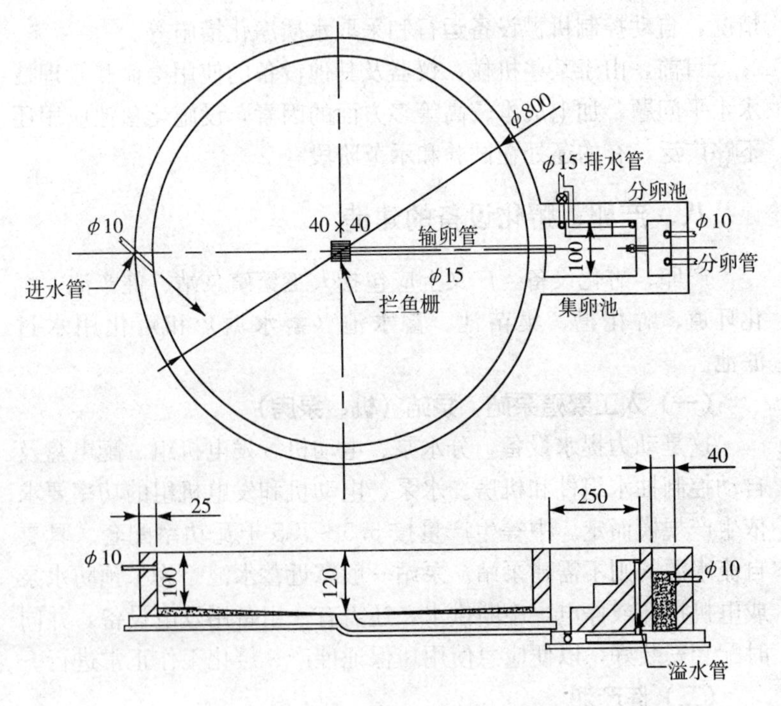


图 3-12　催产池示意图（单位：厘米）

主体池起恒定水位作用，口管以下与底部排水、排污管口相通，并通过阀门进行排水、排污和止水。

**3. 分卵池**　紧接集卵池，下与孵化环道相连。当鱼卵集中输入分卵池后，再根据预先安排输送到某一环道进行孵化。分卵池较小，宽、深仅 30～40 厘米，长度与集卵池的宽度相同，并处在同一平面上。底部依孵化环道的环数分布有同数的洞口（直径 100 毫米），上加盖，控制鱼卵进到某环。洞口以下通过管道（直径 100 毫米），与对应的孵化环道相连通。

如果催产池中的鱼卵不直接进入孵化环道，而是另行收集放入其他孵化器孵化，则集卵池中的袖网不与分卵池的管口对接，而与收卵小网箱对接收卵。

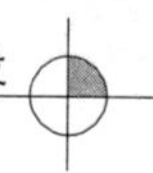

### （三）孵化环道

孵化环道为大型孵化器，适应于大规模生产需要；也可建造成中、小型环道，适应中、小型生产使用（图 3-13）。

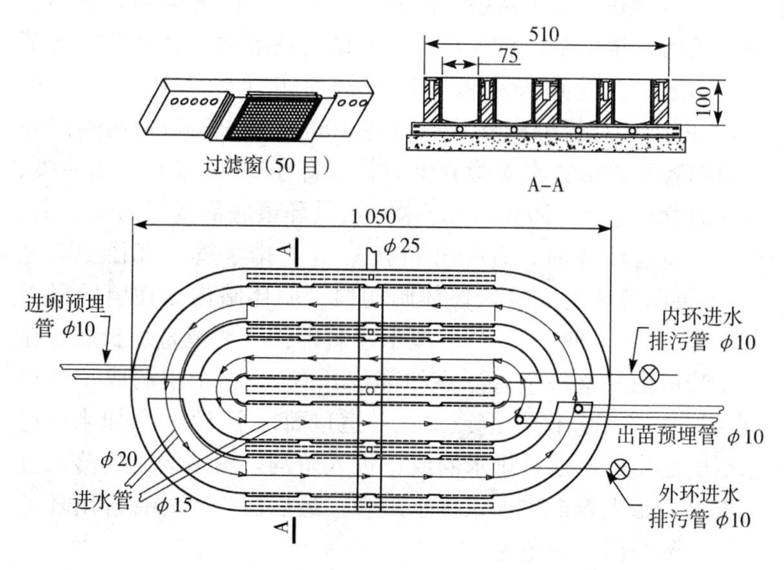


图 3-13 孵化环道示意图（单位：厘米）

环道有单环、双环和三环等。形状有椭圆形、方形和圆形，以椭圆形居多。方形环道实际上是 2 个椭圆形单环并列组合，适当调整而成；椭圆形环道是圆形环道纵向等分后各轮廓线延长而成。因此，椭圆形环道可以根据生产规模和地面情况缩得较短，也可拉得较长，以满足实际需要。孵化环道为钢筋混凝土、砖混结构。分环道主体，过滤窗，进、排水系统和喷头 4 个部分。

**1. 环道主体** 每环宽 70～80 厘米、深 90～100 厘米。环底呈 U 字形，底面有一出苗口管（直径 100 毫米），上加平盖控制，下有管道通向集苗池。环面紧靠水面外壁有一进卵口管，通过口管与分卵池相连，用于输送鱼卵。环道主体内壁要求光滑，不伤及卵苗。环道过滤窗位于环道主体直线部位。为了最大限度

扩大滤水面积，每环来、往直线部位的内、外壁都装有过滤窗，并且每个过滤窗从口面直达底面，即每个过滤窗宽 1 米，高同环道深度，过滤网 50 目。

**2. 环道进、排水系统** 较为复杂。进水系统全部处于环道底基础内，排水系统包含在底部基础内或墙内。进水总管与蓄水池相通，其管道大小依生产规模而定（直径 150～250 毫米）；由进水总管分出支管（直径 100～150 毫米），用阀门控制通向各环；由进水支管分出喷管（直径 25 毫米）通向喷头。排水总管（直径 200～250 毫米）横贯环道底部基层的最下层，在经过每道墙体时，有一开口接垂直支排水管（直径 100 毫米），再向墙体上方接入墙体暗沟内。墙体暗沟处在墙的最上端，宽 12～20 厘米、深 30 厘米左右，长为环道直线长度。在墙体暗沟内外壁每个过滤窗的部位开有 4～5 个小洞或小方口（直径 50～80 毫米），洞或口在环道口面以下 10～15 厘米。过滤窗所滤出的水通过排水洞或口进入暗沟，由暗沟汇集落入排水支管，由支管汇集进入排水总管，最后由排水总管排出环道以外，部分流入集苗池。

**3. 喷管喷头** 呈鸭嘴状，用白铁皮加工而成。喷头长 12 厘米、口宽 10 厘米，喷隙 4 毫米。喷头位于各环底面中线上，每隔 1.5～2 米设喷头 1 个，环道圆弧部位喷头距离略小，每个喷头离底面 5～8 厘米，通过喷管与进水支管连通。

### （四）孵化槽

鱼类孵化槽属于中、小型孵化器。长方形，其长度可根据生产规模和地面长短，灵活掌握，宽度 1～1.5 米、深 1 米左右，底成流线形（或 U 字形）。在长边底部每隔 8～10 厘米设喷水口 1 个，口长 5 厘米左右、宽 4～5 毫米，下接进水管（直径 10 厘米），在喷口上 5～8 厘米设略向内倾斜的滤水窗。滤水窗长同孵化槽长度，深直达槽口面。过滤窗架为杉木制成的木质框架，架上装上 50 目的乙纶胶丝布。在过滤窗后的槽墙壁上每隔 15 厘米

开直径7厘米左右的出水小洞1个，洞口离槽口12～15厘米。洞口外接入墙内暗沟中，沟宽15厘米、深20厘米（墙宽25厘米），暗沟汇集出水排出槽外。孵化槽内壁光滑，通水后水流上下成流线形翻动，以消除死角。

## （五）集苗池

集苗池为长方形水泥池，长10～11米、深90厘米左右，宽根据挂鱼苗捆箱数量而定。如宽5米左右，即可挂8～10斗（宽度1米，长度8～10米）捆箱3只。为了便于挂箱，在池的两端每隔一定距离从底到面设固定钢筋1根（图3-14）。挂箱后两箱之间有50厘米的间距，以便人员操作来往。集苗池为活水池，一端为进水口、另一端为出水口，每箱端边设进、出水口各2个，分别开在2箱间的池壁上。

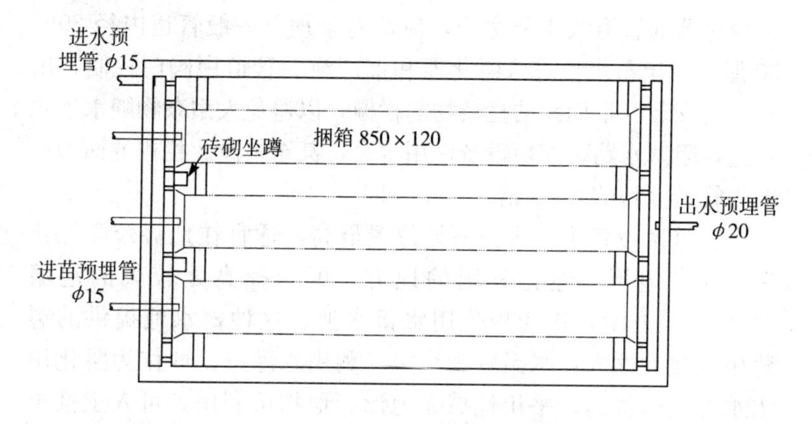


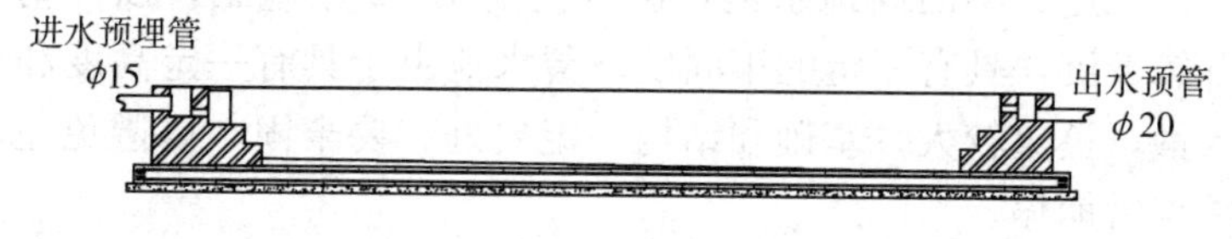


图3-14 集苗池示意图（单位：厘米）

进水口通过进水总管与孵化环道排水总管接通，通过阀门引部分水流入池；排水口汇集一沟排出池水。集苗池用于集苗，以便于过数放养或出池销售。为此，在集苗池的两端分别安装有进苗管口，上与孵化环道各环底出苗口相通，以口盖控制出苗，下接网袖引苗至对应捆箱。在没有集苗池的地方，可就近池塘挂插鱼苗捆箱，由人工从孵化器出苗，移入捆箱。

**（六）蓄水池**（或蓄水塘）

孵化用水要有一定的量，水流要有一定的落差，以保证鱼卵不断受一定的水流推动而均匀分布，并保持所需的溶解氧量。蓄水池（或蓄水池塘）承担以上功能，一般为钢筋混凝土结构。有圆形、方形，以圆形居多（结构合理、容水量多），中等生产规模蓄水量 200 米$^3$ 左右，最小不少于 60 米$^3$。蓄水池与孵化器高度差，至少保持在 1.5～2 米。一般还可以利用同等高差的高处池塘作为蓄水池。这样，蓄水量大、水温较为稳定。由蓄水池进入孵化器的管道大小要适当，应留有余地。一般管道内径 20～30 厘米。出蓄水池进入孵化器和催产池的管道用阀门控制，出水口前安装一定面积的拦杂物的栏栅，以避免大型杂物随水进入管道，阻塞水路，缩短设备使用寿命，甚至报废。拦栅的面积一般为管道面积的 2～3 倍。

在繁殖设备中蓄水池所处位置最高，适宜在地势较高处建造。在有地形、地物利用的地方，可选择高处较大的池塘（0.67～1 公顷）作为孵化用水蓄水池。这种蓄水池提供的孵化用水缓冲性大，水温较为稳定。利用水库、山塘作为孵化用水水源更为优越。平川地域无地形、地物可利用，可人工推土建造一定大小的高地水池，但应提前 1～2 年施工，以便基础自然下沉，具有一定的牢固度。蓄水池由于具有一定高度和容水量，负重较大，基础和结构一定要好、要牢固，以避免注水承重后崩塌。

**（七）孵化用水过滤池**

卵、苗的敌害生物很多，其中，包括以剑水蚤和水蚤为代表的浮游动物、水生昆虫及其幼体和小鱼、小虾等。它们对卵、苗

的攻击力很强，能使卵破、苗死，孵化率降低，严重时可造成卵、苗“全军覆没”。所以，孵化用水需要严格过滤。

过滤孵化用水的设备为专门的过滤池（图 3－15）。结构分进、出水口及其控制装置（阀门或口盖），池体（纵分 2 隔）和过滤窗（2 隔之间）。过滤池的大小依生产规模而定，中等生产规模（3 亿尾鱼苗）过滤池面积 60 米$^2$ 左右，长方形。进、出水口的大小和流量依用水流量而定，流量应超过用水流量的 2～3 倍。池体分 2 隔，每隔宽 60～65 厘米，过滤窗总面积 45～50 米$^2$（每个 1.5 米$^2$），过滤布（乙纶胶丝布）网目 60～65 目。过滤池在使用中应根据水质和过滤状况定期给以排污式洗刷，即边洗刷边排污。因孵化用水不能停流，过滤池应分两部分建，这两部分既分开又能联合供水，以便轮换洗刷并彻底排污，使过滤装置保持良好的过滤性能。

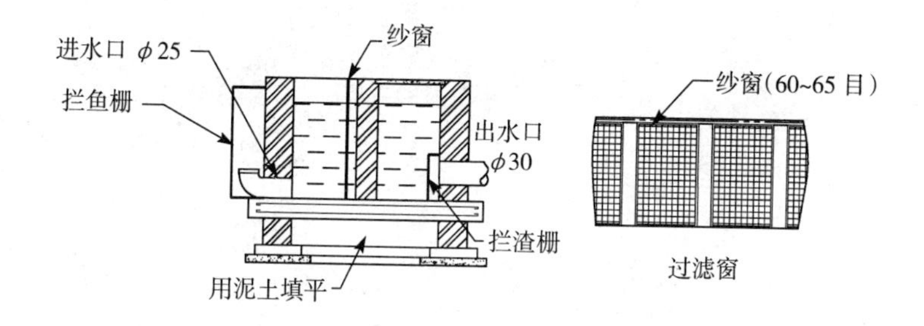


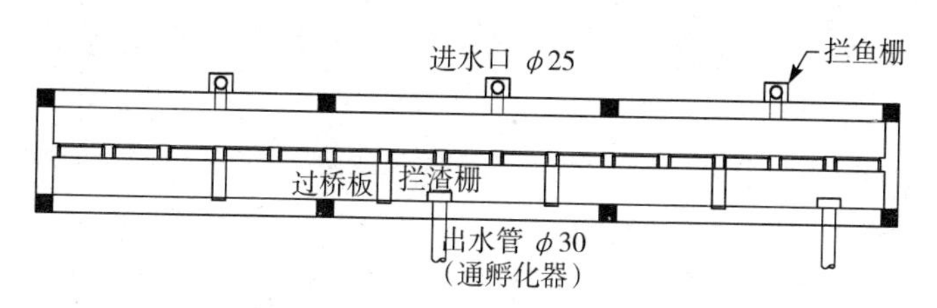


图 3－15　孵化过滤池示意图（单位：厘米）

过滤池一般建在蓄水池旁或直接建在蓄水池塘边。为了利用地形、地物实现自流过滤，各设备在总体布局上应建于适当的位置。如利用高处池塘作为蓄水池塘用于孵化，或将催产池建在高处，使催产池既用于催产又用于孵化贮水（一池两用），过滤池应建在蓄水池塘边，或建在催产池边。

# 第四章 饲料的选择和投喂

## 一、鱼类的营养需求

任何动物对饲料的选择，首先是对饲料中营养的选择。维持动物体内代谢平衡所需的营养物质，即维持动物生命所必需的各种营养物质的基本数量，称为最低需要量。满足动物营养需要并获得最佳生长的最少营养物质含量，称为最适营养需要量。考虑到外界不良环境因素对养殖动物健康的影响，以及饲料加工及储存过程造成的营养物质损失，因此，配合饲料营养物质的适宜需要量应高于动物的最适需要量。饲料中各种营养物质的适宜含量，是依据动物对营养物质的适宜需要量和日适宜投饲量及考虑上述因素应适当增加的量确定的。动物对营养物质的日摄入量取决于饲料中营养物质含量和日投饲量，在日投饲量基本稳定的情况下，动物对营养物质的需要量主要取决于饲料中营养物质的含量是否适宜。饲料中各种营养物质的适宜量也是最经济的含量。因此，水产养殖业习惯上用饲料营养物质的适宜含量表示动物对营养物质的需要量。

### （一）蛋白质和氨基酸需求

**1. 蛋白质的概念** 蛋白质是生命的物质基础，是所有生物体的重要组成成分，在生物生命代谢活动中起着重要作用。蛋白质是由不同比例的氨基酸构成含氮的高分子化合物，有 20 种。大多数蛋白质由氮、碳、氢、氧、硫组成，有些蛋白质还含有磷、铁、铜、锰、锌、碘等元素。一般蛋白质主要元素含量如下：碳 50%～55%，氢 6.0%～8.0%，氧 19%～24%，氮

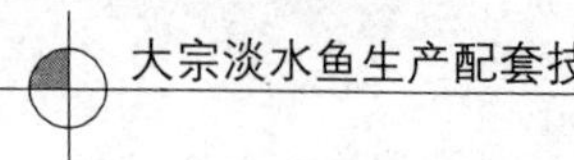


14%～19%，硫 0～4%。多数蛋白质的含氮量相当接近，一般在 14%～19%，平均为 16%。因此，可以根据物质的含氮量来计算出蛋白质的含量，蛋白质含量＝蛋白质含氮量×100/16＝蛋白质含氮量×6.25。

**2. 蛋白质的生理功能** 蛋白质是鱼类生长的主要指标，也是鱼体内组织和器官的主要构成。在鱼类新陈代谢过程中，组织和器官的蛋白质更新、损伤组织的修补都需要蛋白质。同时，蛋白质也是组成鱼体内各种激素和酶类等具有特殊生物学功能的物质。由于鱼类对糖的利用能力低，因此，蛋白质和脂肪是鱼类能量的主要来源。鱼类对蛋白质的需要量是畜禽的 2～4 倍。对鱼来讲，不同生长阶段对蛋白质的需求量不同，一般随鱼的生长而逐渐变小。

**3. 鱼类对蛋白质的需要量** 蛋白质是决定鱼类生长最关键的营养物质，也是饲料成本中花费最大的部分。确定配合饲料中蛋白质最适需要量，这在水产动物营养学与饲料生产上极为重要。表 4－1 综合归纳了青鱼、草鱼、鲤、团头鲂的蛋白质需要量。

**表 4－1 主要养殖鱼类蛋白质的需要量**

| 种类 | 蛋白质 | 试验水温（℃） | 试验鱼体重（克） | 投喂率（%） | 需要量 | |
|---|---|---|---|---|---|---|
| | | | | | 占饲料干基茎的比例（%） | ［克/（100 克·天）］ |
| 青鱼 | 酪蛋白 | 17.0～27.0 | 1.0～1.6 | 3.0 | 41.00 | 1.23 |
| | | 24.0～34.0 | 37.12～48.32 | 3.0 | 29.54～40.85 | 0.89～1.23 |
| 草鱼 | 酪蛋白 | 26.0～30.5 | 2.4～8.0 | 7.0 | 22.7～27.66 | 1.59～1.93 |
| | | 23.6～29.0 | 5.89～7.15 | 4.5 | 34.66～38.66 | 1.56～1.74 |
| | | 25.0～26.0 | 1.9 | 3.0～4.0 | 48.26 | 1.45～1.93 |
| | | 18.0～23.0 | 3.7 | 3.0～4.0 | 28.64 | 0.89～1.19 |
| | | 25.0 | 10.0 | 3.0～4.0 | 28.20 | 0.84～1.12 |

（续）

| 种类 | 蛋白质 | 试验水温（℃） | 试验鱼体重（克） | 投喂率（%） | 需要量 | |
|---|---|---|---|---|---|---|
| | | | | | 占饲料干基茎的比例（%） | [克/（100克·天）] |
| 鲤 | 酪蛋白 | 19.5～24.0 | 7.0 | 3.0～6.0 | 35.0 | 1.58 |
| 团头鲂 | 酪蛋白 | 24.6～33.0 | 21.4～30.0 | 4.5 | 33.91 | 1.52 |
| | | 20.0 | 4.0 | 2.5 | 27.04～30.39 | 0.68～0.76 |
| | | 25.0～30.0 | 31.08～38.48 | 2.5 | 25.58～41.40 | 0.44～1.04 |
| | | | 6 | | 30 | 0.88～0.99 |

注：引自戈贤平等，2012，《大宗淡水鱼安全生产技术指南》。

从表4-1可知，各种鱼类对蛋白质的需要有所不同，这与鱼类的食性和代谢类型有关。影响鱼类对蛋白质需要量的主要因素有如下几个方面：

（1）鱼的种类及食性　一般肉食性鱼类对蛋白质的需要比杂食性、草食性的要高。

（2）鱼的生长发育阶段　随着鱼类的生长发育，其蛋白质的需要量会随之下降。

（3）日投饵率　一般将日投饵率控制在鱼的最大摄食率以内。

（4）饲料原料的组成　在研究鱼类蛋白质需要时，多数人以酪蛋白为蛋白源，生物对酪蛋白的利用率高于鱼粉和植物性蛋白的利用率。

（5）水温　在鱼类适宜的生长温度内，水温越高，鱼的摄食和生长都增加。

**4. 鱼类对氨基酸的需要量**　动物从本质上讲不是需要蛋白质而是氨基酸，饲料中的蛋白质最终是以氨基酸的形式吸收代谢。动物、植物和微生物在合成蛋白质时所需要的起始物质各不相同，植物、有些微生物能从简单无机物合成氨基酸，动物则需要从食物中获取。氨基酸可分为必需氨基酸和非必需氨基酸。必需氨基酸是指动物自身不能合成或合成的量很少，不能满足动物代谢需求，但是它们是动物生长所必需的，所以必须由日粮补充。包括鱼类在内的脊柱动物所需的必需氨基酸的种类大致相同，鱼虾需要的10种必需氨基酸分别是：赖氨酸、蛋氨酸、色氨酸、精氨酸、苏氨酸、组氨酸、亮氨酸、异亮氨酸、苯丙氨酸和缬氨酸。在鱼饲料中，必需氨基酸和非必需氨基酸之间的比例大致是4∶6。因此，对鱼饲料不仅要注意蛋白质的数量，而更重要的要注意蛋白质质量，优质蛋白质必需氨基酸种类齐全，数量比例合适，容易被鱼吸收利用。

（1）*主要大宗淡水鱼对必需氨基酸的需要量*　见表4-2。

（2）*氨基酸平衡*　在研究鱼类氨基酸时还应考虑氨基酸平衡。所谓氨基酸平衡，是指配合饲料中各种必需氨基酸的含量及其比例等于鱼对必需氨基酸的需要量，这就是理想的氨基酸平衡的饲料，其相对不足的某种氨基酸称之为限制性氨基酸。

（3）*氨基酸缺乏症*　缺乏必需氨基酸会导致鱼类的生长减缓。对某些鱼类来讲，蛋氨酸或色氨酸不足会引发病症，因为这两种氨基酸不但用于蛋白质合成，而且用于其他重要物质的合成。

（4）*氨基酸间的相互关系*　饲料中结构相关的氨基酸不平衡时，它们之间将产生颉颃作用。有证据表明，鱼体内赖氨酸和精氨酸之间存在颉颃作用。

### （二）脂类和必需脂肪酸的需要量

**1. 脂类的组成、分类及性质**　脂类是在动、植物组织中广泛存在的一类脂溶性化合物的总称，在饲料分析中所测得的粗脂肪是指饲料中的脂类物质。

鱼体内的脂类除可依其组成、结构分类外，还可依其在体内的分布和作用分为组织脂类和贮备脂类。组织脂类是指用于构成体组织细胞的脂质，其种类主要有磷脂、固醇，这部分脂质组成

**表 4-2 主要养殖鱼类对必需氨基酸的需要量**

（引自《中华人民共和国水产行业标准》）

| 鱼名 | 精氨酸 Arg | 组氨酸 His | 异亮氨酸 Ile | 亮氨酸 Leu | 赖氨酸 Lys | 蛋氨酸 Met | 苯丙氨酸 Phe | 苏氨酸 Thr | 色氨酸 Try | 缬氨酸 Val |
| --- | --- | --- | --- | --- | --- | --- | --- | --- | --- | --- |
| 鲤 | 4.2 (1.6/38.5) | 2.1 (0.8/38.5) | 2.3 (0.9/38.5) | 3.4 (1.3/38.5) | 5.7 (2.2/38.5) | 3.1 (1.2/38.5) | 6.5 (2.5/38.5) | 3.9 (1.5/38.5) | 0.8 (0.3/38.5) | 3.6 (1.4/38.5) |
| 青鱼 | 6.8 (2.7/40) | 2.5 (1.0/40) | 2 (0.8/40) | 6 (2.4/40) | 6 (2.4/40) | 2.8 (1.1/40) | 2 (0.8/40) | 3.25 (1.3/40) | 2.5 (1.0/40) | 5.25 (2.1/40) |
| 草鱼 | 5 (1.4/28) | 1.78 (0.5/28) | 2.8 (0.8/28) | 5.4 (1.5/28) | 5.64 (1.58/28) | 2.6 (0.75/28) | 5.64 (1.58/28) | 2.8 (0.8/28) | 0.32 (0.09/28) | 3.5 (0.98/28) |
| 团头鲂 | 6.87 (2.06/30) | 2.03 (0.61/30) | 4.75 (1.43/30) | 6.98 (2.10/30) | 6.4 (1.92/30) | 2.07 (0.62/30) | 4.5 (1.35/30) | 3.97 (1.19/30) | 0.67 (0.2/30) | 5.03 (1.51/30) |
| 异育银鲫 | 0.93 | 0.47 | 0.74 | 1.37 | 1.6 | 0.52 | 0.75 | 0.79 | 0.14 | 0.81 |

注：表 4-2 中氨基酸的需要量是占蛋白质的百分比；括号内的分子是代表饲料中氨基酸百分含量，分母是代表饲料中蛋白质百分含量。

和含量较稳定，几乎不受饲料组成和鱼生长发育阶段的影响；贮备脂类是指贮存于肝肠系膜、肝脏、皮下组织中的甘油三酯，其含量和组成显著受饲料组成的影响。

脂类的性质很多，主要有以下几个方面：

（1）脂类一般不溶于水，而易溶于有机溶剂。根据这一性质，可提取和测定饲料中的脂质含量。

（2）脂类的熔点与其结构密切相关，在饱和脂肪酸中，碳链愈短，熔点愈低；在碳原子数相同的情况下，双键数目愈多，则其熔点愈低。鱼类对脂肪的消化率与脂肪熔点有关，熔点愈低，消化率愈高。

（3）某些不饱和脂肪酸鱼类本身不能合成，为满足鱼类需要，需由饲料直接提供这类脂肪酸。

**2. 脂类的生理功能** 脂类是鱼类组织细胞的组成部分，也是鱼体内绝大多数器官和神经组织的防护性隔离层，可保护和固定内脏器官，脂类可为鱼类提供能量。并且脂肪是饲料中的高热量物质，其产热量高于糖类和蛋白质；脂肪组织含水量低，占体积少，所以贮备脂肪是鱼越冬的最好方法。

脂类物质有助于脂溶性维生素的吸收和体内的运输，维生素A、维生素D、维生素E、维生素K等脂溶性维生素只有当脂类存在时方可被吸收。某些高度不饱和脂肪酸为鱼、虾类生长所必需，但鱼、虾体本身不能合成，所以必须依赖于由饲料直接提供。脂类还可作为某些激素和维生素的合成原料，如麦角固醇可转化为维生素D，而胆固醇则是合成性激素的重要原料。饲料中添加适量脂类可节省蛋白质，提高饲料蛋白质的利用率。

**3. 鱼类对脂类的需要量** 脂肪是鱼类生长所必需的一类营养物质。饲料中脂肪含量不足或缺乏，可导致鱼类代谢紊乱，饲料蛋白质利用率下降，同时，还可并发脂溶性维生素和必需脂肪酸缺乏症。但饲料中脂肪含量过高，又会导致鱼体脂肪沉积过多，鱼体抗病力下降，同时也不利于饲料的贮藏和成型加工（表4-3）。

**表 4-3 几种大宗淡水鱼对脂类的需要量**

| 鱼种 | 条 件 | 需要量（占饲料干基的比例%） |
| --- | --- | --- |
| 青鱼 | 10～60 克 | 6.5 |
| 草鱼 | 4～7 克，投喂率 3% | 8.8 |
| | 1.2 克，投喂率 4% | 3.6 |
| | 6～7 克，投喂率 4.5% | 8 |
| 鲤 | 15 克，投喂率 2%～3% | 5～10 |
| | 7 克，投喂率 3%～6% | 12 |
| 团头鲂 | 1.75 克 | 4～6 |
| | 12.5～15.3 克，投喂率 2.5% | 2～5 |

注：引自李爱杰，1994，《水产动物营养与饲料学》；戈贤平等，2012，《大宗淡水鱼安全生产技术指南》。

**4. 鱼类对必需脂肪酸（EFA）的需要量** 必需脂肪酸（EFA）是指那些为鱼、虾类生长所必需，但鱼体本身不能合成，必须由饲料直接提供的脂肪酸。必需脂肪酸是组织细胞的组成成分，在体内主要以磷脂形式出现在线粒体和细胞膜中，必需脂肪酸对胆固醇的代谢也很重要，胆固醇与必需脂肪酸结合后才能在体内转运。此外，必需脂肪酸还与前列腺素的合成及脑、神经的活动密切相关。

表 4-4 是青鱼和鲤鱼对必需脂肪酸的需要量，淡水鱼的必需脂肪酸有 4 种：即亚油酸（C18∶2n-6）、亚麻酸（C18∶3n-3）、二十碳五烯酸（C20∶5n-3）和二十二碳六烯酸（C22∶6n-3）。对不同的鱼来说，这 4 种必需脂肪酸的添加效果有所不同。

**表 4-4 青鱼、鲤鱼饲料中必需脂肪酸的适宜含量（%）**

| 鱼类品种 | C18∶2n-6 | C18∶3n-3 |
| --- | --- | --- |
| 青鱼 | 1.0 | 或 1.0 |
| 鲤 | 1.0 | 1.0 |

注：引自《青鱼配合饲料》（SC/T 1073—2004）。

## （三）碳水化合物的需要量

**1. 糖类的概念及种类** 糖类是在自然界中分布极为广泛的一类有机化合物，其准确定义是：多羟基醛或多羟基酮以及水解后，能够产生多羟基醛或多羟基酮的一类有机化合物。很早以前，人们从实践中发现，葡萄糖、果糖、淀粉、纤维素等都是由碳、氢、氧三种元素组成的，且其氢、氧原子之比与水相同，都是2：1，即这类化合物可用通式$C_x(H_2O)_y$表示，并把这类化合物称为碳水化合物，实际上，这类化合物并非由碳、水化合而成。有些化合物按其结构和性质应属糖类，但其化学组成并不符合上述通式。只因历史上沿用已久，故现仍有使用。

糖类按其结构，可分为单糖、低聚糖、多糖三大类。

（1）*单糖* 多羟基酮或多羟基醛，它们是构成低聚糖、多糖的基本单元，其本身不能水解为更小的分子。如葡萄糖、果糖、木糖等。

（2）*低聚糖* 由2～6个单糖分子失水而成，按其水解后生成单糖的数目，低聚糖又可分为双糖、三糖、四糖等，如蔗糖、麦芽糖、乳糖等。

（3）*多糖* 由许多单糖聚合而成的高分子化合物，多不溶于水，经酶或酸水解后可生成许多中间产物，直至最后生成单糖，如淀粉、纤维素等。

**2. 糖类的生理功能** 糖类按其生理功能，可分为可消化糖类和粗纤维两大类。可消化糖类包括单糖、低聚糖、淀粉等，其作用主要有：①糖类及其衍生物是鱼类组织细胞的组成成分；②糖类可为鱼类提供能量；③糖类是合成体脂的重要原料；④糖类可为鱼体合成非必需氨基酸提供碳架；⑤糖类可改善饲料蛋白质的利用。

粗纤维一般不能为鱼、虾类消化、利用，但却是维持鱼、虾类健康所必要的。饲料中适量的粗纤维，具有刺激消化酶分泌、

促进消化蠕动的作用。同时，饲料中的纤维素还有降低血清胆固醇的作用。

**3. 鱼类对糖类的需要量**

（1）*鱼类对糖类需要量*　表 4 - 5 所示，不同鱼类对糖类的所需不一样。淡水鱼类的温水性鱼类，较海水鱼类和冷水鱼类对糖类有更高的要求。食性不同的温水性鱼类的糖类需要量亦有较大差异，其中以草食性鱼最高，其次为杂食性鱼，再次为肉食性鱼。一般来说，幼鱼期对糖类需要量低于成鱼，水温高时对糖类的需求低于水温低时。

**表 4 - 5　主要养殖大宗淡水鱼类对糖类的需要量**

| 名称 | 条　件 | 需要量（占饲料干基的比例%） |
| --- | --- | --- |
| 青鱼 | 体重 48.32 克，投喂率 3% | 9.5～18.6 |
|  |  | 25～35 |
|  | 鱼种 | 30 |
|  | 成种 | 35 |
| 草鱼 | 体重 5.89～7.15 克，投喂率 3% | 38 |
|  | 投喂马铃薯淀粉 | 50 |
| 鲤 | 体重 7.0 克，投喂率 3%～6% | 25 |
| 团头鲂 |  | 25～30 |
| 异育银鲫 | 粗蛋白 39.3% | 36 |

注：引自李爱杰，1994，《水产动物营养与饲料学》；戈贤平等，2012，《大宗淡水鱼安全生产技术指南》。

（2）*鱼类对糖类的利用*　鱼类是天生的糖尿病体质，如果持续供给高糖饲料，会导致血糖增加，尿糖排泄增多。鱼类对低分子质量糖类的利用率，高于高分子糖类的利用率，对纤维素则几乎不能消化。其消化吸收率的大小顺序为：葡萄糖＞蔗糖＞果糖＞麦芽糖＞糊精＞马铃薯淀粉＞半乳糖。

**4. 鱼类对纤维素的需要量**　主要大宗淡水鱼类对纤维素的需要量见表 4 - 6。

表 4-6　主要大宗淡水鱼类对纤维素的需要量

| 名称 | 条　件 | 需要量（占饲料干基的比例%） |
| --- | --- | --- |
| 青鱼 | | 8 |
| 草鱼 | 体重 5.89～7.15 克，投喂率 3% | 15 |
| | 体重 53 克，水温 25～28℃ | 10 |
| 团头鲂 | | 12 |
| 异育银鲫 | 鱼种 | 12 |

注：引自李爱杰，1994，《水产动物营养与饲料学》；刘焕亮等，2008，《中国水产养殖学》；戈贤平等，2012，《大宗淡水鱼安全生产技术指南》。

鱼类虽然不能消化吸收纤维素，但是，纤维素能促进鱼类肠道蠕动，有助于其他营养素扩散、消化吸收和粪便的排出，是一种不可忽视的营养素。草鱼能利用一部分的纤维素，其他鱼类对粗纤维的消化吸收目前还无报道。

## （四）能量的需要量

### 1. 能量的分类

（1）总能　总能量是饲料中三大能源物质完全氧化燃烧所释放出来的全部能量，其能量值取决于饲料中蛋白质、脂肪、糖类的含量和比例。

（2）消化能　摄入的饲料总能减去粪便能的差值，即被动物消化吸收的能量，实际上等于总能与表现消化率的乘积。

（3）代谢能　摄取的饲料总能减去粪能、尿能与鳃排泄能的差值，即动物完全用于代谢的有效能量，又称可利用能。

（4）特殊动力作用或体增热　动物摄食后，代谢率普遍增高的现象称为特殊作用。这种现象主要表现为体热迅速增加，又称体增热。

（5）净能　净能是代谢能减去体增热的差值，即用于维持生命的标准代谢、运动代谢和生长与繁殖的热量，前者称维持净能，后者称生产净能。

**2. 鱼类对能量的需要量**

（1）鱼类的能量需要量　鱼类是变温动物，加之鱼类用于维持其在水中体态的能量比陆生动物维持姿势的能量低，所以鱼类维持热需求低于恒温动物（表4-7）。

**表4-7　鱼饲料的适宜蛋白能量比**

| 名称 | 体重（克） | 蛋白质（%） | 总能（千焦/克） | P/GE（毫克/千焦） |
| --- | --- | --- | --- | --- |
| 青鱼 | 3.5 | 35～40 | 13.31～15.22 | 26.29 |
| | 100.2～130.7 | 40 | 16.35 | 24.26 |
| | 100.2～130.7 | 30 | 14.89 | 20.15 |
| 草鱼 | 1 | 41～45 | | 26.79 |
| | 5 | 29～37 | | 22.73～28.71 |
| | 15 | 29～37 | | 22.73～26.32 |
| 鲤 | 20 | 31.5 | 12.12 | 25.99 |
| 团头鲂 | 稚鱼 | 35 | 12.54 | 27.91 |
| | | 28.92～40.81 | 12.95～13.539 | 22.33～30.16 |

注：引自李爱杰，1994，《水产动物营养与饲料学》；刘焕亮等，2008，《中国水产养殖学》；戈贤平等，2012，《大宗淡水鱼安全生产技术指南》。

**3. 能量收支平衡**　鱼类摄取了含营养物质的饲料，也就摄取了能量。随着物质代谢的进行，能量在鱼体内被分配。已知鱼类摄入饲料的总能并不能全部被吸收利用，其中一部分随粪便排

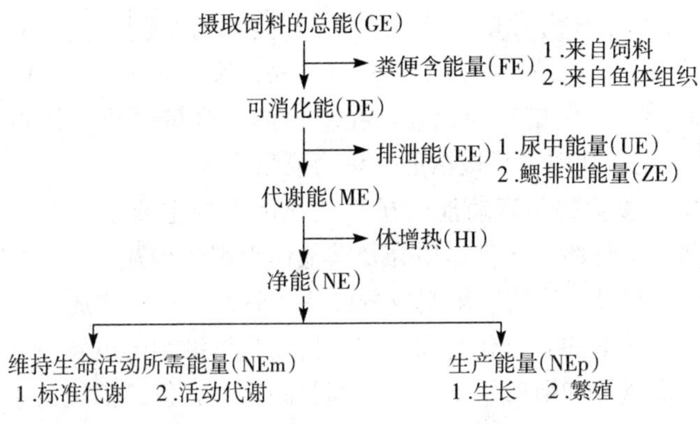


图4-1　鱼体内能量转化过程示意图

出体外。被鱼体吸收的能量中，一部分作为体增热而消耗，一部分随鳃的排泄物和尿排出而损失。最后剩下的那部分称为净能的能量，才真正用于鱼类的基本生命活动和生长繁殖的需求（图4-1）。

能量收支公式：GE＝FE＋EE（UE＋ZE）＋HI＋NE（NEm＋NEp）

鱼类的能量收支情况与食性有关，肉食性和草食性摄入的饲料能量在体内的分配差异较大：

肉食性鱼类 GE（100）＝20FE＋7EE＋14HI＋30NEm＋29NEp

草食性鱼类 GE（100）＝41FE＋2EE＋10HI＋27NEm＋20NEp

由此可见，肉食性鱼类用于生长的能量高于草食性鱼类，而粪便与尿等排泄能量则低于草食性鱼类。这是由于两种不同食性鱼类的饲料营养成分和代谢特点不同所致。

### （五）矿物盐的需要量与缺乏症

**1. 矿物盐的分类** 在动物体内发现的所有元素中，现已知有26种为动物生长所必需，按其含量可分为三大类。C、H、O、N为大量元素，大多组成机体的有机物质；Ca、P、Mg、Na、K、Cl、S为常量矿物元素，约占体内总无机盐的60%～80%；Fe、Cu、Mn、Zn、Co、I、Se、Ni、Mo、F、Al、V、Si、Sn、Cr为微量矿物元素，在动物体内含量每千克体重不超过50毫克，其中含量极微的又称为痕量元素。

**2. 矿物盐的生理功能** 矿物盐在体内的主要生理功能有下列五项：①骨骼、牙齿、甲壳及其他体组织的构成成分，如Ca、P、Mg、F等；②酶的辅基成分或酶的激活剂；③构成软组织中某些特殊功能的有机化合物；④无机盐是体液中的电解质，维持体液的渗透压和酸碱平衡，保持细胞的定形，供给消化液中的酸或碱；⑤维持神经和肌肉的正常敏感性。

**3. 鱼类对矿物盐的需要量**　鱼类能有效地通过鳃、皮肤等从水中吸取相当数量的钙，鱼类一般不会出现钙缺乏症，但钙、磷之间关系密切，故饲料中还要有一定的含钙量。鱼类对水中的磷吸收量很少，远不能满足需要，因此，在饲料中必须添加足量的磷（表4-8）。

**表4-8　主要大宗淡水鱼类矿物盐的需要量**

| 名称 | 青鱼 | 草鱼 | | 鲤 | | 团头鲂 | |
|---|---|---|---|---|---|---|---|
| Ca（%） | 0.68 | 0.65～0.73 | | 0.84～1.12 | 0.28 | 0.31～1.07 | |
| P（%） | 0.57 | 0.44～0.49 | | 1.68～2.34 | 0.6～0.7 | 0.38～0.72 | |
| K（%） | | 0.50～0.57 | | | | 0.41～0.57 | |
| Cl（%） | | 0.42～0.47 | | | | | |
| Na（%） | | 0.15～0.17 | | | | 0.14～0.15 | |
| Mg（%） | 0.06 | 0.03～0.04 | | 0.04～0.05 | 0.08 | 0.04 | |
| Fe（毫克/千克） | 41 | 820～920 | | 50 | | 100 | 240～480 |
| Zn（毫克/千克） | 92 | 88～100 | | 15～30 | 100 | 20 | |
| Co（毫克/千克） | | 9.00～10.20 | | | | 1 | |
| Mn（毫克/千克） | | 9.00～10.20 | 15 | 13 | | 12.9 | 20～50 |
| Cu（毫克/千克） | 4.5 | 0.60～5.00 | | 3 | | 5 | |
| I（毫克/千克） | | 1.00～1.20 | | | | 0.6 | |
| Se（毫克/千克） | | | | | | 0.12 | |

注：引自李爱杰，1994，《水产动物营养与饲料学》；刘焕亮等，2008，《中国水产养殖学》。

**4. 矿物盐的缺乏症**　鱼类常见矿物盐缺乏症及过量中毒情

况见表4-9。

**表4-9　鱼类常见矿物盐缺乏症及过量中毒**

| 矿物质 | 缺乏症、过量中毒 |
| --- | --- |
| Ca、P | 生长差、骨中灰分含量降低，饲料效率低和死亡率高。骨骼发育异常，头部畸形，脊椎骨弯曲，肋骨矿化异常，胸鳍刺软化，体内脂肪蓄积，水分、灰分含量下降，血磷含量降低，饲料转化率差 |
| Mg | 生长缓慢，肌肉软弱，痉挛惊厥，白内障，骨骼变形，食欲减退，死亡率高等缺乏症 |
| Na、K和Cl | 未曾发现缺乏症，严重缺乏时，则出现蛋白质和能量利用率下降，但过多鱼呈现出水肿等中毒症状 |
| Fe | 缺铁时，鱼体出现贫血症，鳃呈浅红色（正常为深红色），肝呈白至黄色（正常为黄、褐至暗红色），并不影响鱼的生长。铁过量会产生铁中毒，导致生长停滞、厌食、腹泻和死亡率高 |
| Cu | 一般来说，鱼不缺铜。鱼缺乏铜，会出现生长缓慢和白内障 |
| Zn | 缺锌鱼生长缓慢，食欲减退，死亡率增高，骨中锌和钙含量下降，皮肤及鳍糜烂，躯体变短。在鱼的孵卵期，饲料中缺锌，则可降低卵的产量及卵的孵化率 |
| Mn | 鱼类缺乏锰时，导致生长减缓和骨骼变形 |
| Co | 容易发生骨骼异常和短躯症，不易发生钴中毒 |
| I | 鱼类能从环境中摄取碘，所以在水中添加少量的碘，即可防止甲状腺肿病的发生 |
| Se | 在饲料中补充维生素E和硒，可防止鱼类肌肉营养不良 |

注：引自李爱杰，1994，《水产动物营养与饲料学》；刘焕亮等，2008，《中国水产养殖学》。

### （六）维生素的需要量

**1. 维生素的概念及分类**　维生素是维持动物健康、促进动物生长发育所必需的一类低分子有机化合物。这类物质在体内不能由其他物质合成或合成很少，必须经常由食物提供。但动物体对其需要量很少，每天所需量仅以毫克或微克计算。维生素种类很多，化学组成、性质各异，一般按其溶解性，分为脂溶性维生

素和水溶性维生素两大类。

**2. 维生素的生理功能**　脂溶性维生素的生理功能：维生素A能够促进黏多糖的合成，维持细胞膜及上皮组织的完整性和正常的通透性。并参与构成视觉细胞内感光物质，对维持视网膜的感光性有着重要作用。维生素D的主要功能是促进钙吸收、骨骼生长作用。维生素E的生理功能较为广泛，除有抗不育功用外，主要是作为抗氧化剂。维生素K在体内有着广泛的作用，但主要是参与凝血作用。水溶性维生素种类较多，其结构和生理功能各异，其中绝大多数维生素都是通过组成酶的辅酶而对动物物质代谢发生影响。

**3. 鱼类对维生素的需要量**　鱼类为对维生素的需要量见表4-10。

**表4-10　几种大宗淡水鱼维生素的推荐量**

| 名称 | 草鱼 | | | | 青鱼 | | 鲤 | | 团头鲂 | |
|---|---|---|---|---|---|---|---|---|---|---|
| A（单位） | 5 000 | | | | 5 000 | | 4 000～20 000 | | 3 000 | |
| D（单位） | 1 000 | | | | 1 000 | | | 1 500 | 1 000 | |
| E（单位） | 62 | | | | 10 | | 100 | | 50 | |
| K（单位） | 10 | | | | 3 | | | 1 | 5 | |
| 硫胺素 $B_1$（毫克） | 20 | | | | 5 | | 1 | | 20 | |
| 核黄素 $B_2$（毫克） | 20 | | | | 10 | | 4～6.2 | | 8 | |
| 泛酸 $B_3$（毫克） | 50 | | | | 20 | | 30～50 | | | 50 |
| 胆碱 $B_4$（毫克） | | 3 000 | | | 500 | | 1 500 | | | 100 |
| 烟酸 $B_5$（毫克） | 100 | | | | 50 | | 28 | | | 20 |

（续）

| 名称 | 草鱼 | | | | 青鱼 | | 鲤 | | 团头鲂 | |
|---|---|---|---|---|---|---|---|---|---|---|
| 吡哆酸 $B_6$（毫克） | | | 5 | | | 9 | | 5～6 | 4 | |
| 生物素 $B_7$（毫克） | | | 1 | | | 1 | 1 | | 1 | |
| 叶酸 $B_{11}$（毫克） | 5 | | | | 1 | | 不需要 | | 1.5 | |
| 钴胺素 $B_{12}$（毫克） | 0.01 | | | | 0.01 | | 不需要 | | 0.01 | |
| C（毫克） | | | | 600 | 50 | | | 100 | | 100 |
| 肌醇（毫克） | 100 | | | | | 400 | 440 | | | 100 |

注：引自李爱杰，1994，《水产动物营养与饲料学》；Geoff L. Allan 等，2011，《Nutrient requirements of fish and shrimp》。

**4. 维生素缺乏症** 鲤缺乏维生素的症状见表 4-11。

**表 4-11 鲤维生素缺乏的症状**

| 维生素 | 鲤 |
|---|---|
| 维生素 A | 皮肤色浅，眼突出，鳍、皮肤出血，鳃盖变形 |
| 维生素 D | 无试验 |
| 维生素 E | 眼突出，肌营养不良，脊椎前凸 |
| 维生素 K | 无试验 |
| 硫胺素 | 易惊吓，皮下出血，肤色浅 |
| 核黄素 | 消瘦，怕光，易惊吓，皮肤和鳍出血，前肾坏死 |
| 维生素 $B_6$ | 贫血，神经失调，肝胰脏转移酶活性下降 |
| 泛酸 | 生长不良，无活力，皮肤出血，眼突出 |
| 烟酸 | 皮肤出血，死亡 |
| 生物素 | 无活力，表皮黏液细胞增加 |
| 叶酸 | 未测出 |

（续）

| 维生素 | 鲤 |
| --- | --- |
| 维生素 $B_{12}$ | 未测出 |
| 胆碱 | 脂肪肝，肝细胞空泡化 |
| 肌醇 | 皮肤黏液分泌减少 |
| 维生素 C | 生长不良 |

注：引自李爱杰，1994，《水产动物营养与饲料学》；Geoff L. Allan 等，2011，《Nutrient requirements of fish and shrimp》。

### （七）饲料添加剂

**1. 饲料添加剂的基本概念**　饲料添加剂（feed additives）是指为了满足某种特殊需要，在配合饲料中添加的少量或微量物质。其主要作用是：完善饲料的营养配比，改善适口性，提高饲料利用率，促进鱼类生长和发育，预防疾病，改善鱼类产品品质，减少饲料在加工与运输储藏过程中营养物质的损失等。

饲料添加剂根据其目的和作用机理，分为营养性添加剂和非营养性添加剂（改善饲料质量的添加剂）。营养性添加剂是指本身可以补充、完善饲料营养成分的添加剂，包括氨基酸、维生素、矿物盐、磷脂和胆固醇等；而非营养性添加剂是指本身不作为饲料的营养成分、只是改善饲料或动物产品品质的添加剂，包括促生长剂、促消化剂、防霉剂、抗菌剂、抗氧化剂、诱食剂、着色剂、黏合剂、抗结块剂以及中草药添加剂等。

**2. 预混料**　预混料（premix）是指一种或多种饲料添加剂与载体或稀释剂按一定比例配制成的均匀混合物。又称添加剂预混合饲料（feed additive premix），简称添加剂预混料。

饲料添加剂种类多，添加量少。若在饲料中逐一添加各种添加剂，不易混合均匀。因此，需要在饲料添加剂中加入适合的载体或稀释剂制成预混料。预混料分为单项预混料和复合预混料。前者如维生素预混料、微量元素预混料等；后者是将两类以上的微量添加剂如维生素、促生长剂及其他成分混合在一起的预混料。

**3. 载体和稀释剂** 载体是指用于承载添加剂活性组分，并改变其物理特性，保证添加剂成分能够充分均匀地混合到饲料中的物质；稀释剂是渗入到一种或多种微量添加剂中起稀释作用的物质，但它不起承载添加剂的作用。

作为载体和稀释剂应符合以下条件：①载体和稀释剂的粒度。一般载体粒度要求在30～80目（0.59～0.177毫米），稀释剂粒度一般为30～200目（0.59～0.074毫米）。②载体和稀释剂的容重。若载体和稀释剂与添加剂容重相差太大，在混合过程中容重大的物质易沉在底部，与容重小的物料不易混合均匀。因此，其容重应与添加剂微量活性组分基本一致，以便在混合过程中能均匀混合，其容重一般在0.5～0.8千克/升为宜。③水分含量。载体和稀释剂水分含量一般低于10%，而无机载体和稀释剂水分含量在5%以下。含水量过高，会变质、发霉、结块，使添加剂在贮藏过程中失去活性，所以需经过干燥处理后才能使用。④载体吸附性。载体吸附性越好，对添加剂活性组分的承载能力就越强。有时可在混合时加入适量的植物油，添加量一般为1%～3%，这种措施不仅可以提高载体的吸附性，还可消除添加剂和载体中的静电，减少粉尘。⑤惰性。载体使用后应不改变添加剂的生理功能，不影响其生物学作用，如维生素在酸性和碱性环境中都不稳定，用弱碱性的碳酸钙就不适宜，应选用中性，一般可用玉米粉等。

常见载体或稀释剂分为有机和无机两类：

（1）有机载体或稀释剂 主要有脱胚玉米粉、玉米淀粉、玉米芯粉、小麦次粉、麦麸、米糠和淀粉等。

（2）无机载体或稀释剂 主要有碳酸钙、磷酸氢钙、食盐、硅酸盐和沸石等。

**4. 营养性添加剂**

（1）氨基酸类添加剂

①L-赖氨酸：L-赖氨酸可被动物机体利用，为有效赖氨

酸，是常用的添加剂。D-赖氨酸在动物体内不能被利用。一般使用的是L-赖氨酸或L-酸盐赖氨酸，饲用L-赖氨酸的纯度不得低于98.5%，其中纯赖氨酸含量为78.8%。它参与合成脑神经、生殖细胞等细胞核蛋白及血红蛋白，具有促生长、强化骨骼等功能。有试验表明，在鱼饲料中添加0.25%比例的赖氨酸，可以提高鲤的生长速度近20%，降低饲料成本可达13.7%。

②蛋氨酸及类似物：饲料工业中使用的蛋氨酸有两类：一类是粉状L-蛋氨酸或DL-蛋氨酸，另一类是DL-蛋氨酸羟基类似物及其钙盐。羟基蛋氨酸（MHB）为深褐色黏液，含水量约12%（即纯度88%），具有添加量准确，操作简便，无粉尘等优点，但在使用时要有添加液体的相应设备，易受到生产规模的限制。

羟基蛋氨酸钙（MHA）为浅褐色粉末或颗粒，其中MHA的含量>97%，无机钙盐的含量≤1.5%。有资料报道，鱼类对羟基蛋氨酸的利用率只相当于蛋氨酸的26%（比畜禽80%的利用率低得多），羟基蛋氨酸钙则相当于同单位86%蛋氨酸的功效。

③色氨酸：色氨酸为无色、白色或淡黄色结晶粉末。色氨酸添加剂有L型和D-L型两种，前者有100%的生物活性，后者的活性仅为前者的60%～80%。色氨酸能促进核黄素功能的发挥，并参与血浆蛋白质的更新。

④复合氨基酸：复合氨基酸是利用动物毛、发、蹄、角等废弃物，通过加工处理获得复合氨基酸粗制品，再经纯化而得的复合氨基酸浓缩液，用载体吸附即为一定浓度的复合氨基酸产品。在配合饲料中适量添加，有助于提高动物生产水平，这在鱼类养殖中已得到证实。潘育英等（1993）、许国焕等（1997）分别研究了鲤鱼种、高背银鲫鱼种饲料中添加复合氨基酸的效果，认为复合氨基酸可以部分地替代鱼粉，添加量为10%～15%。

⑤短肽：小肽的吸收与氨基酸完全不同，肠细胞对游离氨基酸是一个主动转运过程，而小肽转运系统具有耗能低而不易饱和

的特点。哺乳动物对肽中的氨基酸残基的吸收速度大于对游离氨基酸的吸收速度（郭巨恩等，1998）。短肽也是蛋白质代谢的底物，可以直接作为神经递质，间接刺激肠道受体或酶的分泌而发挥作用，而且在机体的免疫调节中发挥着重要的生理功能。

（2）维生素类添加剂　维生素可分为脂溶性维生素和水溶性维生素。脂溶性维生素不溶于水，易溶于脂肪及脂溶剂中。在肠道吸收时与脂质的吸收密切相关。当脂质吸收不良时，脂溶性维生素的吸收大为减少，甚至会引起缺乏症。脂溶性维生素包括维生素A、维生素D、维生素E和维生素K；水溶性维生素包括维生素$B_1$（硫胺素）、维生素$B_2$（核黄素）、维生素$B_3$（泛酸）、维生素$B_4$（胆碱）、维生素$B_5$（烟酸）、维生素$B_6$（吡哆醇）、维生素$B_{11}$（叶酸）、维生素$B_{12}$（氰钴胺）、维生素H（生物素$B_7$）、维生素C（抗坏血酸）和肌醇（表4-12）。

**表4-12　常用维生素的商品形式及其质量规格**

| 维生素 | 主要商品形式 | 质量规格 | 主要性状与特点 |
|---|---|---|---|
| A | 维生素A醋酸酯 | 100万～270万单位/克<br>50万单位/克 | 油状或结晶体<br>包膜微粒制剂，稳定，10万粒/克 |
| $D_3$ | 维生素$D_3$ | 50万单位/克 | 包膜微粒制剂，小于100万粒/克的细粉，稳定 |
| E | 生育酚醋酸酯 | 50%<br>20% | 以载体吸附，较稳定<br>包膜制剂，稳定 |
| $K_3$ | 维生素$K_3$ | 94%<br>50% | 不稳定<br>包膜制剂，稳定 |
| $B_1$ | 硫胺素盐酸盐<br>硫胺素单硝酸盐 | 98%<br>98% | 不稳定<br>较稳定<br>包膜制剂，稳定 |
| $B_2$ | 核黄素 | 96% | 不稳定，有静电性，易黏结<br>包膜制剂，稳定 |

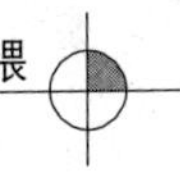

（续）

| 维生素 | 主要商品形式 | 质量规格 | 主要性状与特点 |
|---|---|---|---|
| $B_6$ | 吡哆醇盐酸盐 | 98% | 包膜制剂，稳定 |
| $B_3$ | 右旋泛酸钙<br>右旋泛酸 | 98% | 保持干燥，十分稳定<br>在 pH 4.0～7.0 水溶液中显著稳定 |
| $B_5$ | 烟酸<br>烟酰胺 | 98% | 稳定<br>包膜制剂，稳定 |
| $B_7$ | 生物素 | 1%～2% | 预混合物，稳定 |
| $B_{11}$ | 叶酸 | 98% | 易黏结，需制成预混合物 |
| $B_{12}$ | 氰钴胺或羟基钴胺 | 0.5%～1% | 干粉剂，以甘露醇或磷酸氢钙为稀释剂 |
| 胆碱 | 氯化胆碱 | 70%～75%<br>50% | 液体<br>以 $SiO_2$ 或有机载体预混 |
| C | 抗坏血酸，抗坏血酸钠，抗坏血酸钙<br>维生素 C 硫酸酯钾<br>维生素 C 磷酸酯镁<br>维生素 C 多聚磷酸酯 | 48%（维生素 C）<br>46%（维生素 C）<br>7%～15%（维生素 C） | 不稳定，硅酮或油脂包膜，较稳定<br>粉剂，稳定<br>粉剂，稳定<br>液剂，稳定<br>固体，以载体吸附，稳定 |

注：引自杨振海等，2003，《饲料添加剂安全使用规范》；李爱杰，1994，《水产动物营养与饲料学》。

（3）*矿物盐* 矿物盐对维持鱼类的健康、生长与繁殖起着十分重要的作用。目前，在鱼类体内已检测到 40 余种无机元素，已知有 17 种元素起着重要的营养作用，其中，Ca、P、Na、K、Cl、Mg、S 为常量元素；Fe、Cu、Zn、Co、Se、I、F、Mo、Mn、Si 为微量元素。虽然饲料原料中都含有矿物盐，但某些矿物盐元素的供给量并不能完全满足鱼类的营养需求，因此还需额外添加。这些矿物盐多以硫酸盐、碳酸盐或磷酸盐的形式添加。但鱼类对同一元素不同剂型的吸收率是不同的，因此其在饲料中的添加量也有区别。

常用矿物质添加剂有磷酸二氢钙、磷酸氢钙、磷酸钠、硫酸镁、氯化镁、碘化钾、碘化钠、硫酸亚铁、硫酸铜、硫酸锰、亚硒酸钠和硫酸钴。

**5. 非营养性添加剂**

（1）促生长剂　生长促进剂的主要作用是刺激鱼类生长，提高饲料利用率以及改进机体健康。常用促生长剂如下：

①L-肉碱：L-肉碱又称肉毒碱。肉碱性质类似胆碱，常以盐酸盐的形式存在。对幼体鱼类来说，自身合成量不能满足需求，必须由外源添加。作为饲料添加剂的L-肉碱一般为工业产品，其生产方法主要有提取法、酶转化法和微生物发酵法。几种鱼类饲料中肉碱的建议添加量分别为：鲤、鳊100～400毫克/千克。

②其他促生长剂：Ahmad等（1989）发现，土霉素具有促生长效果，黄霉素能提高鱼类生长速度。氢化吡啶、杆菌肽锌、三十烷醇、硅镁酸钠、巴豆内酯、玉米赤霉烯醇、甲基睾丸酮等，对鱼类亦有促生长作用（刘运清等，1990；姜宝玉等，1993）。

（2）促消化剂　添加酶制剂是为了促进饲料中营养成分等分解和吸收，提高其利用率。所用的酶多由微生物发酵或从植物中提取得到。用于鱼类的酶制剂有复合酶及单项酶，包括蛋白酶、糖酶和植酸酶等。

（3）防霉剂　防霉剂是一类抑制霉菌繁殖、防止饲料发霉变质的化合物。添加防霉剂的目的是抑制霉菌的代谢和生长，延长饲料的保藏期。其作用机制是破坏霉菌的细胞壁，使细胞内的酶蛋白变性失活，不能参与催化作用，从而抑制霉菌的代谢活动。

①苯甲酸（安息香酸）：苯甲酸钠杀菌性较苯甲酸弱。苯甲酸溶解度低，使用不便，故在饲料中主要使用苯甲酸钠。苯甲酸钠是一种酸性防腐剂，其最适pH范围为2.5～4.0。该类防霉

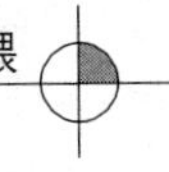

剂使用量不得超过0.1%。

②山梨酸及盐类：山梨酸又叫清凉茶酸，山梨酸盐类包括山梨酸钠、山梨酸钾、山梨酸钙等。山梨酸钾为无色或白色鳞片状结晶或结晶性粉末，常用作防霉剂。山梨酸的用量一般为0.05%～0.15%，山梨酸钾一般用0.05%～0.3%，最适pH为6以下。

③丙酸及盐类：丙酸钠、丙酸钙常用于作防霉剂。丙酸盐杀霉性较丙酸低，故使用剂量较之大。丙酸用量一般为0.05%～0.4%，丙酸盐用量一般为0.065%～0.5%。用量随饲料含水量、pH而增减。丙酸臭味强烈，酸度又高（pH 2～2.5），故对人的皮肤具有强烈刺激性和腐蚀性，使用时应注意。

此类防霉剂毒性低，抑菌范围广，丙酸还可为动物提供能量，其盐类可为动物提供矿物质，因此是常用的防霉剂。使用方法有：直接喷洒在饲料表面；与载体预先混合后，再掺入饲料中；与其他防霉剂混合使用，扩大抗菌谱。

此外，对羟基苯甲酸酯类可抑制微生物、霉菌和酵母，饲料添加量为0.2%；脱氢醋酸抑制酵母菌和霉菌，高剂量时也能抑制细菌的生长，特别是单孢菌、葡萄球菌和大肠杆菌，饲料添加量为0.1%；柠檬酸可起调节pH、防腐与增产作用，还是抗氧化的增效剂，饲料添加量为0.5%～1.0%；富马酸（延胡索酸）是酸性防腐剂，可提高饲料的酸性，改善饲料适口性，增加饲料利用效率，还有抗菌作用，饲料添加量为0.2%～0.3%。

（4）抗菌剂　在饲料中添加抗菌剂，主要是用于防治鱼类由细菌引起的疾病。常用的抗生素有土霉素、金霉素等，其用量为口服50毫克/千克；磺胺异噁唑也用于防治鱼病，其用量为鱼每千克体重在饲料中含100～200毫克。使用抗菌药物添加剂，应严格控制抗菌药物的添加量，控制用药时间。为了不使药物在鱼体内残留，还应在收获前停用药物，注明停药日期。

（5）抗氧化剂　饲料的化学成分很复杂，其中不饱和脂肪酸

和维生素很易被空气中的氧气氧化。一旦被氧化，一方面使饲料营养价值降低，另一方面氧化产物使饲料产生异味，使鱼类摄食量降低，同时对鱼类产生毒害作用。为防止这种现象发生，要加入抗氧化剂。所谓抗氧化剂，就是能够阻止或延迟饲料氧化，提高饲料稳定性和延长贮存期的物质。

主要的抗氧化剂有叔丁酸对羟基茴香醚（BHA）、二丁基羟基甲苯（BHT）和乙氧基喹啉（EMQ）。BHA又名丁羟甲醚、丁基化羟基苯甲醚，白色或微黄色蜡样结晶粉末，应存放在避光密闭的容器中。BHT商品名为二丁基羟基甲苯，为白色带微黄块状或结晶粉末，宜存放于避光、密封容器中。市售产品的含量为95%～98%。乙氧基喹啉又称乙氧喹，商品名称为山道喹。应保存在避光、密闭容器中，但溶液颜色暗化后不影响使用效果。常用的商品制剂有两种：一种为乙氧喹含量为10%～70%的粉状物，其物理性质稳定，不滑润，不流动，在饲料中分布均匀；另一种为液体状态，其中一种以甘油作溶剂，另一种以水作溶剂，用前需再加水稀释后使用专门设备喷洒。BHA、BHT、EMQ在一般饲料中添加量为0.01%～0.02%，当饲料中含脂量较多时，应适当增加添加量。此外，还有维生素E（添加量为0.02%～0.03%）和抗坏血酸钠盐（添加量为0.05%）。

（6）诱食剂　又称诱食物质、引诱剂或促摄物质。其作用是刺激鱼类的感觉（味觉、嗅觉和视觉）器官，诱引并促进鱼类的摄食。常用诱食剂有：

①甜菜碱：甜菜碱是常用的诱食剂，阈值浓度为 $10^{-6}$～$10^{-4}$摩尔/升。还可与一些氨基酸协调作用，增强诱食效果。

②动植物提取物：研究表明，水蚯蚓、牛肝、蚕蛹干、带鱼内脏和鱼干等的水提取液，对南方鲇仔鱼有良好的效果。枝角类浸出物、摇蚊幼虫浸出物、蚕蛹、田螺水煮液和蚕蛹乙醚提取物，对鲤有诱食作用；丁香、蚕蛹、蚯蚓水煮液和蚕蛹乙醚提取物，对鲫有诱食作用。

③氨基酸、脂肪和糖类：多数氨基酸对鱼类的味觉和嗅觉，都具有极强的刺激作用。如苯丙氨酸、组氨酸、亮氨酸等，具有独特的甜味；缬氨酸、异亮氨酸等带侧链的氨基酸，具有巧克力的香味。脯氨基酸已被公认为是引诱水生动物最有效的化合物之一。亚油酸、亚麻酸、鱼油等能促进团头鲂的摄食。脂肪能促进草鱼的摄食。

④其他种类：羊油、甲酸、香味素、盐酸三甲胺（TMAH）和柠檬酸等，也具有较好的诱食作用。

（7）着色剂　人工养殖的鱼类其体色往往不如在天然水域中生活时的色彩鲜艳，因而影响了其商品价值。通过在饲料中添加着色剂，可解决这一问题。鱼类的体色主要是由类胡萝卜素在体内积累的多少所致，应根据情况在配合饲料中适量添加类胡萝卜素。所用着色剂多为类胡萝卜素产品。

裸藻酮利用范围相当广，鲑、鳟、鲷、金鱼、鲤等皆可使用。在饲料中添加0.001%～0.004%裸藻酮，可以改善虹鳟的皮、肉及卵色；真鲷和虹鳟不能改变色素的组成，但能将上述色素直接沉积在体内。裸藻酮除具有着色效果外，还可促进卵成熟，提高受精率及孵化率。

金鱼、红鲤和锦鲤能将叶黄素和玉米黄素转变成虾青素。以叶黄素喂鱼，橙色加强；以玉米黄素喂鱼，则红色增强。因此，为改善金鱼、红鲤的体色，以在饲料中加入玉米黄素为佳。

虾青素为红色系列着色剂，有促进抗体产生、增强机体免疫能力、抗脂肪氧化、消除自由基等方面的作用，这方面的能力均强于β-胡萝卜素。虾青素对鱼类的繁殖也起着重要作用，可作为激素促进机体生长和成熟，提高生殖力和鱼卵受精率，减少胚胎的死亡率。

（8）黏合剂　黏合剂是在饲料中起黏合作用的物质，在水产饲料中起着非常重要的作用。水产饲料黏合剂大致可分为天然黏合剂和人工黏合剂两大类。前者主要有淀粉、小麦粉、玉米粉、小麦面筋粉、褐藻胶、骨胶、皮胶等；后者主要有羧甲基纤维素、聚丙烯酸钠等。水产饲料黏合剂的作用：①黏合剂将各种营养成分黏合在一起，保障鱼类能从配合饲料中获得全面营养；②减少饲料的崩解及营养成分的散失，减少饲料浪费及水质污染。

（9）抗结块剂　抗结块剂的目的是使饲料和添加剂保持较好的流动性，保证添加剂在混合过程中混合均匀。常用的抗结块剂有柠檬酸铁铵、亚铁氰化钠、硅酸钙、硬脂酸钙、二氧化硅、硅酸铝钠、硅藻土、高岭土和膨润土等。

（10）中草药添加剂　其优点是无毒副作用，无抗药性，资源丰富，来源广泛，价格便宜，既有营养作用，又可防病治病。其生物学功能主要有如下几个方面：作为诱食剂促进鱼类摄食；作为促生长剂参与新陈代谢；改善肉质；作为疾病防治剂；具有营养作用；增强机体免疫力；抗刺激作用；对饲料有抗氧化和防霉变作用。

## 二、饲料选择

饲料的选择和投喂策略在鱼类养殖过程是一个非常重要的部分，并且受到包括鱼类的生长阶段、营养水平、饲料类型、养殖模式、投喂驯化与环境因素的影响。在整个鱼类养殖过程中，不同种类的鱼对饲料的要求不同，如饲料类型（活体饵料、冰鲜饵料及人工配合饲料），饲料的物理形态（饲料颗粒粒径、饲料长度、饲料水稳定性等）及饲料适口性。此外，投喂频率和投喂模式也影响着鱼类对营养的摄取和吸收，对鱼类生长、健康及品质也是一个重要因素。鱼类对饲料类型（浮性料和沉性料）和投喂策略依赖于鱼的种类、养殖模式、投饵机的应用以及养殖管理。没有任何一种投喂方法，适合所有品种的鱼和不同的养殖模式。

### （一）天然饵料

生物饵料主要为植物性生物饵料，主要包括光合细菌和单细

胞藻类；动物性饵料主要为轮虫、卤虫、枝角类和桡足类的无节幼体。刚孵出的鱼苗均以卵黄囊中的卵黄为营养。当鱼苗体内鳔充气后，鱼苗一面吸收卵黄，一面开始摄取外界食物，当卵黄囊消失，鱼苗完全依靠摄取外界食物为营养。但此时鱼苗个体细小，全长仅0.6～0.9厘米，活动能力弱，其口径小，取食器官尚未发育完全。因此，所有种类的鱼苗只能依靠吞食方式来获取食物，而且食谱范围也十分狭窄，只能吞食一些小型浮游动植物，生产上通常将此时摄食的饵料称为"开口饵料"。

### （二）人工配合饲料

**1. 渔用饲料原料**　饲料是鱼类养殖的物质基础，它的原料绝大部分来自植物，部分来自动物、无机盐和微生物。根据国际饲料分类法，饲料原料可以分成八大类：粗饲料原料，一般指粗纤维占饲料干重18%以上者，如干草类、农作物秸秆；青绿饲料原料，天然水分在60%以上的青绿植物、树叶及非淀粉质的根茎、瓜果，不考虑其折干后的粗蛋白和粗纤维含量；青贮饲料原料，用新鲜的天然植物性饲料调制成的青贮料，及加有适量的糠麸或其他添加物的青贮料，以及水分在45%～55%的低水分青贮料；能量饲料原料，饲料干物质粗蛋白小于20%，粗纤维小于18%者，如谷实类、麸皮、草籽、籽实类及淀粉质的根茎瓜果类；蛋白质饲料原料，饲料干物质中粗蛋白大于20%，粗纤维小于18%者，如动物性饲料原料、豆类、饼粕类及其他；无机盐饲料原料，包括工业合成的、天然的单一无机盐饲料原料，多种无机盐、混合的无机盐及加载体或稀释剂的无机盐添加剂；维生素饲料原料，工业合成或提取的单一维生素或复合维生素，但不包括含某种维生素较多的天然饲料；非营养性饲料原料，不包括矿物质元素、维生素、氨基酸等营养物质在内的其他所有添加剂，其作用不是为动物提供营养物质，而是起着帮助营养物质消化吸收、刺激动物生长、保护饲料品质、改善饲料利用和水产品质量的作用物质。

(1) 蛋白质饲料的原料　蛋白质饲料原料的蛋白质含量高于20%，分为植物性蛋白质原料、动物性蛋白质原料和单细胞蛋白质原料。

①植物性蛋白质原料：

豆科籽实：大豆、黑豆、蚕豆、豌豆等豆科籽实的蛋白质含量高达20%～40%，蛋白质品质好（赖氨酸含量较高），糖类含量较低（28%～63%），脂肪含量较高（大豆含脂量19%左右），维生素含量较丰富，磷的含量也较高。其主要缺点是蛋氨酸含量较低，并含有抗胰蛋白酶、植酸等抗营养因子。目前，世界各国普遍使用全脂大豆作为配合饲料的主要蛋白质原料。

油饼和油粕类：油料籽实采用压榨油后的残渣为油饼，溶剂浸出提油后的产品称油粕，包括豆饼（粕）、棉籽饼、花生饼、菜籽饼和芝麻饼等。

豆饼（粕）：水产动物配合饲料的主要植物性蛋白原料，蛋白质含量高达40%～48%，粗蛋白消化率高达85%以上，赖氨酸含量丰富且消化能值高。其主要缺点是蛋氨酸含量较低，含有抗胰蛋白酶和血球凝集素等。

花生饼（粕）：花生提油后的副产品，蛋白质含量为40%～45%，其消化率可达91.9%。其主要缺点是蛋氨酸和赖氨酸略低于豆饼，也含有抗胰蛋白酶，并易感染黄曲霉菌。

棉籽饼（粕）：包括棉仁饼和带壳饼，蛋白质含量分别为40%左右和27%～33%，其消化率80%以上，精氨酸和苯丙氨酸的含量较多，赖氨酸含量偏低且吸收率较低（66%）。其主要缺点是含棉酚，游离棉酚对动物有毒害作用。饲料中棉籽饼含量低于15%时一般无毒性反应，解除游离棉酚毒性的主要方法有酵母发酵法、亚铁盐法。

菜籽饼（粕）：油菜籽提油后的副产品，粗蛋白含量35%～38%，消化率低于以上几种饼（粕），氨基酸组成与棉籽饼相似，赖氨酸和蛋氨酸含量及利用率偏低。

葵籽饼（粕）：提油后的副产品，蛋白质含量依含壳量多少而异，带壳饼为22%～26%，不带壳饼高达35%～37%。适口性好，消化率高，带壳饼含纤维素较多，饲料添加量一般不高于15%。

②动物性蛋白质原料：动物性蛋白饲料主要有鱼粉、骨肉粉、血粉、蚕蛹和虾糠等，其蛋白质含量较高且品质好；富含必需氨基酸，含糖量低，几乎不含纤维素，含脂肪较多，灰分含量高，B族维生素丰富。

鱼粉：鱼粉是世界公认的一种优质饲料蛋白源，粗蛋白含量为55%～70%，消化率高达85%以上，必需氨基酸含量占蛋白质的50%以上。进口鱼粉有两种，褐色鱼粉和白色鱼粉。前者原料为沙丁鱼、竹刀鱼、太平洋鲱等，蛋白质含量略低，脂肪含量高（10%～13%）。多从秘鲁、智利进口，由于原料不同，智利南部生产的鱼粉好于北部的鱼粉。后者主要为鲽、鳕、狭鳕等，呈淡黄色，含蛋白质65%～70%，脂肪2%～6%，质量较好。我国生产鱼粉和进口鱼粉的质量指标见表4-13和表4-14。加工鱼品的废弃物制成的鱼粉称粗鱼粉，蛋白质含量低而灰分含量高，营养价值低。购买鱼粉时要感官鉴别色泽、气味与质感；化学检测粗蛋白、粗脂肪、水分、灰分、盐分、砂分；还要检查有无参入羽毛粉、贝壳、饼粕、尿素和猪血等情况。

**表4-13　国产鱼粉标准**（SC118～83）[①]（%）

| 项目＼等级 | 一级品 | 二级品 | 三级品 |
| --- | --- | --- | --- |
| 颜色 | 黄棕色 | 黄褐色 | 黄褐色 |
| 气味 | 具有鱼粉正常气味，无异臭及焦灼味至少98%能通过筛孔宽度为2.80毫米的标准筛网 | | |
| 颗粒细度 | | | |
| 蛋白质[②]（不低于） | 55 | 50 | 45 |
| 脂肪[③]（不高于） | 10 | 12 | 14 |

（续）

| 项目＼等级 | 一级品 | 二级品 | 三级品 |
|---|---|---|---|
| 水分（不高于） | 12 | 12 | 12 |
| 盐分[④]（不高于） | 4 | 4 | 5 |
| 砂分[⑤]（不高于） | 4 | 4 | 5 |

注：①李泽瑶，1990；②蛋白质系指粗蛋白质，鱼粉中不允许添加非鱼粉原料的含氮物质；③脂肪系指粗脂肪；④盐分系指以氯化钠为代表的氯化物；⑤砂分系指酸不溶性灼残渣。

**表 4-14　1983 年我国进口鱼粉合同的质量要求**（%）

| 指标 | 粗蛋白 | 粗脂肪 | 水分 | 砂与盐分 | 砂分 |
|---|---|---|---|---|---|
| 智利 | 67 | 12 | 10 | 3 | 2 |
| 秘鲁 | 65 | 10 | 10 | 6 | 2 |
| 秘鲁（加抗氧化剂） | 65 | 13 | 10 | 6 | 2 |

注：胡坚等，1990。由青岛商检局提供。

肉粉、肉骨粉：肉粉和肉骨粉是肉类加工中的废弃物经干燥（脱脂）而成，其主要原料是动物内脏、废弃屠体、胚胎等，呈灰黄或棕色。一般将粗蛋白含量较高、灰分含量较低的称为肉粉；将粗蛋白含量相对较低、灰分含量较高的称为肉骨粉（表 4-15）。

**表 4-15　肉粉、肉骨粉分级营养成分要求**（GB 8836—88）（%）

| 等级 | 种类 | 水分 | 蛋白质 | 脂肪 | 灰分 |
|---|---|---|---|---|---|
| 一级品 | 肉粉 | ＜10 | ＞64 | ＜12 | ＜12 |
| | 肉骨粉 | ＜10 | ＞50 | ＜9 | ＜23 |
| 二级品 | 肉粉 | ＜12 | ＞54 | ＜18 | ＜14 |
| | 肉骨粉 | ＜10 | ＞42 | ＜16 | ＜30 |
| 三级品 | 肉粉 | ＜12 | ＞45 | ＜20 | ＜20 |
| | 肉骨粉 | ＜10 | ＞30 | ＜18 | ＜40 |

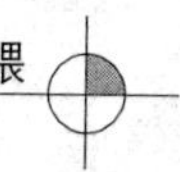

血粉：血粉是畜禽血液脱水干燥制成的深褐色粉状物，粗蛋白含量高达80%以上，且富含赖氨酸，但适口性差，消化率和赖氨酸利用率只有40%～50%，氨基酸比例不平衡，饲养鱼虾类的效果差，发酵处理可提高血粉蛋白利用率。

蚕蛹：蚕蛹是蚕茧缫丝后的副产品，干蚕蛹含蛋白质可达55%～62%，消化率一般在80%以上，赖氨酸、蛋氨酸和色氨酸等必需氨基酸含量丰富。蚕蛹的缺点是含脂量较高，易氧化变质，适口性差，由蚕蛹饲养的鱼虾有异味。

乌贼、柔鱼等软体动物内脏：它们是加工乌贼制品的下脚料，不仅蛋白质含量为60%左右，必需氨基酸占蛋白质总量的比例大，富含精氨酸和组氨酸，诱食性好，为良好的饲料原料。

虾糠、虾头粉：虾糠是加工海米的副产品，含蛋白质35%左右、类脂质2.5%、胆固醇1%左右，并富含甲壳质和虾红素；虾头粉为对虾加工无头虾的副产品，虾头约占整虾的45%，含蛋白质50%以上，类脂质15%左右，含大量的甲壳质和虾红素。虾糠和虾头粉是对虾配合饲料中必需添加的原料，也是鱼类的良好饲料。

③单细胞蛋白饲料原料（SCP）：单细胞蛋白饲料也称微生物饲料，是一些单细胞藻类、酵母菌、细菌等微型生物体的干制品，是饲料的重要蛋白源，蛋白质含量一般为42%～55%，蛋白质质量接近于动物蛋白质，蛋白质消化率一般在80%以上，赖氨酸、亮氨酸含量丰富，但含硫氨基酸的含量偏低，维生素和矿物质含量也很丰富。

（2）饲料的能量原料

①谷实类饲料原料：谷实类是指禾本科植物成熟的种子，如玉米、高粱、小麦和大麦等；其特点是含糖量高，约为66%～80%，其中淀粉占3/4，蛋白质含量低，约8%～13%，品质较差，赖氨酸、蛋氨酸、色氨酸含量较低；脂肪含量2%～5%，

钙含量小于0.1%，磷含量为0.31%～0.41%；B族维生素和脂溶性维生素E含量较高，但除黄玉米尚含有少量胡萝卜素外，维生素A、维生素D均较缺乏。

②糠麸类能量原料：糠麸类是加工谷实类种子的主要副产品，如小麦麸和米糠，资源十分丰富。麸皮是由种皮、糊粉层、胚芽和少量面粉组成的混合物，蛋白质含量为13%～16%，脂肪4%～5%，粗纤维8%～12%。麸皮含有更多的维生素B。

米糠分细糠和粗糠。细糠由种皮、糊粉层、种胚及少量谷壳、碎米等成分组成，其粗蛋白、粗脂肪、粗纤维含量分别为13.8%、14.4%、13.7%；粗糠是稻谷碾米时一次性分离出的谷壳、种皮、糊粉层、种胚及少量碎米的混合物，营养低于细糠，其粗蛋白、粗脂肪、粗纤维含量分别为7%、6%、36%。

③饲用油脂：在肉食性鱼类饲料中常需添加油脂。饲用油脂是一类成分较单一的物质，目前在生产上使用较多的是植物油和油脚（表4-16、表4-17）。

**表4-16　常用脂肪中必需脂肪酸的含量（%）**

| 种类 | 必需脂肪酸（陈学存，1984） | 必需脂肪酸（获野珍吉，1980） | | |
| --- | --- | --- | --- | --- |
| | | n-6 | n-3 | n-3/n-6 |
| 棉籽油 | 35 | 8～21 | 42～50 | |
| 豆油 | 56～63 | 55.6 | 7.3 | 0.13 |
| 花生油 | 13～27 | | | |
| 向日葵油 | 52～64 | | | |
| 黄油 | 1.9～4.0 | | | |
| 猪油 | 5.0～11.1 | 6.7～13 | 0.2～1.4 | |
| 羊油 | 3.0～7.0 | | | |
| 牛油 | 1.1～5.5 | 0.7～3 | 0.2～0.6 | |
| 鳕鱼肝油 | | 2.0 | 27.4 | 13.7 |
| 红花油 | | 75.9 | 0.5 | 0.007 |
| 玉米油 | | 56.9 | 1.2 | 0.02 |

**表 4-17 鱼饲料中添加油脂的规格**

（引自荻野珍吉，1980）

| 项　　目 | 精制新鲜水产动物肝油 | 精制新鲜鲸油 | 精制植物油 |
|---|---|---|---|
| 外观 | 黄色至黄褐色 | 黄色至黄褐色 | 黄色至黄褐色 |
| 气味 | 有鱼腥味，无腐臭味 | 稍有鱼腥味，无腐臭味 | 无腐臭味 |
| 熔点 | <−5℃ | <−5℃ | <−5℃ |
| 碘价 | 140～160 | 80～120 | 80～120 |
| 酸价 | <2 | <2 | <2 |
| 维生素 A(单位/克) | 500～2 000 | 500～2 000 | 500～2 000 |
| 维生素 $D_3$（单位/克） | 200～500 | 200～500 | 200～500 |

（3）抗营养因子　鱼类饲料中使用的大量植物性原料含有较多的抗营养因子，可导致鱼类生理性中毒，生长受阻，饲料适口性下降，饲料效率降低。饲料中抗营养因子含量太高时，鱼类的生长与健康仍会受到影响，因此，有必要对其饲料及其原料中的抗营养因子含量作出严格规定，制订鱼类饲料的安全卫生标准。

①胰蛋白酶抑制因子：主要存在于豆类、谷实类及块根块茎类饲料原料中，尤以作物种子和饼粕类饲料原料中的含量较高。胰蛋白酶抑制因子能抑制鱼类肠道中蛋白质水解酶对饲料蛋白质的分解作用，从而阻碍饲料蛋白质的消化利用，导致鱼类生长减慢或停滞，引起胰腺肥大，胰腺机能亢进，导致胰腺分泌过盛，造成必需氨基酸特别是含硫氨基酸的内源性损失。在生产饲用饼粕时，必须对料坯或饼粕进行充分而适当的加热，使其中的抗营养成分失活，这样才能确保饼粕的饲用价值。但加热过度会使饼粕发生梅拉德反应，使其中的有效氨基酸含量显著降低；加工工艺也对饼粕胰蛋白酶抑制因子的钝化率有影响，湿加热法的效果优于干加热法。

②硫胺素酶：存在于鲜活的水产动物体内，导致维生素 $B_1$ 缺乏症。因此，可将鲜活饲料蒸煮后饲喂，以防止硫胺素酶的毒害作用；在饲料中加入适量的硫胺素，亦是一个有效的预防措施。

③植酸：普遍存在于植物性饲料原料中。植酸磷约占植物性饲料原料中总磷的50%～70%。鱼类不能或很少能分泌植酸酶，因此对其利用率很低。目前，采取了添加外源性植酸酶的方法来利用植酸中的磷及肌醇，但市场上的植酸酶大部分是酸性植酸酶，并不适用于无胃的、肠道为微碱性的鲤科鱼类。目前，国家已立项对适用于鲤科鱼类的中性植酸酶进行研究。

④棉酚：游离棉酚可与赖氨酸发生不可逆结合，引起赖氨酸缺乏症，导致鱼类生长受抑制。鱼类对棉酚有较强的耐受性，但不同鱼类对棉酚的耐受量不同。鲤的饲料中游离棉酚达400微克/克以上时，其生长明显受到抑制，饲料转化率降低（曾红等，1998）。去棉酚的方法：a. 硫酸亚铁法，硫酸亚铁中的 $Fe^{2+}$ 与棉酚中活性醛基和羟基作用，形成棉酚-铁复合物，使动物难以吸收，因而毒性消失；b. 碱处理法，在饼粕中加入烧碱或纯碱的水溶液、石灰乳等并加热蒸炒，使游离棉酚被破坏或成为结合态；c. 加热处理，将饼粕经过蒸、煮、炒等加热处理，使棉酚与蛋白质结合而去毒；d. 微生物发酵，利用微生物发酵破坏棉酚，其去毒效果与实用价值尚有争议。

（4）外源性毒素　外源性毒素系指饲料及其原料中污染的有毒物质，它在一定程度上影响鱼类的生产性能，主要有真菌毒素、藻类毒素、重金属、氧化酸败产物和杀虫剂等。

①真菌毒素：饲料中的真菌毒素主要指霉菌毒素，即曲霉菌属、镰刀菌属和青霉菌属等真菌在饲料及其原料中生长繁殖产生的有毒物质。在水产动物饲料中较为常见、危害严重的霉菌毒素是黄曲霉毒素、杂色曲霉毒素和赭曲霉毒素等，其中，以黄曲霉毒素的毒性最大，影响最为严重。黄曲霉毒素以 $B_1$ 型最多，且

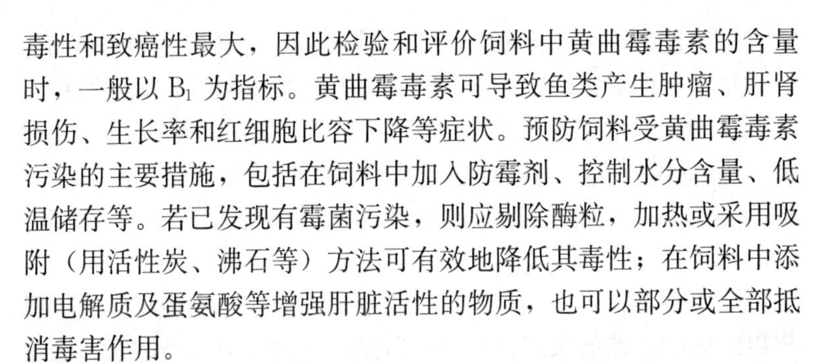

毒性和致癌性最大，因此检验和评价饲料中黄曲霉毒素的含量时，一般以 $B_1$ 为指标。黄曲霉毒素可导致鱼类产生肿瘤、肝肾损伤、生长率和红细胞比容下降等症状。预防饲料受黄曲霉毒素污染的主要措施，包括在饲料中加入防霉剂、控制水分含量、低温储存等。若已发现有霉菌污染，则应剔除酶粒，加热或采用吸附（用活性炭、沸石等）方法可有效地降低其毒性；在饲料中添加电解质及蛋氨酸等增强肝脏活性的物质，也可以部分或全部抵消毒害作用。

②氧化酸败：油脂中不饱和脂肪酸的氧化能产生大量的有毒物质，它们能明显降低鱼体内维生素 E 含量，对鱼类有较大的毒害作用。氧化酸败的油脂对鱼类生物膜的完整性与流动性、酶活性、组织器官、血液学指标、免疫机能、肉产品质量等诸方面均产生不良影响。鲤摄食含有氧化脂肪的饲料时，生长下降，营养不良，死亡率增高（Watanable et al.，1968）；对其生产性能、消化机能、血液学指标等产生不良影响（刘伟等，1996；任泽林等，2001）。饲料中的酸败脂肪（醛类物质）直接损害鱼类肝脏（姜礼燔，1997）；草鱼摄食氧化酸败油脂后，肝细胞膜溶解，胞浆流失，身体弯曲，突眼，瘦背，生长减慢，死亡率升高；酸败油脂引起的病理变化与缺乏维生素 E 的症状相似，在饲料中添加适量维生素 E，能降低酸败脂肪的毒性；在加工饲料时添加抗氧化剂，在储存饲料及油脂时保持低温、避光等，可以预防脂肪酸败。

③重金属：重金属与许多酶、生物活性物质的活性基团有较强的亲和力，从而使活性物质失活。汞在水体中的含量较低，但通过食物链可在鱼类体内蓄积或富集。饲料汞污染较严重的是有机汞，尤其是甲基汞。徐小清等（1999）研究发现，鱼体的汞元素含量与鱼类食物链的营养级位置密切相关，食物链越长，汞的富集系数越高。鱼还可以通过鳃直接吸收水体中的汞（蔺玉化等，1994）。无机砷的毒性大于有机砷，3 价砷的毒性大于 5 价

砷。砷可能影响机体内酶的功能，直接损害毛细血管并致畸形。鱼类饲料中的砷来源于海洋鱼粉。亚砷酸盐有剧毒，但鱼饲料中的有机砷化合物是否有潜在毒性还不清楚。镉可引起鱼类血钙降低（Verbost et al.，1989），使鲤血清促性腺激素（GtH）和生长激素（GH）发生变化，干扰钙的生理作用（马广智等，1995）。

④杀虫剂：鱼类经常受到杀虫剂的影响，杀虫剂在组织中积累以致影响鱼的健康或鱼产品的质量，从而影响人类健康。氯化烃类对幼鱼的毒性最大，导致性腺发育不良和不育、呆滞、神经紊乱、食欲不振和死亡（Ashery，1972）。杀虫剂 DDT 能抑制各种鱼类鳃和肾脏钠-钾- ATP 酶的活性，并引起肝癌、神经紊乱和致命的毒性。目前，我国提倡使用高效低毒、低残留的杀虫剂，同时严格控制其进入养殖水体的水源，也防止使用过量杀虫剂、农药的水体进入养殖水域。

**2. 渔用配合饲料** 所谓渔用配合饲料，是指根据鱼类营养需要，将多种原料按一定比例均匀混合，经加工而成一定形状的饲料产品。配方科学合理、营养全面，完全符合鱼类生长需要的配合饲料，称为渔用全价配合饲料。配合饲料的营养成分、饲料形状和规格，随着养殖对象、生长发育阶段等的不同而有所差异。配合饲料具有营养全面，在水中稳定性高，原料来源广，可长期储存，含水分少等优点。其流程图见图 4 - 2、图 4 - 3。

依照饲料的形态，可分为粉状饲料、面团状饲料、碎粒状饲料、饼干状饲料、颗粒状饲料和微型饲料等 6 种。颗粒饲料中按照含水量与密度，可分为硬颗粒饲料、软颗粒饲料、膨化颗粒料和微型颗粒饲料等 4 种。依照饲料在水中的沉浮，分为浮性饲料、半浮性饲料和沉性饲料 3 种。依照配合饲料的营养成分，可分为全价配合饲料、浓缩饲料、预混料和添加剂 4 种。依照养殖对象生长阶段，可分为鱼苗开口料、鱼种饲料、成鱼饲料等 3

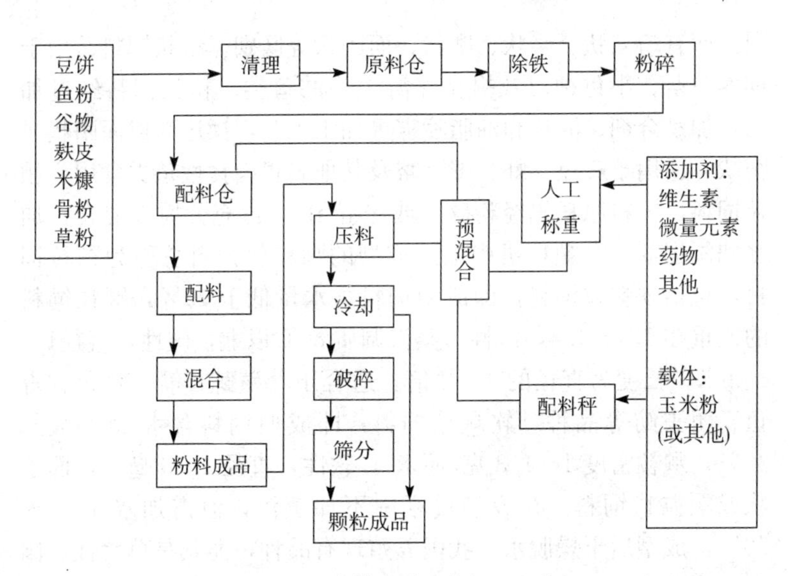


图 4-2　先粉碎后配合加工工艺

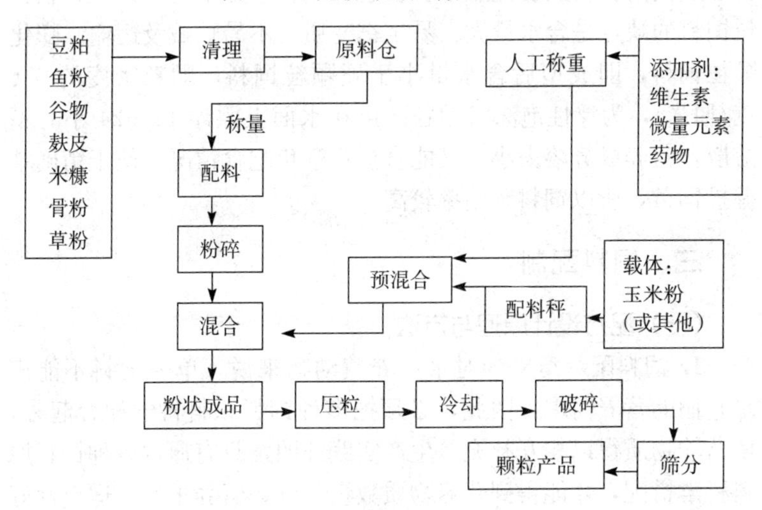


图 4-3　先配合后粉碎加工工艺

种。现按形态分类，对主要种类分述如下：粉状饲料，就是将原料粉碎，并达到一定程度，混合均匀后而成。因饲料中含水量不同，而有粉末状、浆状、糜状、面团状等区别。粉状饲料适用于饲养鱼苗、小鱼种以及摄食浮游生物的鱼类。粉状饲料经过加工，加黏合剂、淀粉和油脂喷雾等加工工艺，揉压而成面团状或糜状，适用于鳗鱼、虾、蟹、鳖及其他名贵肉食性鱼类食用。颗粒饲料，饲料原料先经粉碎（或先混匀），再充分搅拌混合，加水和添加剂，在颗粒机中加工成型的颗粒状饲料总称为颗粒饲料，包括硬颗粒饲料，即成型饲料含水量低于13%，颗粒饲料的比重在1.1～1.4，沉性。蒸汽调质80℃以上，硬性，直径1～8毫米，长度为直径的1～2倍。适合于养殖鲤、鲫、草鱼、青鱼、团头鲂等品种。软颗粒饲料，即成型饲料含水量20%～30%，颗粒密度1～1.3克/厘米$^3$，软性，直径1～8毫米，面条状或颗粒状饲料。在成型过程中不加蒸汽，但需加水40%～50%，成型后干燥脱水。我国养殖现有品种，尤其是草食性、肉食性或偏肉食的杂食性鱼都喜食这种饲料，如草鱼、鲤等。软颗粒饲料的缺点是含水量大，易生霉变质，不易贮藏及运输。膨化颗粒饲料，即成型后含水量小于硬颗粒饲料，颗粒密度约0.6克/厘米$^3$，为浮性泡沫状颗粒。可在水面上漂浮12～24小时不溶散，营养成分溶失小，又能直接观察鱼吃食情况，便于精确掌握投饲量，所以饲料利用率较高。

## 三、饲料配制

### （一）配方设计原理与方法

**1. 饲料配制意义** 对水产养殖动物来说，单一饲料不能满足它们的营养需求，因此，必须把多种饲料原料科学配合起来，使营养物质得以相互补充。生产实践证明，只有通过各种饲料原料科学搭配，才能得到营养物质数量足够、营养平衡、适口性好的配合饲料。

**2. 饲料配制思路** 设计科学合理的鱼、虾类配合饲料配方，必须研究鱼、虾的营养原理，以确定养殖鱼、虾类营养标准。研

究鱼、虾类饲料原料特点，以确定各种饲料的营养价值；还要考虑饲料资源状况、价格及其稳定生产的可能性。

**3. 饲料配制目标**　合理地选用营养好、成本低的原料，科学地生产出优质配合饲料，以便进行养殖生产，获取最大的经济效益。

**4. 饲料的配制原则**

（1）*符合养殖鱼类营养需要*　设计饲料配方，必须根据养殖鱼类的营养需要和饲料营养价值，这是首要的原则。由于养殖鱼类品种、年龄、体重、习性、生理状况及水质环境不同，对于各种营养物质的需要量与质的要求是不同的。配方时首先必须满足鱼类对饲料能量的要求，保持蛋白质与能量的最佳比例；其次是必须把重点放到饲料蛋白质与氨基酸含量的比率上，使之符合营养标准；再次是要考虑鱼的消化道特点，由于鱼的消化道简单而原始，难以消化吸收粗纤维，因此必须控制饲料中粗纤维的含量到最低范围，一般控制在3%～17%，糖类控制在20%～45%。

（2）*注重适口性和可消化性*　根据不同鱼类的消化生理特点、摄食习性和嗜好，选择适宜的饲料。如血粉含蛋白质高达83.3%，但可消化蛋白仅19.3%；肉骨粉蛋白质仅为48. 6%，但因其消化率为75%，可消化蛋白质为36.5%，高出血粉1倍。又如，菜籽饼的适口性差，可能会导致摄食量不足，造成饲料浪费。

（3）*平衡配方中蛋白质与氨基酸*　设计鱼料配方要考虑蛋白质氨基酸的平衡，即必须选择多种原料配合，取长补短，达到营养标准所规定的要求。现阶段低蛋白饲料配方是饲料配制的发展方向，因此，要在饲料配制过程中注意蛋能比、糖脂比及蛋脂比问题。在满足鱼体基本需求的基础上，适当提高饲料中脂肪和糖水平，从而达到降低蛋白的目的。

（4）*降低原料成本*　所选的原料除考虑营养特性外，还须考虑经济因素，要因地制宜，以取得最大的经济效益。

（5）选用适当的添加剂　配合饲料的原料主要是动物性原料和植物性原料，为了改善营养成分和提高饲料效率，还要考虑添加混合维生素、混合无机盐、着色剂、引诱物质和黏合剂等添加剂。

（6）所选用的饲料源应符合卫生标准　发霉、变质、有毒的原料不能采用，菜粕、棉粕由于含有毒性物质，应尽可能少用。

**5. 饲料配方的设计方法**　饲料配方设计需要计算，方法很多，如方块法、联立方程法、营养含量计算法、线性规划及电子计算机设计方法、试差词整平衡法。

（1）手工设计法（试差法）　根据养殖对象及其营养标准、当地饲料资源状况及价格、各种原料的营养成分，初步拟定出原料试配方案，算出单位重量（千克）配合饲料中各项营养成分的含量和维生素、矿物盐预混料等。

（2）线性规划及电子计算机设计方法　根据鱼类对营养物质的最适需要量、饲料原料的营养成分及价格等已知条件，把满足鱼类营养需要量作为约束条件，再把最低的饲料成本作为设计配方的目标，运用电子计算机进行计算。目前，此类软件已有出售，养殖对象的营养标准、饲料原料的各种营养成分，以及有关养殖对象的一般饲料配方都储存于软件中。采用软件设计饲料配方，简便易行，但需要根据实践经验来进行综合判断是否最优，并进行适当的调整与计算，直至满意为止。

## （二）配方组成

单一的饲料原料很难满足鱼类对营养的要求，一个好的配方是由多种原料组成的。配合饲料一般由以下几部分组成：

**1. 蛋白质**　动物蛋白质源主要有血粉、鱼粉、羽毛粉和肉骨粉等，这类原料蛋白质含量高，赖氨酸、蛋氨酸、钙、磷含量也高，是理想的鱼饲料原料。植物性蛋白质源主要有豆粕、花生粕、菜粕、棉粕及酒糟等，其中，豆粕、花生粕由于蛋白质品质

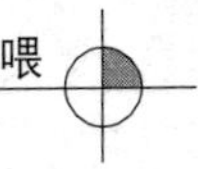

较好，而菜粕、棉粕蛋白质品质较差且含有一定毒性物质，因此在鱼饲料中应尽可能多地采用前两种原料，后两种原料不能过量加入。微生物蛋白质源有酵母、菌体蛋白等，这类原料蛋白质含量高达40%以上，赖氨酸、维生素的含量也丰富，在鱼饲料中也被广泛采用。

**2. 能量物质**（糖、脂肪）　包括籽实类如玉米、小麦、大麦、稻谷等；糠类如米糠、麦麸等。这几类物质蛋白质含量低，碳水化合物含量高，又称为能量饲料，在配方中主要提供能量。由于鱼类为变温动物，对蛋白质要求高，对能量要求低，因此，单一用这些原料来养鱼效果很差，浪费严重。

**3. 营养性添加剂**　这类物质主要是完善配合饲料的营养组成，提高饲料利用率。主要有复合维生素和复合矿物元素等。

**4. 非营养性添加剂**　这类物质主要是促进鱼类健康生长，改善饲料适口性，防治各类疾病，减少饲料贮存损失，保持饲料在水中的稳定性。主要有防霉剂、黏结剂、诱食剂、助消化剂及防病促长剂等。

### （三）不同类型配合饲料的主要差异和适宜规格

水产动物饲料可分为淡水鱼型、海水鱼型与鳗鲡型。几种类型饲料在粉碎粒度、制粒和熟化等几方面都有较大的差异：①在原料粉碎粒度方面，淡水鱼饲料要求原料粉碎至40目，海水鱼要求80目，鳗鲡料要求100目；②在制粒环节方面，鳗鲡料多要求粉状，无需制粒；淡水鱼饲料对在水中的稳定性要求不高，环模压缩比为13左右即可；③在饲料配制方面，鳗鲡的饲料，淡水鱼淀粉（主要为α-淀粉）含量为10%～20%。对油脂种类的要求，淡水鱼可使用植物油；而海水鱼、鳗鲡一般不使用植物油，主要使用鱼油。配合饲料加工成颗粒的适宜规格，依鱼的种类和发育阶段而异（表4-18）。

**表 4-18　几种大宗淡水鱼类颗粒饲料的适宜规格**

| 养殖对象 | | | 颗粒饲料 | | 资料来源 |
|---|---|---|---|---|---|
| 名称 | 发育阶段 | | 形态 | 粒径（厘米） | |
| | 体重（克） | 体长（厘米） | | | |
| 鲤 | 1.0 以下 | 4.5 以下 | 粉状 | | |
| | 1.0～3.0 | 4.5～5.8 | 碎粒 | 0.5～1.0 | |
| | 3.0～7.0 | 5.8～7.4 | | 0.8～1.5 | |
| | 7.0～12.0 | 7.4～9.4 | | 1.5～2.4 | |
| | 12.0～15.0 | 9.9～15.0 | 颗粒 | 2.5 | |
| | 50.0～100 | 15.0～18.0 | | 3.5 | |
| | 100～300 | 18.0～23.0 | | 4.5 | |
| | 300 以上 | 23 以上 | | 6.0 | |
| 青鱼 | | 2.0 以下 | 微粒 | 0.05～0.5 | |
| | | 2.0～3.5 | 碎粒 | 0.8～1.2 | |
| 草鱼 | | 4.0～7.5 | 碎粒 | 1.5～2.0 | |
| | | 8.0～20.0 | 颗粒 | 2.5～3.5 | |
| 团头鲂 | | 2.0 以下 | 微粒 | 0.05～0.5 | 王道遵，1992 |
| | | 2.0～3.0 | 碎粒 | 0.5～1.0 | |
| | | 3.0～10.0 | 碎粒 | 1.2～2.0 | |
| | | 成体 | 颗粒 | 2.5～3.5 | |

## （四）加工工艺

鱼类配合饲料的加工工艺，主要包括粉碎、配料、混合、制粒、冷却、计量及包装等工序。由于鱼类生活在水中，因此，对饲料的粉碎、制粒等工艺比畜禽饲料要求更高，物料粉碎的粒度要更细，制粒前的熟化时间要更长，使各种原料充分熟化，以利于鱼类消化吸收，减少饲料含粉率，并使颗粒在水中成形时间长。用于养鱼的水产饲料质量，需满足下列条件：①饲料必须制成颗粒状或浮性的或沉性的；②只能采用符合营养质量和物理性

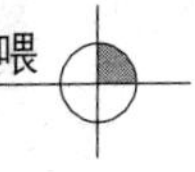

质的颗粒饲料；③采用的饲料必须营养完全，包括完全的维生素和矿物质预混料，以及补充的维生素C和油脂；④饲料的蛋白质含量一般在32%～36%，蛋白质含量高的饲料价格较贵，但这是值得开支的，尤其是当鱼的平均体重为≥50克时；⑤饲料的质量会随着存放时间的延长而降低，饲料应该在制造后6周内用完，因为存放时间过久，其维生素和其他营养物质会损失，并会受到霉菌和其他微生物的破坏。

**（五）影响饲料质量的因素**

**1. 饲料营养水平**　饲料营养水平是鱼类生长的物质基础，鱼类所需蛋白质、脂肪、糖类、矿物质、维生素等重大营养物质，必须由全价饲料提供。若营养不全，或水平不够，就会影响鱼类的生长，从而降低饲料利用率，饵料系数就会明显提高。

**2. 饲料的加工质量**　渔用饲料是投入到水中后才能被鱼类所利用，所以，饲料的耐水性就显得非常重要。饲料耐水性差，在水中溶失速度快，就会使饲料未被鱼类摄食之前就散失于水中，而未被鱼类所利用，浪费饲料，增高饵料系数。另外，饲料黏性差，在装运过程中颗粒破碎，造成粉料比例增加，而粉料投喂水中不能被"吃食性"鱼类所摄食，从而造成浪费，这也增加了饵料系数。

**3. 水质**

（1）溶解氧　水中溶解氧是影响鱼类摄食能力和消化吸收率的最为主要的环境因素。

（2）水温　鱼类的生长有一定适宜水温范围，在适宜的水温范围内，随着水温的升高，鱼类的摄食能力加强，消化吸收率也提高，生长速度也加快，所以饲料效率也提高，饵料系数降低。

（3）pH　鱼类正常生长也需一定的pH范围，一般淡水鱼类6.5～8.5，海水鱼类7.0～9.0。

（4）鱼类健康状况　在饲养过程中，鱼类不生病或很少生病，鱼类就能够很好地生长。在鱼类生病或经常生病状态下，鱼类的生理机能下降，消化吸收能力下降，少摄食，既使摄食，消化吸收率差，这样饵料系数就会明显提高。并且在生病期间需不断用药，消毒杀灭病原，这些消毒剂对鱼类也有刺激或毒副作用，影响摄食和生长。

**4. 养殖模式和养殖方式** 不同养殖模式会造成饲料使用效果不同。不同养殖方式如网箱养殖与池塘养殖同种鱼，投喂同种饲料所表现效果也不同。给鱼投喂饲料的目的是：为饲养鱼类保持良好的健康状况、最佳的生长、最佳的产量提供必要的营养需求，并尽可能减少给环境带来的废物，为最佳的利润支付合理的成本。

## （六）配合饲料的储藏保管

**1. 在储藏中的质量变化及其影响因素**

（1）饲料质量的变化 配合饲料在储藏过程中，如果通风不好，随着储藏时间的延长，自身会发热，糖类的羰基和蛋白质的赖氨酸侧链氨基之间发生褐变反应，饲料颜色逐渐变深变暗，光泽逐渐消失，鱼腥味也逐渐淡薄，商品感官质量下降。必需脂肪酸很容易发生氧化，生成氧化物，进而分解为醛、酸、酮等低分子化合物，降低了脂肪的营养价值，对鱼的生长发育有害。维生素在储藏过程中，其效价也会逐渐降低。在正常保管条件下，配合饲料的质量一般可保持 1 年。

（2）影响因素 在适宜温度、湿度和氧气等条件下，霉菌利用饲料中的蛋白质作为氮源，利用脂肪和糖类作为碳源进行生长繁殖，其生长繁殖依赖于适宜的水分和温度。温度对饲料质量影响较大，饲料中的维生素 A 在 5℃（阴暗处）密闭容器中储藏 2 年，其效价仍可保持在 80%～90%；在温度为 20℃时，其效价下降为 57%；在 35℃时，效价仅为 25%。在温度低于 10℃的条件下，霉菌生长缓慢；高于 30℃时，则生长迅速。温度 0～15℃和 35～40℃时，仓库害虫一般不活动，超过此范围则死亡，其最适生长温度为 28～38℃（米象为 29～32℃，谷蛾为 32～

35℃），低于17℃时，其繁殖即受到影响。常温下，饲料含水量大于15%时易发生霉变，含水分为13%的玉米粉在储藏4个月后，其中的维生素 $B_1$、维生素C和维生素 $K_3$ 的效价下降60%；水分在11.8%时，大多数霉菌都不能生长（只有耐干燥霉菌可以生存）；水分含量在10.4%（水分活度6.0）以下时，则任何微生物都不能生长；在含水量为5%的干燥乳糖粉，储藏4～6个月后，其3种维生素的效价仍保持在85%～90%。

**2. 饲料储藏和保管方法**

（1）*仓库设施* 储藏饲料的仓库应不漏雨，不潮湿，门窗齐全，防晒、防热、防太阳辐射，通风良好；必要时可以密闭，使用化学熏蒸剂灭虫；仓库四周阴沟畅通，仓内四壁墙角刷有沥青层，以防潮、防渗漏，仓库顶要有隔热层，仓库墙粉刷成白色以减少吸热；仓库周围可以种树遮阴，以减少仓库的日照时间。

（2）*饲料合理堆放* 饲料包装一般采用编织袋，内衬塑料薄膜。塑料薄膜袋气密性好，能防潮、防虫，避免营养成分变质损失。袋装饲料可码垛堆放，堆放时袋口一律向里，以免沾染虫杂，并防止吸湿和散口倒塌。仓内堆装要做好铺垫防潮工作，先在地面上铺一层清洁稻壳，再在上面铺上芦席。堆放时不要紧靠墙壁，要留一人行道。堆形采用工字形和井字形，袋包间有空隙，便于通风，散热散湿。散装饲料堆放，可采用围包散装和小囤打围法。围包散装是用麻袋编织袋装入饲料，码成围墙进行散装；小囤打围是用竹席或芦席带围成墙，散装饲料。如少量也可以直接堆放在地上，量多时适当安放通风桩，以防热自燃。

（3）*日常管理* 加强库房内外的卫生管理，经常消毒灭鼠虫，注意检查并及时堵塞库房四周墙角的空洞。饲料原料进厂时要严格检验，发霉、生虫原料在处理之前不准入库；要注意控制库内温度和湿度，使之分别为小于15℃和小于70%；采取自然通风（经济、简便，缺点是通风量小，且受气压温度的影响）或机械通风（效果好，但消耗一定能源，增加成本），以降低料温，散发水分，以利于储藏。

**3. 饲料运输注意事项** 饲料的搬运和运输要采用合适的容器、设备和车辆，以防止出现振动、撞击、磨损和腐蚀等现象，造成不必要的损坏。

## （七）水产配合饲料质量的评定方法

**1. 实验室评定法** 主要包括化学分析评定法、蛋白质营养价值评定法、能量指标法、消化率评定法、饲养试验评定法和计算机模拟评定法。

（1）化学分析评定法 分析饲料中各种营养物质的含量，包括水分、粗蛋白、粗脂肪、粗纤维、无氮浸出物和粗灰分6种；必要时测定饲料粗蛋白中的纯蛋白质和各种氨基酸，粗纤维中的纤维素、半纤维素及木质素，以及粗脂肪中的各种不同脂类及脂肪酸的含量。

（2）蛋白质营养价值评定法 包括生物分析法、化学分析法和生物化学分析法。此处不再详述。

（3）能量指标法 饲料总能量是评定饲料营养价值的重要指标，饲料中蕴含的能量主要存在于蛋白质、脂肪和糖类中，这些物质在体内“燃烧”可将所含的能量释放出来。饲料总能是饲料中有机物质所含能量的总和，可用来评价饲料价值，采用燃烧测热器测定。还可用消化能、代谢能来评定饲料能量，以更准确地反映饲料质量的优劣。

（4）消化率评定法 饲料化学分析总能测定，只能说明饲料中营养物质及能量的总含有量，不能说明饲料被鱼吸收利用了多少。消化率越高，可消化营养物质越多，其营养价值也就越高，表明饲料的质量好。消化率测定方法有两种。

①间接法：在饲料中添加0.5%～1.0%的三氧化二铬，通过测定饲料和粪中标记物及养分和能量的浓度变化来计算消化率，干物质消化率和养分的消化率（%）可用以下公式计算：

干物质消化率＝［1－（饲料中标记物/粪中标记物）］×100%

$$营养物质消化率=\left(1-\frac{饲料中标记物\times粪中养分}{粪中标记物\times饲料中养分}\right)\times100\%$$

②直接法：这种方法需要测定鱼摄食的全部饲料量和全部排粪量。除工作量大外，还因为鱼的活动而受到限制，并且要进行强饲，这种应激条件可能影响饲料的利用。由于这些缺陷，本法应用较少。

（5）饲养试验评定法　该法指在一定条件下饲养鱼类，通过增重率、成活率及饲料系数，来综合评定饲料的营养价值。这是比较配合饲料质量和饲养方式优劣的最可靠的方法。饲养试验的结果反映饲料对鱼类的综合影响，包括对消化、代谢、能量利用以及维持鱼体健康的综合影响，这种试验所测结果有较强的说服力，便于在生产中推广应用。

（6）计算机模拟评定法　由于未结合体内消化、代谢情况，因而化学分析法评定饲料营养价值的准确性受很大限制，而各种体内实验法虽然结果准确，但耗时、耗资，达不到快速测定的要求。目前，营养学家们已探讨用计算机模型将饲料与动物生产性能联系起来，模拟饲料养分在体内消化和利用性能。目前计算机模拟已成为一种探究理论与实际是否相符的有效工具，人们从生理生化角度认识动物的消化和代谢，将饲料营养供给、动物组织对营养成分的利用和动物生产性能三者联系起来，建立更完善、实用的营养模型，以快速、准确地评定饲料质量。

**2. 生产性评定法**

（1）生物学指标　在收获时测量养殖动物的平均体长、体重及单位产量，以对配合饲料进行质量评定。养殖对象的规格大、产量高，则说明配合饲料的质量好。

（2）饲料系数与投饲系数　饲料系数又称增肉系数，是指摄食量与增重量之比值。其计算公式为：

$$F=(R_1-R_2)/(G_1+G_2-G_0)$$

式中　$F$——饲料系数；

$R_1$——投饲量；

$R_2$——残饵量；

$G_0$——试验开始时鱼虾的总体重；

$G_1$——试验过程中死亡鱼的重量；

$G_2$——试验结束时鱼总体重。

饲料系数被用来衡量配合饲料的质量以及鱼对配合饲料的利用程度，其值的大小除与饲料质量有关外，还与管理水平、水质条件和气候条件等有关。在生产中以投饲系数来代替饲料系数。投饲系数为在养成全过程中投饲量与鱼产量的比值，其计算公式为：

$$F（投）=R_1/G_2$$

与饲料系数的计算公式相比，它简化了残饲量、初始鱼重量和死亡鱼重量。

投饲系数不仅与饲料质量有关，而且同样受到作用于饲料系数的因素的影响。

（3）饲料效率　饲料效率（$E$）是指鱼增重量与摄食率的百分比，其计算公式为：

$$E=(G_1+G_2-G_0)/(R_1-R_2)\times100\%$$

在生产条件下，其计算公式被简化为：$E=G_2/R_1$。饲料效率与饲料系数之间是倒数关系，即为 $E=1/F$。

## 四、投喂技术

投喂技术包括投饵量控制、投喂时间、次数、频率和经验等，另外，是否使用投饵机也是一个影响因素。

### （一）投喂的一般原则

池塘鱼类投喂饲料的目标是，将符合质量要求的饲料以规定的数量和投喂次数投喂鱼类，从而取得最佳的生产效果和效益。为使鱼类的生长和饲料系数之间平衡，每次投喂和每天投喂的最适饲料量，应为鱼的饱食量的 90%左右；如果投饲量只有饱食

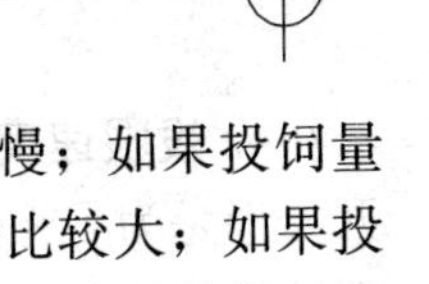

量的80%，其饲料系数会比较低，但生长比较慢；如果投饲量达到100%的饱食量，生长会好，但饲料系数会比较大；如果投饲量超过鱼类100%的饱食量，就会污染水质，增加水质管理和无用饲料的开支。池塘中鱼类摄食饮料的数量，主要与水温和鱼的平均体重有关。

**（二）投喂影响因素**

**1. 水中溶解氧来控制投料** 水中溶氧是鱼类最主要的环境影响因子，它的多少直接影响鱼类的摄食和鱼类对食物的消化吸收力，水中溶氧丰富（5毫克/升以上），鱼类摄食能力强，消化吸收率高，这时应多投饵料，以满足鱼类的生理和营养需要。在阴雨、高温天气和高密度养殖情况下，池塘缺氧，尤其在出现浮头现象时，应注意控制少投饵或不投饵，以免造成饲料浪费和水质污染。

**2. 通过水温来调整投饵率** 所谓投饵率，就是每天投饵量占鱼体重量的比例。投饵率与水温、鱼类种类、个体大小等有关，尤其是随着水温升高、季度变化，投饵率也随之进行调整。以鲫鱼为例：水温在15℃时开始摄食（3～4月），这时投饵率为0.5%～1%。当水温达18～22℃时（5～6月）投饵率上升至1%～2%，当水温在22～30℃范围时，随水温增高，投饵率逐步升高，投饵率范围在2%～3.5%，当然平时投饵率大小除依据水温进行调整外，还需根据当时实际情况，如：天气、鱼病等而作调整。

**3. 投喂频率的确定** 投喂频率即每天投喂次数，一般也依据鱼类的种类、大小等因素确定。鱼苗期投喂次数多于成鱼时期，无胃鱼投喂次数多于有胃鱼，低温季节投喂次数低。在实际生产中投喂次数少，鱼类处于饥饿状态，营养得不到及时补充，影响生长；投喂频率过快，食物肠道中消化吸收率降低，影响营养物质充分利用，造成饵料浪费，污染水质，使得饵料系数提高，影响饲料使用效率。

**4. 投喂速度的控制** 投喂饵料一般以两头慢、中间快为好，开始慢是为了将鱼引过来，然后再加快投喂速度，后期再放慢投喂速度，以免饵料落入水底，造成浪费。在驯化投饵时，也是先慢后快、先少后多、先集中投于点，后扩大至面。投喂时间随池塘内鱼类多少有关，存塘量大，投喂时间就相对长一些，另投喂速度与鱼类种类也有关系，如草鱼吃食速度快于鲤，而鲤又快于鲫、鳊。

**5. 防病治病时饵料投喂** 池塘泼洒药物进行消毒时，应注意适当少投喂饵料，因消毒药不仅对病原有毒害作用，对鱼类也有毒害作用，会造成鱼类轻度中毒，使其摄食能力下降。投喂药饵时前1天应减少投喂量，或停止投喂，使鱼类处于饥饿状态，增强鱼类对药饵的摄食能力，有利于药饵充分利用，从而达到预防和治疗效果。

**6. 据实际情况适度停喂** 在实际生产中，经常会出现高温、阴雨、鱼病、水质恶化和鱼类浮头等不正常现象。在这种情况下，一般鱼类摄食能力下降，甚至停止摄食，这时应停止投喂饵料或减少投喂饵料，待条件改善后再进行投喂。这样既可以减少饵料浪费，又可避免水质进一步恶化，从而造成泛塘。并且鱼类停食1～2天或更长，在短期可能影响它的生长，但长期来看并没有较大影响，因为鱼类有一种补偿生长现象，前段时间停止生长，后期时间可以加速生长。

### （三）饲料和投饲方面其他需要考虑的问题

营养（饲料）是养鱼管理中自始至终需要加以注意的重要因子，饲料的质量不能掉以轻心。在购买和操作饲料时要特别加以注意，因为饲料的开支是养鱼生产成本中最大的一笔支出。鱼类的摄食行为是鱼类健康状况的标志，如果鱼类摄食积极，说明鱼类的健康状况良好；反之，说明健康状况较差。养鱼者应该经常观察鱼类的状况，鱼类摄食行为和水环境的总体状况，至少每天1次。每次投喂鱼的饲料量应该称重，并记录下来。如果给鱼吃

的饲料量难以每天称重，那么可以用容量法（由体积与重量的换算关系确定）来估计饲料量，但每当饲料的品牌和类型更换时，应重新确定。此外，不同养殖模式会也造成饲料使用效果不同，如网箱养殖与池塘养殖同种鱼，投喂同种饲料所表现效果是不同的。

# 第五章 人工繁殖

鱼类人工繁殖就是在人为控制下，使亲鱼达到性成熟，并通过生态、生理的方法，使其产卵、孵化而获得鱼苗的一系列过程。

## 一、与鱼类人工繁殖相关的几个指标

鱼类人工繁殖的成败，主要取决于亲鱼的性腺发育状况，而性腺发育又受到内分泌激素的控制，也受营养和环境条件的直接影响。因此，亲鱼培育要遵守亲鱼性腺发育的基本规律，创造良好的营养生态条件，促使其性腺生长发育。

**1. 精子和卵子的发育**

（1）精子的发育　鱼类精子的形成过程，可分为繁殖生长期、成熟期和变态期三个时期：

繁殖生长期：原始生殖细胞经过无数次分裂，形成大量的精原细胞，直至分裂停止。核内染色体变成粗线状或细线状，形成初级精母细胞。

成熟期：初级精母细胞同源染色体配对进行 2 次成熟分裂。第一次分裂为减数分裂，每个初级精母细胞（双倍体）分裂成为 2 个次级精母细胞（单倍体）；第 2 次分裂为有丝分裂，每个初级精母细胞各形成 2 个精子细胞。精子细胞比次级精母细胞小得多。

变态期：精子细胞经过一系列复杂的过程变成精子。精子是一种高度特化的细胞，由头、颈、尾三部分组成，体形小，能运

动。头部是激发卵子和传递遗传物质的部分。有些鱼类精子的前端有顶体结构，又名穿孔器，被认为与精子钻入孔内有关。

（2）卵子的发育 家鱼卵原细胞发育成为成熟卵子，一般要经过三个时期，即卵原细胞增殖期、生长期和成熟期。

①卵原细胞增殖期：此期是卵原细胞反复进行有丝分裂，细胞数目不断增加，经过若干次分裂后，卵原细胞停止分裂，开始长大，向初级卵母细胞过渡。此阶段的卵细胞为第Ⅰ时相卵原细胞，以第Ⅰ时相卵原细胞为主的卵巢即称为第Ⅰ期卵巢。

②生长期：此期可分为小生长期和大生长期2个阶段，该期的生殖细胞即称为卵母细胞。

小生长期：从成熟分裂前期的核变化和染色体的配对开始，以真正的核仁出现及卵细胞质的增加为特征，又称无卵黄期。以此时相卵母细胞为主的卵巢属于第Ⅱ期卵巢。主要养殖鱼类性成熟以前的个体，卵巢均停留在Ⅱ期。

大生长期：此期的最大特征是卵黄的积累，卵母细胞的细胞质内逐渐蓄积卵黄直至充满细胞质。根据卵黄积累状况和程度，又可分为卵黄积累和卵黄充满两个阶段。前者主要特征是初级卵母细胞的体积增大，卵黄开始积累，此时的卵巢属于第Ⅲ期；后者的主要特征是卵黄在初级卵母细胞内不断积累，并充满整个细胞质部分，此时卵黄生长即告完成，初级卵母细胞长到最终大小，这时的卵巢属于第Ⅳ期。

③成熟期：初级卵母细胞生长完成后，其体积不再增大，这时卵黄开始融合成块状，细胞核极化，核膜溶解。最后，初级卵母细胞进行第1次成熟分裂，放出第1极体。紧接着进行第2次成熟分裂，并停留在分裂中期，等待受精。

成熟期进行得很快，仅数小时或十几小时便可完成。这时的卵巢称为第Ⅴ期。家鱼卵子停留在第2次成熟分裂中期的时间不长，一般只有1～2个小时。如果条件适宜，卵子能及时产出体外，完成受精并放出第2极体，称为受精卵。如果条件不适宜，就将称为过熟卵而失去受精能力。

家鱼成熟的卵子呈圆球形，微黄而带青色，半浮性，吸水前直径为1.4～1.8毫米。

**2. 性腺分期和性周期**

（1）性腺分期 为了便于观察鉴别鱼类性腺生长、发育和成熟的程度，通常将主要养殖鱼类的性腺发育过程分为6期，各期特征见表5-1。

**表5-1 家鱼性腺发育的分期特征**

| 分期 | 雄 性 | 雌 性 |
| --- | --- | --- |
| Ⅰ | 性腺呈细线状，灰白色，紧贴在鳔下两侧的腹膜上；肉眼不能区分雌雄 | 性腺呈细线状，灰白色，紧贴在鳔下两侧的腹膜上；肉眼不能区分雌雄 |
| Ⅱ | 性腺呈细带状，白色，半透明；精巢表面血管不明显；肉眼已可区分出雌或雄 | 性腺呈扁带状，宽度比同体重雄性的精巢宽5～10倍。肉白色，半透明；卵巢表面血管不明显，撕开卵巢膜可见花瓣状纹理；肉眼看不见卵粒 |
| Ⅲ | 精巢白色，表面光滑，外形似柱状；挤压腹部，不能挤出精液 | 卵巢的体积增大，呈青灰色或褐灰色；肉眼可见小卵粒，但不易分离、脱落 |
| Ⅳ | 精巢已不再是光滑的柱状，宽大而出现皱褶，乳白色；早期，仍挤不出精液，但后期，能挤出精液 | 卵巢体积显著增大，充满体腔；鲤、鲫鱼呈橙黄色，其他鱼类为青灰色或灰绿色；表面血管粗大可见，卵粒大而明显，较易分离 |
| Ⅴ | 精巢体积已膨大，呈乳白色，内部充满精液，轻压腹部，有大量较稠的精液流出 | 卵粒由不透明转为透明，在卵巢腔内呈游离状，故卵巢也具轻度流动状态，提起亲鱼，有卵从生殖孔流出 |
| Ⅵ | 排精后，精巢萎缩，体积缩小，由乳白色变成粉红色，局部有充血现象；精巢内可残留一些精子 | 大部分卵已产出体外，卵巢体积显著缩小；卵巢膜松软，表面充血；残存的、未排除的部分卵，处于退化吸收的萎缩状态 |

（2）性周期 各种鱼类都必须生长到一定年龄才能达到性成

熟，此年龄称为性成熟年龄。达性成熟的鱼第 1 次产卵、排精后，性腺即随季节、温度和环境条件发生周期性的变化，这就是性周期。

在池养条件下，四大家鱼的性周期基本上相同，性成熟的个体每年一般只有 1 个性周期。但在我国南方一些地方，经人工精心培育，草鱼、鲢、鳙 1 年也可催产 2～3 次。

四大家鱼从鱼苗养到鱼种，第 1 周龄时，性腺一般属于第Ⅰ期，但产过卵的亲鱼性腺不再回到第Ⅰ期。在未达性成熟年龄之前，卵巢只能发育到第Ⅱ期，没有性周期的变化。当达到性成熟年龄以后，产过卵或没有获得产卵条件的鱼，其性腺退化，再回到第Ⅱ期。秋末冬初卵巢由第Ⅱ期发育到第Ⅲ期，并经过整个冬季，至翌年开春后进入第Ⅳ期。第Ⅳ期卵巢又可分为初、中、末三个小期。Ⅳ期初的卵巢，卵母细胞的直径约为 500 微米，核呈卵圆形，位于卵母细胞正中，核周围尚未充满卵黄粒；Ⅳ期中的卵巢，卵母细胞直径增大为 800 微米，核呈不规则状，仍位于卵细胞的中央，整个细胞充满卵黄粒；Ⅳ期末的卵巢，卵母细胞直径可达 1 000 微米左右，卵已长足，卵黄粒融合变粗，核已偏位或极化。卵巢在Ⅳ期初时，人工催产无效，只有发育到Ⅳ期中期，最好是Ⅳ期末，核已偏位或极化时，催产才能成功。卵巢从第Ⅲ期发育至Ⅳ期末时，约需 2 个多月的时间。从第Ⅳ期末向第Ⅴ期过渡的时间很短，只需几个小时至十几个小时。一次产卵类型的卵巢，产过卵后，卵巢内第Ⅴ时相的卵已产空，剩下一些很小的没有卵黄的第Ⅰ、Ⅱ时相卵母细胞，当年不再成熟。多次产卵类型的卵巢，当最大卵径的第Ⅳ时相卵母细胞发育到第Ⅴ时相产出以后，留在卵巢中又一批接近长足的第Ⅳ时相卵母细胞发育和成熟，这样一年中可多次产卵。

四大家鱼属何种产卵类型尚有不同观点。但在广东地区，春季产过的草鱼、鲢、鳙亲鱼经强化培育，当年可再次成熟而产卵。

**3. 性腺成熟系数与繁殖力**

（1）性腺成熟系数　性腺成熟系数是衡量性腺发育好坏程度的，即性腺重占体重的百分数。性腺成熟系数越大，说明亲鱼的怀卵量越多。性腺成熟系数按下列公式计算：

$$成熟系数=\frac{性腺重}{鱼体重}\times 100\%$$

$$成熟系数=\frac{性腺重}{去内脏鱼体重}\times 100\%$$

上述两式可任选一种，但应注明是采用哪种方法计算的。

四大家鱼卵巢的成熟系数，一般第Ⅱ期为1%～2%；第Ⅲ期约3%～6%；第Ⅳ期约为14%～22%，最高可达30%以上。但精巢成熟系数要小得多，第Ⅳ期一般只有1%～1.5%。

（2）怀卵量　分绝对怀卵量和相对怀卵量。亲鱼卵巢中的怀卵数称绝对怀卵量；绝对怀卵数与体重（克）之比为相对怀卵量，即

$$相对怀卵量=\frac{绝对怀卵量}{体重}$$

家鱼的绝对怀卵量一般都很大，且随体重的增加而增加；成熟系数为20%左右时，相对怀卵量在120～140粒/克。长江地区四大家鱼怀卵量见表5-2。

**表5-2　长江地区鲢、鳙、青鱼和草鱼的怀卵量**

（引自《中国池塘养鱼学》）

| 种类 | 体重（千克） | 卵巢重（千克） | 怀卵量（万粒） | 每克卵巢的卵数 | 成熟系数（%） |
|---|---|---|---|---|---|
| 鲢 | 4.8 | 0.25 | 20.7 | 828 | 5.2 |
| | 6.4 | 0.74 | 60.4 | 816 | 11.5 |
| | 7.5 | 0.71 | 71.5 | 1 007 | 9.5 |
| | 11.0 | 2.13 | 195.5 | 912 | 19.3 |

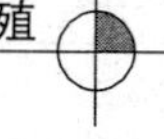

（续）

| 种类 | 体重（千克） | 卵巢重（千克） | 怀卵量（万粒） | 每克卵巢的卵数 | 成熟系数（%） |
|---|---|---|---|---|---|
| 鳙 | 14.2 | 1.15 | 98.3 | 855 | 8.1 |
| | 19.3 | 2.30 | 175.4 | 762 | 11.9 |
| | 21.0 | 2.50 | 225.6 | 902 | 11.8 |
| | 31.2 | 5.30 | 346.5 | 654 | 16.9 |
| 草鱼 | 6.3 | 0.34 | 30.7 | 903 | 5.4 |
| | 7.5 | 1.07 | 67.2 | 628 | 14.2 |
| | 10.5 | 2.04 | 106.9 | 524 | 19.3 |
| | 12.5 | 2.26 | 138.1 | 611 | 18.8 |
| 青鱼 | 13.3 | 1.32 | 100.3 | 760 | 9.9 |
| | 18.3 | 1.65 | 157.5 | 954 | 8.7 |
| | 26.3 | 2.40 | 254.4 | 1 060 | 9.2 |
| | 34.0 | 4.90 | 336.7 | 687 | 14.4 |

**4. 排卵、产卵和过熟的概念**

（1）排卵与产卵　排卵即指卵细胞在进行成熟变化的同时，成熟的卵子被排出滤泡，掉入卵巢腔的过程。此时的卵子在卵巢腔中呈滑动状态，在适合的环境条件下，游离在卵巢腔中的成熟卵子从生殖孔产出体外，叫产卵。

排卵和产卵是一先一后两个不同的生理过程。在正常情况下，排卵和产卵是紧密衔接的，排卵以后，卵子很快就可产出。

（2）过熟　过熟的概念通常包括两个方面，即卵巢发育过熟和卵的过熟。前者指卵的生长过熟；后者为卵的生理过熟。

当卵巢发育到Ⅳ期中或末期，卵母细胞已生长成熟，卵核已偏位或极化，等待条件进行成熟分裂，这时的亲鱼已达到可以催产的程度。在这“等待期”内催产，都能获得较好的效果。但等待的时间是有限的，过了“等待期”，卵巢对催产剂不敏感，不能引起亲鱼正常排卵。这种由于催产不及时而形成的性腺发育过期现象，称卵巢发育过熟。卵巢过熟或尚未成熟的亲鱼，多是催而不产，即或有个别亲鱼产卵，其卵的数量极少，质量低劣，甚至完全不能受精。

卵的过熟是指排出滤泡的卵由于未及时产出体外，失去受精能力。一般排卵后，在卵巢腔中1～2小时为卵的适当成熟时间，这时的卵子称为“成熟卵”；未到这时间的称“未成熟卵”；超过时间即为“过熟卵”。

## 二、青鱼、草鱼、鲢、鳙的人工繁殖

**1. 亲鱼的来源与选择** 亲鱼是指已达到性成熟并能用于人工繁殖的种鱼。培育可供人工催产的优质亲鱼，是鱼类人工繁殖决定性的物质基础。整个亲鱼的培育过程，都是围绕创造一切有利条件使亲鱼性腺向成熟方面发展。

（1）亲鱼来源 亲鱼的来源有两条途径：一是从各地国家级、省级水产良种场具有保存四大家鱼亲本资质的单位引进；二是从江河、湖泊、水库等大水体收集的野生种。

（2）亲鱼运输 引进亲鱼的时间一般是在冬季，因为这时正处于捕捞季节，且温度低，亲鱼不易受伤，运输方便且运输成活率高。亲鱼的运输与商品成鱼的活体运输基本类似，主要有三种办法：帆布箱、活水车、活水船运输，塑料袋（胶囊袋）充氧纸箱包装运输法，麻醉运输（麻醉剂为乙醚麻醉、苯巴比妥钠）。亲鱼运输中注意事项：①确定引种地点一是应距离本单位较近，二是要看提供亲鱼的单位种质是否通过了国家相关权威机构的检测；②运输前需要充分准备好运输工具、消毒药物、麻醉用品和充氧设备等；③运输时间一般以冬季为好，运输的水温以4～10℃最为合适；④运输用水一定要清洁、溶氧量高。距离远的途中要勤换水，装卸亲鱼一定要用亲鱼夹，尽量减少亲鱼离水时间；⑤亲鱼运输到目的地后，应用高锰酸钾或盐水擦伤口，外涂

抗生素药膏，然后放入水质清爽、溶氧量高的池塘中培育。

（3）亲鱼的选择

①雌雄鉴别：在亲鱼培育和催情产卵时，必须掌握合适的雌雄比例。四大家鱼亲鱼雌雄鉴别方法见表 5-3。

**表 5-3　鲢、鳙、草鱼、青鱼雌雄特征比较**

（引自雷慧僧《池塘养鱼学》）

| 种类 | 雄鱼特征 | 雌鱼特征 |
| --- | --- | --- |
| 鲢 | 1. 在胸鳍前面的几根鳍条上，特别在第1鳍条上明显地生有1排骨质细小的栉齿，用手抚摸，有粗糙、刺手感觉。这些栉齿生成后不会消失<br>2. 腹部较小，性成熟时轻压精巢部位，有精液从生殖孔流出 | 1. 只在胸鳍末梢很小部分才有这些栉齿，其余部分比较光滑<br>2. 腹部大而柔软，泄殖孔常稍突出，有时微带红润 |
| 鳙 | 1. 在胸鳍前面的几根鳍条上缘各生有向后倾斜的锋口，用手向前抚摸有割手感觉<br>2. 腹部较小，性成熟时轻压精巢部位，有精液从生殖孔流出 | 1. 胸鳍光滑，无割手感觉<br>2. 腹部大而柔软，泄殖孔常稍突出，有时微带红润 |
| 草鱼 | 1. 胸鳍鳍条较粗大而狭长，自然张开呈尖刀形<br>2. 在生殖季节性腺发育良好时，胸鳍内侧及鳃盖等上出现追星，用手抚摸有粗糙感觉<br>3. 性成熟时轻压精巢部位，有精液从生殖孔流出 | 1. 胸鳍鳍条较细短，自然张开略呈扇形<br>2. 一般无追星，或在胸鳍上有少量追星<br>3. 腹部比雄性体膨大而柔软，但与鲢、鳙雌体相比一般较小 |
| 青鱼 | 基本同草鱼。在生殖季节性腺发育良好时，除胸鳍内侧及鳃盖上出现追星外，头部也明显出现追星 | 胸鳍光滑，无追星 |

②性成熟年龄和体重：我国幅员辽阔，南北各地家鱼性成熟年龄相差较大。南方性成熟较早，个体较小；北方性成熟较迟，个体较大。但不论南方或北方，雄鱼较雌鱼早成熟 1 年。其中，青鱼的性成熟年龄最大为 7 龄，鲢的最小为 3 龄，亲鱼的繁殖能力与年龄、体长、体重呈正相关关系，雌性原种“四大家鱼”的

最适繁殖年龄在5～10年间。一般成熟的雌鱼体重要求是：鲢2～6千克、鳙5～10千克、草鱼5～10千克、青鱼7～15千克（表5-4）。

**表5-4 鲢、鳙、草鱼、青鱼成熟的年龄和体重**

（引自雷慧僧《池塘养鱼学》）

| 种类 | 华南（广东、广西） | | 华东、华中（江、浙、两湖） | | 东北（黑龙江） | |
|---|---|---|---|---|---|---|
| | 年龄 | 体重（千克） | 年龄 | 体重（千克） | 年龄 | 体重（千克） |
| 鲢 | 2～3 | 2左右 | 3～4 | 3左右 | 5～6 | 5左右 |
| 鳙 | 3～4 | 5左右 | 4～5 | 7左右 | 6～7 | 10左右 |
| 草鱼 | 3～4 | 4左右 | 4～5 | 5左右 | 6～7 | 6左右 |
| 青鱼 | — | — | 5～7 | 15左右 | 8以上 | 20左右 |

③体质选择：在已经达到性成熟年龄的前提下，亲鱼的体重越重越好。从育种角度看，第1次性成熟不能用作产卵亲鱼，但年龄又不宜过大。生产上可取最小成熟年龄加1～10年作为最佳繁殖年龄。要求体质健壮，行动活泼，无病、无伤。

**2. 亲鱼的培育**

（1）亲鱼培育池的条件　亲鱼培育池应靠近产卵池，环境安静，便于管理，有充足的水源，排灌方便，水质良好，无污染，池底平坦。鱼池面积一般4～6亩，水深1.5～2米，长方形为好，池底平坦，以便管理和捕捞。草鱼、青鱼亲鱼池的池底最好无淤泥。

（2）亲鱼培育池的清整　鱼池清整是改善池鱼生活环境和改良池水水质的一项重要措施。每年在人工繁殖生产结束前，抓紧时间干池1次，清除过多的淤泥，并进行整修，再用生石灰彻底清塘，以便再次使用。

（3）亲鱼放养　亲鱼的放养要根据各区域的池塘条件、繁殖对象的生活习性、繁殖设施的规模、生产管理水平等因素合理决定放养数量。在此基础上重点考虑以下问题：一是雌雄配比适

宜；二是放养密度适中。

(4) 亲鱼培育的方法　四大家鱼亲鱼的培育方法各地虽然有所差异，但总体上方法趋于类同。

①鲢、鳙亲鱼的培育：鲢、鳙亲鱼的培育可采取单养或混养方式，一般采取混养方式。以鲢为主的放养方式，可搭养少量的鳙或草鱼；以鳙为主的可搭养草鱼，一般不搭养鲢，因鲢抢食凶猛，与鳙混养对鳙的生长有一定的影响。但鲢、鳙的亲鱼培育池，均可混养不同种类的后备亲鱼。放养密度控制的原则是，既能充分利用水体又能使亲鱼生长良好，性腺发育充分。主养鲢亲鱼的池塘，每亩可放养17～20尾（每尾体重11～15千克），另搭养鳙亲鱼3～4尾，草鱼亲鱼3～4尾（每尾重9～11千克）。主养鳙亲鱼的池塘，每亩可放养10～18尾（每尾重12～15千克），另搭养草鱼亲鱼3～4尾（每尾重9～11千克）。主养鱼放养的雌雄比例以1∶1.5为好。

鲢、鳙都是食浮游生物的鱼类，从理论上讲鲢主要吃浮游植物，而鳙是主食浮游动物的鱼类。在实际培育过程中也辅以投喂豆饼、菜饼，以达到平衡水质的作用。重点还是以施肥为主，主要投经过发酵的牛粪、鸡粪为主。具体方法是，在冬季亲鱼分塘前一次性下足发酵的牛粪、鸡粪，根据肥料的质量一般投250～400千克/亩，15天左右水体中浮游生物含量丰富时将亲鱼分塘，以后根据水质情况一般每月施2～3次追肥，每次100～300千克/亩。在冬季和产前可适当补充些精饲料，鳙每年每尾投喂精饲料18～20千克，鲢12～15千克。总之，应根据产后补充体力消耗、冬秋季节积累脂肪和春季促进性腺大生长的特点，采取产后看水少施肥、秋季正常施肥、冬季施足肥料、春季精料和肥料相结合并经常冲水的措施。

②草鱼亲鱼的培育：主养草鱼亲鱼的池塘，每亩放养8～10千克的草鱼亲鱼15～18尾。另外，还可搭配鲢或鳙的后备亲鱼6～8尾，以及团头鲂的后备亲鱼25尾左右，合计总重量在200

千克左右。雌雄比例在1∶1.5，最低不少于1∶1。

草鱼的亲鱼培育要好两方面的工作：一是投饲以青草饲料为主、精饲料为辅；二是池塘保持清瘦水质。秋冬季节因草料较少，主要是投喂豆饼、菜饼为主，日投喂量控制在塘亲鱼体重的2%～3%。春夏季节投饲以青草饲料和精饲料为主，特别是开春后以青草饲料为主、精饲料为辅，日投喂量青饲料约占体重的20%，精饲料占体重的2%～3%。

③青鱼亲鱼的培育：主养青鱼的亲鱼池，每亩放养20千克以上的青鱼9～10尾，搭配鲢或鳙的后备亲鱼5～8尾，以及团头鲂的后备亲鱼30尾左右，雌雄比为1∶1.5。青鱼亲鱼培育的关键是，做到投喂足量的螺、蚬、蚌肉作为其饵料，辅以配合饲料、豆粕等精饲料，同时也要做到水质清瘦。具体做法是冬季收集螺蛳，每亩投100～150千克。开春后4月再投1次待产的螺蛳，每亩投80～120千克，7～8月再投螺蛳1次。

（5）亲鱼的饲养管理　根据季节和水温，调整投饵量和施肥量：鱼的摄食量主要随水温升降而增减，在投饵和施肥时，应特别注意开食和停食的温限，做到按温供饵。一般情况下，水温7～8℃是草鱼、青鱼明显开食和停食的最低水温，但再低时也还少量进食；而鲢、鳙即使在冰下越冬期也滤食少量浮游生物。这就要求春季要抓早投喂、早肥水，秋季要抓晚停食，尽量延长摄食时间。

施肥要掌握底肥施足、追肥不断、适量多次的原则。春季是全年施肥最多的季节。化冻之后，应把越冬池的老水换出部分，加注新水再投饵、施肥，这样有利于亲鱼摄食和提高肥水效果。夏秋季水温高，主要依靠追肥保持水体的肥度。而临越冬1月左右，不宜多施有机肥，而应与无机肥混合使用。

调节水质和产前流水刺激：对亲鱼培育来说，冲水或流水刺激是对性腺发育极为有利的生态条件，是提高成熟率、产卵率、产卵量乃至受精率的一条重要的成功经验。

水、种、饵是水产养殖的三大物质基础。水质是日常管理的重点，也是现阶段设施条件较差、技术欠缺的养殖者难于控制的难点。目前，控制亲鱼池塘水质的方法有：一是注重观察，保持池塘水色为黄绿色和黄褐色；二是定期交替使用生石灰和微生物制剂调节水质；三是适当控制饵料投喂量；四是增氧设施及时开启；五是根据多年的培育经验，视塘口水质状况定期或不定期加注新水；六是有条件的，每 10 天对氨氮、亚硝酸氮、总氮、溶氧和 pH 等进行监测。

**3. 四大家鱼人工催产**

(1) 常见催产剂的种类及作用机理　现阶段催产剂种类主要有以下几种：鱼类脑垂体（PG）、绒毛膜促性腺激素（HCG）、促黄体生成素释放激素类似物（LRH－A）和地欧酮（DOM）等。

①鱼类脑垂体（PG）：鱼类脑垂体内含多种激素，对鱼类催产最有效的成分是促性腺激素（GtH）。GtH 是一种大分子量的糖蛋白激素，分子量 30 000u 左右。其作用机理是，利用性成熟鱼类脑垂体中含有的促性腺激素，主要为促黄体素（LH）和促滤泡激素（FSH），可以促使鱼类性腺发育；促进性腺成熟、排卵、产卵或排精；并控制性腺分泌性激素。生产上一般是摘取鲤的脑垂体，采集时间选择在冬季进行大水面捕捞的时候。脑垂体位于间脑下面的碟骨鞍里，采集时用刀砍去鲤头盖骨，把鱼脑翻过来，即可看到乳白色的脑垂体，用镊子撕破皮膜取出垂体，将周边的脂肪及血污去除掉，然后放入丙酮中进行保存待用。

②绒毛膜促性腺激素（HCG）：HCG 是从怀孕 2～4 个月的孕妇尿中提取出来的一种糖蛋白激素，分子量为 36 000u 左右。HCG 直接作用于性腺，具有诱导排卵作用。同时，也具有促进性腺发育，促使雌、雄性激素产生的作用。

HCG 是一种白色粉状物，市场上销售的渔（兽）用 HCG 一般都封装于安培瓶中，以国际单位（IU）计量。HCG 易吸潮而变质，因此要在低温干燥避光处保存，临近催产时取出备用。储量不宜过多，以当年用完为好，隔年产品影响催产效果。

③促黄体素释放激素类似物（LRH-A）：LRH-A是一种人工合成的九肽激素，分子量1 167u。由于它的分子量小，反复使用，不会产生抗药性，并对温度的变化敏感性较低。应用LRH-A作催产剂，不易造成难产等现象发生，不仅价格比HCG和PG便宜，操作简便，而且催产效果大大提高，亲鱼死亡率也大大下降。

近年来，我国又在研制LRH-A的基础上，研制出LRH-$A_2$和LRH-$A_3$。实践证明，LRH-$A_2$对促进FSH和LH释放的活性，分别高于LRH-A 12倍和16倍；LRH-$A_3$对促进FSH和LH释放的活性，分别高于LRH-A 21倍和13倍。故LRH-$A_2$的催产效果显著，而且其使用的剂量可为LRH-A的1/10；LRH-$A_3$对促进亲鱼性腺成熟的作用，比LRH-A好得多。

④地欧酮（DOM）：地欧酮是一种多巴胺抑制剂。研究表明，鱼类下丘脑除了存在促性腺激素释放激素（GnRH）外，还存在相对应的抑制它分泌激素，即“促性腺激素释放激素的抑制激素”（GRIH）。它们对垂体GtH的释放和调节起了重要的作用。目前的试验表明，多巴胺在硬骨鱼类中起着与GRIH同样的作用。它既能直接抑制垂体细胞自动分泌，又能抑制下丘脑分泌GnRH。采用地欧酮，就可以抑制或消除促性腺激素释放激素抑制激素（GRIH）对下丘脑促性腺激素释放激素（GnRH）的影响，从而增加脑垂体的分泌，促使性腺发育成熟。生产上地欧酮不单独使用，主要与LRH-A混合使用，以进一步增加其活性。

（2）常用催产用具

①亲鱼网：用于在亲鱼池捕亲鱼，要求网目不能太大，2～3厘米即可，且材料要柔软较粗，以免伤鱼。生产上所使用的亲鱼

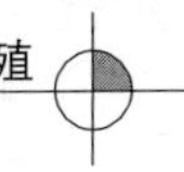

网一般为尼龙网，2 条，1 条备用。网的宽度 6～7 米、长度70～80 米，设有浮子和沉子。产卵池用的亲鱼网小拉网为聚乙烯网，3 条，正常使用 2 条，1 条备用。网的宽度 2～3 米、长度 15～20 米，没有设浮子和沉子。

②亲鱼夹和采卵夹：亲鱼夹是提送及注射亲鱼时用的，采卵夹为人工授精时提鱼用的。生产上进行催产亲鱼的选择、亲鱼注射催产剂及进行人工采卵受精时，都用同一种亲鱼夹。亲鱼夹用白棉布做成，长 80～100 厘米、宽 40～60 厘米，一头封闭、一头敞开，上面用 2 根竹竿穿进，便于手提，下端封闭处开一小口，便于排水。

③其他工具：注射器（1 毫升、5 毫升、10 毫升），注射针头（6 号、7 号、8 号），消毒锅，镊子，研钵，量筒，温度计，秤，托盘天平，解剖盘，面盆，毛巾，纱布，药棉等。

（3）催产期　在最适宜的季节进行催产，是家鱼人工繁殖取得成功的关键之一。因为雌鱼卵巢发育到能够有效催产期后，它有一段“等待”的时期，这段时期就个体来说大约是半个月，若就鱼群来说大约为一个半月。不到这一时期，雌鱼卵巢对催产剂敏感度不高，催产效果不佳；过了这一时期，雌鱼得不到产卵的适合条件，卵巢就逐渐退化，催产效果也不会好。雌鱼等待催产的这一段时期，就是最适宜的催产季节，必须集中力量，不失时机地抓好催产工作。长江中下游地区适宜催产的季节一般在 5 月初到 6 月中旬，华南约早 1 个月，华北约迟 1 个月左右，东北地区则更晚。同一地区也会因地理环境、海拔高低的不同而不同，海拔高的地方比海拔低的地方晚一些，水库中的亲鱼比池塘培育的亲鱼晚一些。根据多年来的实践，进行四大家鱼催产主要结合以下因素来进行判断：①气候及水温变化，天气晴好，气温回升就快，当早晨最低水温能持续稳定在 17℃以上 1 周时，就可以进行人工催产了；②发现所养殖的亲鱼食量明显减退，甚至不吃东西，说明亲鱼的性腺已经成熟，可以进行人工催产；③如果时间已到了5月上旬，可拉网检查亲鱼性腺发育情况，如雄鱼有精液、雌鱼腹部饱满、水温适宜时即可进行催产。进行四大家鱼催产时，一般先进行鲢、草鱼的催产，然后进行鳙的催产，最后再进行青鱼的催产。

(4) 催产亲鱼的选择

①催产用雄亲鱼的选择标准：从头向尾方向轻挤腹部，即有精液流出，若精液浓稠呈乳白色，入水后能很快散开，为性成熟的优质亲鱼；若精液量少，入水后呈线状不散开，则表明尚未完全成熟；若精液呈淡黄色近似膏状，表明性腺已过熟。

②催产用雌亲鱼的选择标准：鱼腹部明显膨大，后腹部生殖孔附近饱满、松软且有弹性，生殖孔红润。使鱼腹朝上并托出水面，可见到腹部两侧卵巢轮廓明显。鲢、鳙亲鱼能隐约见其肋骨，如此时将尾部抬起，则可见到卵巢轮廓隐约向前滑动；草鱼亲鱼可见到体侧有卵巢下垂的轮廓，腹中线处呈凹陷状。

生产上常用的鉴别方法有以下四种：

一看：使鱼腹向上，腹部膨大，卵巢轮廓到近肛门处才变小；倾斜鱼体，卵巢有前后位移的现象；生殖孔开放，微红似火柴头状。

二摸：使鱼在水中呈自然状态，用手摸鱼的腹部，若后腹部膨大，腹肌薄而柔软，表示怀卵量大，成熟好；如仅前腹膨大松软，后腹部腹肌厚而硬，表示成熟度尚差。

三挤：这是鉴别雄鱼的方法。用手轻挤后腹两侧，有较浓的乳白色精液流出，入水即散的为好；若挤出的精液量少，入水呈细线状不散，表示尚未全熟；若精液太稀，呈黄色，表明已趋退化。

四挖：用挖卵器挖出卵粒时，成熟好的鱼卵大小整齐，透明，核偏位，易分离。如果结成块，核居中央，大小不齐，表明尚未成熟。如卵粒扁塌或呈糊状，光泽暗淡，表明已趋退化。

③亲鱼选择与雌雄配比：生产上一般早期选择比较有把握的

亲鱼催产。中期水温等条件适宜了，只要一般具有催产条件的亲鱼都可进行催产。接近繁殖季节结束时，只要是未催产而腹部有膨大者，均可催产。同时，雌雄比的选择应为雄鱼略多于雌鱼。在进行人工繁殖生产催产时，雌雄比鲢为 2∶1，鳙为 3∶2，草鱼 1∶1，青鱼 5∶4，以保证催产效果及受精率。拉网选择亲鱼一般在 7：00～9：00 进行，将所选择的亲鱼进行编号、称重。雌鱼注射第一针后，放入产卵池中。

（5）催产剂的制备　鱼类脑垂体、LRH－A 和 HCG，必须用注射用水（一般用 0.6%氯化钠溶液，近似于鱼的生理盐水）溶解或制成悬浊液。注射液量控制在每尾亲鱼注射 2～3 毫升为度，亲鱼个体小注射液量还可适当减少。应当注意不宜过浓或过稀。过浓，注射液稍有浪费会造成剂量不足；过稀，大量的水分进入鱼体，对鱼不利。

配置 HCG 和 LRH—A 注射液时，将其直接溶解于生理盐水中即可。配置脑垂体注射液时，将脑垂体置于干燥的研钵中充分研碎，然后加入注射用水制成悬浊液备用。若进一步离心，弃去沉渣取上清液使用更好，可避免堵塞针头，并可减少异性蛋白所起的副作用。注射器及配置用具使用前要煮沸消毒。

（6）注射催产剂　准确掌握催产剂的注射种类和数量，既能促使亲鱼顺利产卵和排精，又能促使性腺发育较差的亲鱼在较短时间内发育成熟。剂量应根据亲鱼成熟情况、催产剂的质量等具体情况灵活掌握。一般在催产早期和晚期，剂量可适当偏高，中期可适当偏低；在温度较低或亲鱼成熟较差时，剂量可适当偏高，反之可适当降低。催产剂有单一使用的，也有混合使用的。注射的剂量和混合比例，以经济而有效地达到促使亲鱼顺利产卵和排精，又不损伤亲鱼为标准。

注射催产剂可分为一次注射、两次注射，青鱼亲鱼催产甚至还有采用三次注射的。生产上一般进行两次注射，因为两次注射法效果较一次注射法为好，其产卵率、产卵量和受精率都较高，亲鱼发情时间较一致，特别适用于早期催产或亲鱼成熟度不够的情况催产，因为第一针有催熟的作用。两次注射时，第一次只注射少量的催产剂（即注射总量的10%），若干小时后再注射余下的全部剂量。两次注射的间隔时间为6～24小时，一般来讲，水温低或亲鱼成熟不够好时，间隔时间长些，反之则应短些。

①注射剂量：根据使用不同的催产药物以及是单一使用或混合使用的不同，催产激素使用剂量大相径庭（表5-5）。

**表5-5　催产激素使用剂量情况**（每千克雌鱼注射量）

| 品种 | 单独使用 | | 混合使用 | |
|---|---|---|---|---|
| | 第1针 | 第2针 | 第1针 | 第2针 |
| 青鱼 | | | LRH-$A_2$ 5微克 | LRH-$A_2$ 5～8微克+DOM 5微克 |
| 草鱼 | LRH-$A_2$ 0.2微克 | LRH-$A_2$ 20～35微克 | LRH-$A_2$ 0.2微克 | LRH-$A_2$ 2微克+HCG 1 000单位 |
| 鲢 | HCG 1 000～1 200单位（复方绒促性素A型） | | LRH-$A_2$ 0.1微克 | LRH-$A_2$ 1微克+HCG 800～1 000单位 |
| 鳙 | HCG 1 400～1 600单位（复方绒促性素B型） | | LRH-$A_2$ 0.2微克 | HCG 400单位（复方绒促性素B型） |

注：雄鱼使用剂量减半。

在使用表5-5中剂量催产时，需注意下面几点：①对成熟较好的亲鱼第1针剂不能随意加大，否则易导致早产或流产；②鲢、鳙、草鱼雄鱼一般不打第1针，只有催产青鱼时，如发现雄鱼成熟度不好，可打第1针；③早期水温较低时催产，或亲鱼成熟不太充分时，剂量可稍稍加大2%～5%；④多次催产的老亲鱼，因亲鱼年龄较大，应适当增加2%～5%剂量；⑤绒毛膜激素用量过大，会引起鱼双目失明、难产死亡等副作用，因此在使用时剂量不宜过大；⑥不同种类的亲鱼对催产剂的敏感性有差

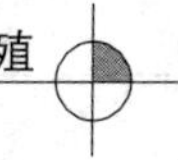

异，一般草鱼、鲢较敏感，用量较少，鳙鱼次之，青鱼在四大家鱼中剂量用量最大。

②注射：用小拉网将产卵池中的亲鱼全部拉起，根据雌雄鱼的编号，看好记录的重量，算出实际需注射的剂量，由一人吸好注射药物，就可进行注射。注射时，将亲鱼放入亲鱼夹中，使鱼侧卧，左手在水中托住鱼体，待鱼安静时，用右手在亲鱼的胸腔、腹腔或背部肌肉进行注射。注射器用 5 毫升或 10 毫升或兽用连续注射器，针头 6～8 号均可，用前需煮沸消毒。注射部位有下列几种：

胸腔注射：注射鱼胸鳍基部的无鳞凹陷处，注射高度以针头朝鱼体前方与体轴呈 45°～60°角刺入，深度一般为 1 厘米左右，不宜过深，否则会伤及内脏。

腹腔注射：注射腹鳍基部，注射角度为 30°～45°，深度为 1～2 厘米。

肌肉注射：一般在背鳍下方肌肉丰满处，用针顺着鳞片向前刺入肌肉 1～2 厘米进行注射。

注射完毕迅速拔出针头，以防感染。注射中若亲鱼挣扎骚动，应将针快速拔出，以免伤鱼，待鱼安静后重新注射。

注射时间：注射时应根据天气、水温和效应时间确定注射时间。在生产上为了控制鱼在早上产卵，一次性注射多在下午进行，翌日清晨产卵。两次注射时，一般第 1 针在 7：00～9：00 进行，第二针在当日 18：00～20：00 进行。

（7）效应时间　从末次注射到开始发情所需的时间，叫效应时间。效应时间与药物种类、鱼的种类、水温、注射次数和成熟度等因素有关。一般温度高，时间短；反之，则长。使用 PG 效应时间最短，使用 LRH - A 效应时间最长，而使用 HCG 效应时间在两者之间。通常鳙鱼效应时间最长，草鱼效应时间最短，鲢和青鱼效应时间相近。一般两次注射比一次注射效应时间短（表 5 - 6）。

表 5-6　效应时间

| 水温（℃） | 第1针注射到第2针注射相隔时间（小时） | 第2针注射到开始发情的间隔时间（小时） | 第2针注射到产卵和适宜人工授精的时间（小时） |
| --- | --- | --- | --- |
| 20～21 | 10 | 10～11 | 11～12 |
| 22～23 | 8 | 9～10 | 10～11 |
| 24～25 | 8 | 7～8 | 8～10 |
| 26～27 | 6 | 6～7 | 7～8 |
| 28～29 | 6 | 5～6 | 6～7 |

**4. 产卵**

（1）自然产卵　选好适宜催产的成熟亲鱼后，考虑雌雄配组，雄鱼数应大于雌鱼，一般雌雄比为 x∶x+1，以保证较高的受精率。倘若配组亲鱼的个体大小悬殊（常雌大雄小），会影响受精率。故遇雌大雄小时，应适当增加雄鱼数量予以弥补。

经催产注射后的草鱼、鲢、鳙等鱼类，即可放入产卵池。在环境安静和缓慢的水流下，激素逐步产生反应，等到发情前 2 小时左右，需冲水 0.5～1 小时，促进亲鱼追逐、产卵、排精等生殖活动。发情产卵开始后，可逐渐降低流速。不过，如遇发情中断、产卵停滞时，仍应立即加大水流刺激，予以促进。所以，促产水流虽原则上按慢-快-慢的方式调控流速，但仍应注意观察池鱼动态，随时采取相应的调控措施。

（2）人工授精　用人工的方法使精卵相遇，完成受精过程，称为人工授精。青鱼由于个体大，在产卵池中较难自然产卵，常用人工授精方法。另外，在鱼类杂交和鱼类选育中一般也采用人工授精的方法。常用的人工授精方法有干法、半干法和湿法三种：

①干法人工授精：具体操作是，将普通脸盆擦干，然后用毛巾将捕起的亲鱼和鱼夹上的水擦干。将鱼卵挤入盆中，并马上挤入雄鱼的精液，然后用力顺一个方向晃动脸盆，使精卵混匀，让其充分受精。然后用量筒量出受精卵的体积，加入清水，移入孵化环道或孵化桶中孵化。

②半干法人工授精：将精液挤出或用吸管吸出，用0.3%～0.5%生理盐水稀释，然后倒在卵上，按干法人工授精方法进行。

③湿法人工授精：将精卵挤在盛有清水的盆中，然后再按干法人工授精方法操作。

在进行人工授精过程中，应避免精、卵受阳光直射。操作人员要配合协调，做到动作轻、快。否则，易造成亲鱼受伤，引起产后亲鱼死亡。

（3）鱼卵质量的鉴别　鱼卵质量的优劣，用肉眼是不难判别的，鉴别方法见表5-7。卵质优劣对受精率、孵化率影响甚大，未熟或过熟的卵受精率低，即使已受精，孵化率也常较低，且畸形胚胎多。卵膜韧性和弹性差时，孵化中易出现提早出膜，需采取增固措施加以预防。因此，通过对卵质的鉴别，不但使鱼卵孵化工作事前就能心中有底，而且还有利于确立卵质优劣关键在于培育的思想，认真总结亲鱼培育的经验，以求改进和提高。

**表5-7　家鱼卵子质量的鉴别**

| 性状＼质量 | 成熟卵子 | 不熟或过熟卵子 |
| --- | --- | --- |
| 颜色 | 鲜明 | 暗淡 |
| 吸水情况 | 吸水膨胀速度快 | 吸水膨胀速度慢，卵子吸水不足 |
| 弹性状况 | 卵球饱满，弹性强 | 卵球扁塌，弹性差 |
| 鱼卵在盘中静止时胚胎所在的位置 | 胚体动物极侧卧 | 胚体动物极朝上，植物极向下 |
| 胚胎的发育 | 卵裂整齐，分裂清晰，发育正常 | 卵裂不规则，发育不正常 |

注：引自《中国池塘养鱼学》。

（4）亲鱼产卵的几种情况及处理　催情产卵后，雌鱼通常有以下几种情况：

①全产：雌鱼腹部已空瘪，轻压腹部仅有少量卵粒及卵巢液

流出，这是最正常的结果。

②半产：雌鱼腹部稍许缩小，但未空瘪。若此时轻压腹部有较多卵子流出，说明雌鱼卵已完全成熟，未产原因可能是雌鱼成熟度差或个体太小，或亲鱼受伤较重，或水温太低等原因所致。若轻压鱼腹只有少量卵子流出，这说明鱼卵尚有相当部分未成熟，这可能是雌鱼成熟度较差，或催产剂量不足，遇此情况可将亲鱼放回产卵池，过一会它可能会再产。

③难产：一般又可分为下面几种情况：

A. 雌鱼腹部变化不大，轻挤鱼腹无卵粒流出。原因可能是催产剂有问题，或未将催产剂注入鱼体，遇此情况可再另行催产。也可能是亲鱼成熟度太差，遇此情况可再送回亲鱼池重新培育后催产。还可能是性腺过熟后严重退化，遇此情况应放入产后亲鱼池中与产后亲鱼一起培养。

B. 雌鱼腹部明显膨大，轻挤鱼腹无卵粒，但有混浊液体或血水流出。取卵检查，可见卵无光泽，无弹性，易与容器粘连。这可能是卵巢组织已退化，并由于催产剂的影响而吸水膨胀。这种鱼很易发生死亡，需放入清新水体精心护理。

C. 卵子在腹内过熟并糜烂，这可能是由于雌鱼生殖孔阻塞或亲鱼严重受伤，也可能是雄鱼太差或环境条件不适所致。

（5）*产后亲鱼的护理*　亲鱼产卵后的护理，是生产中需要引起重视的工作。因为在催产过程中，常常会引起亲鱼受伤，如不加以很好地护理，将会造成亲鱼死亡。

亲鱼受伤的主要原因有：捕捞亲鱼网的网目过大、网线太粗糙，使亲鱼鳍条撕裂，擦伤鱼体；捕鱼操作时不细心、不协调和粗糙，造成亲鱼跳跃撞伤、擦伤；水温高，亲鱼放在鱼夹内，运输路途太长，造成缺氧损伤；产卵池中亲鱼跳跃撞伤；在产卵池中捕亲鱼时不注意使网离开池壁，鱼体撞在池壁上受伤等。因此，催产中必须操作细心，注意避免亲鱼受伤。

产卵后亲鱼的护理，首先应该把产后过度疲劳的亲鱼放入水

质清新的池塘里，让其充分休息，并精养细喂，使它们迅速恢复体质，增强对病菌的抵抗力。为了防止亲鱼伤口感染，可对产后亲鱼加强防病措施，进行伤口涂药和注射抗生药物。轻度外伤，用5%食盐水，或10毫克/升亚甲基蓝，或饱和高锰酸钾液药浴，并在伤处涂抹广谱抗生素油膏；创伤严重时，要注射磺胺嘧啶钠，控制感染，加快康复。用法：体重10千克以下的亲鱼，每尾注射0.2克；体重超过10千克的亲鱼，注射0.4克。

**5. 孵化** 孵化是指受精卵经胚胎发育至孵出鱼苗为止的全过程。人工孵化就是根据受精卵胚胎发育的生物学特点，人工创造适宜的孵化条件，使胚胎能正常发育，孵出鱼苗。

（1）家鱼的胚胎发育 家鱼的胚胎期很短，而胚后期较长。在孵化的最适水温时，通常20～25小时就出膜。受精卵遇水后，卵膜吸水迅速膨胀，在10～20分钟内，其直径可增至4.8～5.5毫米，细胞质向动物极集中，并微微隆起形成胚盘（即1细胞期），以后卵裂就在胚盘上进行。经过多次分裂后，形成囊胚期、原肠期……，最后发育成鱼苗（表5-8）。

**表5-8 鲢胚胎发育特征和进度**（水温20～24℃）

| 序号 | 分期 | 外部特征 | 经历时间 | 备注 |
| --- | --- | --- | --- | --- |
| 1 | 受精卵 | 圆球形、卵质均匀分布 | 0：00 | |
| 2 | 1细胞期 | 原生质集中在卵球一极，形成隆起的胚盘 | 30分 | |
| 3 | 2细胞期 | 胚盘经分裂为2个大小相等的细胞 | 1小时 | |
| 4 | 4细胞期 | 分裂球再次经分裂，分裂沟与第1次垂直，4个细胞大小相等 | 1小时10分 | |
| 5 | 8细胞期 | 有2个分裂面与第一次分裂面平行，8个细胞排列成两排，中间4个细胞大，两侧4个小 | 1小时20分 | |
| 6 | 16细胞期 | 2个经裂面与第2次分裂面平行，16个细胞，中央4个大，外围12个细胞小 | 1小时30分 | |

（续）

| 序号 | 分期 | 外部特征 | 经历时间 | 备注 |
|---|---|---|---|---|
| 7 | 囊胚早期 | 分裂球很小，细胞界限不清楚，由很多分裂球组成囊胚层，高突在卵黄上 | 2小时27分 | |
| 8 | 囊胚中期 | 囊胚层较囊胚早期为低，看不出细胞界限，解剖观察，可见到囊胚腔 | 3小时 | |
| 9 | 囊胚晚期 | 囊胚表面细胞向卵黄部分下包约占整个胚胎的1/3，囊胚层变扁 | 5小时30分 | |
| 10 | 原肠早期 | 胚盘下包1/2，胚环出现，背唇呈新月形 | 6小时30分 | |
| 11 | 原肠中期 | 胚盘下包2/3，胚盾出现 | 7小时30分 | 计算受精率 |
| 12 | 原肠晚期 | 胚盘下包3/4，侧面观胚胎背面 | 9小时15分 | |
| 13 | 神经胚期 | 胚盘下包4/5，神经板形成，胚体转为侧卧 | 10小时 | |
| 14 | 胚孔封闭期 | 胚孔关闭，神经板中线略向下凹，脊索呈柱状 | 11小时33分 | |
| 15 | 尾芽期 | 胚体后端腹面有一圆柱状的尾芽。眼囊变圆，体节10对，体长1.7毫米 | 16小时5分 | |
| 16 | 肌肉效应期 | 胚体开始微微收缩，第四脑室出现，晶体很清楚 | 19小时35分 | |
| 17 | 心跳期 | 在卵黄囊头脊前下方，可以看到管状的心脏开始跳动，起初搏动微弱，继而变为有力 | 25小时15分 | |
| 18 | 出膜期 | 胚胎破卵膜而出，中脑和后脑膨大，全身无色素，心脏为长管状，鳃板3块，头仍弯向腹面，体节40～42对 | 31小时35分 | |
| 19 | 鳔形成期 | 眼球色素增多，眼变黑。在胸鳍之后，可见囊状的鳔，胸鳍如扇状，伸向体两侧，体节46～48对 | 96小时35分 | |
| 20 | 肠管形成期 | 身体色素增多，鳃盖形成，肠管直而细长。鳔膨大如气球，胸鳍活动。仔鱼有4、5对外鳃，可作长期游动，并主动摄食，不再停于水底 | 125小时35分 | 下塘 |

（2）四大家鱼的孵化条件

①水流：因家鱼卵均为半浮性卵，在静水条件下会逐渐下沉，落底堆积，导致溶氧不足，胚胎发育迟缓，甚至窒息死亡。而在水流的作用下，受精卵漂浮在水中，此外流水可提供充足的溶氧，及时带走胚胎排出的废物，保持水质清新，达到孵化的目的。孵化水流的流速一般为 0.3～0.6 米/秒，以鱼卵能均匀随水流分布漂浮为原则。

②溶氧：鱼胚胎在发育过程中，因新陈代谢旺盛需要大量的氧气。如鲢在胚胎期的尾芽出现后，耗氧量骤然增加，为早期的 2 倍多；到了仔鱼期（孵出后 68 小时），其耗氧量达到最高峰，为早期的 10 倍左右。1 颗鲢的受精卵到胚体卵黄囊消失为止，其耗氧 0.17～0.18 毫克，比鲤卵的耗氧量要多 3～4 倍，可见鲢在胚胎发育时期需要较高的溶解氧。而且它们不能耐受较低的溶解氧（1.6 毫克/升以下），当水中溶解氧不足时，会引起胚胎发育迟缓、停滞甚至窒息死亡。幸存者也会因氧气不足，出现各种畸形。生产上要求孵化期内溶解氧不能低于 4 毫克/升，最好保持在 5～8 毫克/升。实践证明，当水体中溶氧低于 2 毫克/升时，就可能导致胚胎发育受阻甚至出现死亡。

③水温：水温是胚胎发育重要因素之一，在其他因素适宜的条件下，水温和胚胎发育的关系尤为密切。胚胎发育要求有一定的温度范围，过高或过低的温度都会引起不良的后果。四大家鱼胚胎正常孵化需要的水温为 17～31℃，最适温度为 22～28℃，正常孵化出膜时间为 1 天左右。温度愈低，胚胎发育愈慢；温度愈高，胚胎发育愈快。水温低于 17℃或高于 31℃，都会对胚胎发育造成不良影响，甚至死亡。温差过大尤其是水温的突然变化（3～5℃时），就会影响正常胚胎发育，造成停滞发育，或产生畸形及死亡。一般情况下，进行四大家鱼孵化的时间是每年的 5 月，此时温度适宜，催产孵化率较高。

④水质：孵化用水要求是未被污染的清新水质，这对提高孵

化率有很大的作用。孵化用水应过滤，防止敌害生物及污物流入。受工业或农药污染的水，不能用作孵化用水。偏酸或过于偏碱性的水，必须经过处理后才可用来孵化鱼苗。水体的 pH 一般要求 7.5 左右，偏酸性水会使卵膜软化，失去弹性，易于损坏；而偏碱性水卵膜也会提早溶解。

⑤敌害生物：桡足类、枝角类、小鱼、小虾及蝌蚪等对鱼卵和鱼苗都有严重的危害，前两类不但会消耗大量氧气，同时，还能用其附肢刺破卵膜或直接咬伤仔鱼及胚胎，造成大批死亡；后三类可直接吞食鱼卵，因此均必须彻底清除。孵化中敌害生物由进水带入；或自然产卵时，收集的鱼卵未经清洗而带入；或因碎卵、死卵被水霉菌寄生后，水霉菌在孵化器中蔓延等原因造成危害。对于大型浮游动物，如剑水蚤等，可用 90%晶体敌百虫杀灭，使孵化水浓度达 0.3～0.5 毫克/升；或用粉剂敌百虫，使水体浓度达 1 毫克/升；或用敌敌畏乳剂，使水体浓度达 0.5～1 毫克/升。任选 1 种，进行药杀。不过，流水状态下，往往不能彻底杀灭，所以做好严防敌害侵入的工作才是根治措施。因此，孵化用水必须选择水量充沛、有机物少、溶氧高的水体作为水源，并用 80～100 目筛绢进行 2 次过滤，彻底杜绝了敌害生物的产生。

水霉菌寄生，是孵化中的常见现象，水质不良、温度低时尤甚。施用亚甲基蓝，使水体浓度为 3 毫克/升，调小流速，以卵不下沉为度，并维持一段时间，可抑制水霉生长。寄生严重时，间隔 6 小时重复 1 次。

（3）孵化管理　在催产前对孵化设施进行一次彻底的检查、试用，若有不符合要求的就及时修复。特别是进出水系统，水流情况，进水水源情况，排水滤水窗纱有无损坏，进水过滤网布是否完好，所用工具是否备齐等。然后，将有关工具及设施清洗干净或消毒后备用。

孵化容器的流速调节，使流速大致控制在不使卵粒、仔鱼下沉堆集为度，鱼苗平游后应适量减低流速。随时清洗排出水过滤

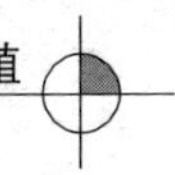

窗纱，以保证排水畅通。

注意防止早脱膜现象，因为提前破膜往往会导致胚胎的大量死亡。导致早脱膜的常见原因有：①不同批产的鱼卵在同一环道内套孵，早批卵正常出膜时生成的孵化酶引起后一批鱼卵的溶膜；②循环使用孵化用水，致使孵化酶在水体中浓度增大而导致早脱膜；③孵化水溶氧太低或 pH 较低（pH 低于 6.5），从而使孵化酶活性提高产生早脱膜；④孵化密度太大，使孵化酶浓度提高引起早脱膜；⑤卵粒质量太差，有时也会出现早脱膜。生产中应根据具体情况预防或解决。当出现少量脱膜现象时，可从孵化工具底部缓缓加入高锰酸钾溶液，使卵膜变为黄色，可抑制早脱膜。

预防气泡病：气泡病是在鱼卵或仔鱼身上形成若干个气泡，使其漂浮于水面不能下沉。发病的主要原因是水中浮游植物较多，导致水中溶氧过饱和，因此，可从改善水质方面予以解决，如立即改用较清洁的瘦水或冲注部分井水等。

计算受精率和孵化率：通常在胚胎发育至原肠中期（即胚盘下包 2/3），计算鱼卵的受精率。在水温 20～25℃时，约需 8 小时。

受精率＝受精卵数/检查卵的总数×100％

孵化率是指受精卵中能孵出鱼苗的百分率，一般在出膜完成后进行计算。

孵化率＝受精卵数出苗总数/受精卵总数×100％

（4）孵化方法　鱼受精卵的人工孵化，可以用静水充氧孵化法，也可采用流水孵化法。生产上常采用单环孵化环道和孵化桶流水孵化法。孵化环道用砖和水泥砌成，每个环道直径 6～10 米，环道 1 圈安装 5～8 个鸭嘴喷头，持续向环道内注水，形成环道内流水环境。环道内壁、外壁是圆形实心墙，离环道外壁 20～30 厘米安装 1 圈 60 目的过滤纱网，外壁和过滤纱网的 1 圈安装了 5～8 个直径 4～5 厘米出水管，水流由鸭嘴喷头进入环道中央，经过滤水纱网通过出水口排出。受精卵放在环道中，被流水冲起，始终处于漂浮状态，有充足的溶氧进行孵化。孵化桶用玻璃钢制成，上面是1个口径大的倒置的圆锥塔形，下面是1个口径小的倒放的圆锥，连接在一起后，在连接处粘上1圈倒八字形滤水纱网，底部圆锥尖处安装进水口，上部桶体安装出水口。每个桶可容400～500千克水，每100千克水可孵20万粒卵。孵化桶具有放卵密度大、孵化率高和使用方便等优点。

## 三、鲤、鲫和团头鲂的人工繁殖

鲤、鲫和团头鲂都是在草上产卵的鱼类，它们都产黏性卵，但它们在繁殖方面又各有其特点。鲤、鲫性成熟要求的条件较低，在池塘小水体可以发育成熟，并可以自然产卵，卵粒入水后黏性强。而团头鲂对性成熟的要求比鲤、鲫高，在池塘小水体尽管培育良好，但只能发育到生长成熟，往往无法达到生理成熟，即必须进行人工催情，才能完成其生殖过程。

此外，鲤、鲫为了培育杂交种（如生产各种杂交鲤），生产异育银鲫、彭泽鲫等三倍体鲫，也必须采用人工繁殖技术，才能得到所需要的苗种。

### 1. 福瑞鲤的人工繁殖

（1）亲鱼来源　福瑞鲤亲鱼由从事本项研究的科研单位提供，引进良种亲本、或经选育后备亲鱼的所有个体，应符合福瑞鲤的种质标准。储备亲本数量不少于500尾，繁育群体不少于200组。雌雄亲鱼个体应达到750克以上。亲鱼允许使用年龄小于8足龄，应定期从原种场或研究单位引进新的纯种亲鱼。所有保种亲本在隔离保种区内养殖，以防混杂。

（2）亲鱼培育

①池塘条件：亲鱼培育池应选择背风向阳，水源丰富，水质清新，注排水方便的鱼塘，池塘面积2～5亩，水深2米，淤泥少。养殖水源应符合GB 11607规定，养殖用水水质应符合NY 5051—2001要求。亲鱼宜专池饲养，建立亲鱼档案，严禁混入其他鲤。

②放养密度：后备亲鱼、亲鱼池塘放养量每亩不超过300

尾，可搭配100～150尾鲢、鳙。为防止早产，最好在秋末或立春前雌、雄鱼分塘培育，鲤亲鱼雌雄鉴别方法见表5-9。

**表5-9　鲤亲鱼雌雄鉴别**

| 季节 | 性别 | 体型（同一来源） | 腹部 | 胸、腹鳍 | 泄殖孔 |
|---|---|---|---|---|---|
| 非生殖季节 | 雌 | 头小而体高 | 大而较软 | — | 较大而突出 |
| | 雄 | 头较大而体较狭长 | 狭长而略硬 | — | 较小而略向内凹 |
| 生殖季节 | 雌 | — | 膨大柔软，成熟时稍压即有卵粒流出 | 胸鳍没有或很少有追星 | 红润而突出 |
| | 雄 | — | 较狭，成熟时轻压有精液流出 | 胸、腹鳍和鳃盖有追星 | 不红润而略向内凹 |

③饲养管理：饲养鲤亲鱼的饲料有豆饼、菜饼、麦芽、米糠、菜叶和螺蛳等，或粗蛋白含量在27%以上的营养全面的配合饲料。不要长期投喂单一的饲料，日投饵量为鱼体重2%～4%。一般日投喂2次，上午、下午各投1次。

④产前强化培育：亲鱼在越冬之前1个月，应投喂足量的营养全面的饲料。当春季水温回升至8℃以上时，就应少量投喂；水温达13℃以上时，投喂足量的营养全面的饲料，确保其性腺发育良好。

亲鱼产后护理培育：产后亲鱼应及时转入水质清新的培育池中培育，投喂足量的营养全面的饲料，使其尽快恢复体质。每10～15天泼洒生石灰、漂白粉等，以调节水质和预防鱼病。

(3) 人工催产

①繁殖季节与水温：福瑞鲤的产卵季节因地区不同而略有差异，其繁殖季节见表5-10。繁殖水温为16～26℃，适宜繁殖水温为18～24℃。

表 5-10 福瑞鲤的繁殖季节

| 地区 | 繁殖期 | 适宜期 |
|---|---|---|
| 珠江流域 | 3月上旬至4月下旬 | 3月上旬至4月中旬 |
| 长江流域 | 3月下旬至5月上旬 | 3月下旬至4月下旬 |
| 黄河流域及以北地区 | 4月中旬至6月中旬 | 4月中旬至5月中旬 |

②催产亲鱼的选择与配组：繁殖用亲鱼应体质健壮，性腺发育良好，体型、体色、鳞被具有典型的品种特征。雌鱼至少3龄、体重1.5千克以上；雄鱼2龄、体重1千克以上，活力强而无伤。衰老期的鱼尽管个头很大，但精、卵质量差，孵出的鱼苗生产性能退化，故不宜继续做亲鱼。

成熟雄鱼的体表特征：胸鳍前数根鳍条背面、尾柄背面、腹鳍等部位和鳞片有粗糙感。轻压腹部有乳白色精液流出。

成熟雌鱼的体表特征：腹部膨大、柔软、有弹性。卵巢轮廓明显，泄殖孔稍有突出、红润。

催产雌雄亲鱼的配组比例为1∶（1～1.5）。

③催产药物与剂量：福瑞鲤催情药物和剂量见表5-11，亲鱼的催产剂量可在表5-11中任意选一种方法，雄鱼所用的剂量为雌鱼的1/2。注射液用0.7%的生理盐水配制，注射液用量为每千克鱼用0.5～1毫升。

表 5-11 福瑞鲤催情药物和剂量

| 性别 | 方法 | 药物 | 每千克鱼体重剂量 |
|---|---|---|---|
| 雌♀ | 1 | LRH-A | 2～4微克 |
| | 1 | HCG | 500～600单位 |
| | 2 | LRH-A | 2～4微克 |
| | | 鲤鱼脑垂体 | 2～4毫克 |
| | 3 | 鲤鱼脑垂体 | 4～8毫克 |

注：雄鱼催情药物同雌鱼，剂量减半。

④注射方法：采用胸鳍基部或背部肌肉注射，雌鱼一次注射和两次注射均可。采用两次注射时，第一次注射总剂量的1/6～1/8，间隔8～10小时后再注射全部余量。雄鱼一次注射，在雌鱼第二次注射时进行。

效应时间：注射的水温与效应时间的关系见表5-12。

**表5-12　水温与效应时间的关系**

| 水温（℃） | 一次性注射效应时间（小时） | 两次注射效应时间（小时） |
|---|---|---|
| 18～19 | 17～19 | 13～15 |
| 20～21 | 16～18 | 11～13 |
| 22～23 | 14～16 | 10～12 |
| 24～25 | 12～14 | 8～11 |
| 26～27 | 10～12 | 7～9 |

（4）产卵

①鱼巢制备：鱼巢作为鲤所产黏性卵的附着物，凡是细须多，柔软、不易发霉腐烂、无毒害的材料都可制作鱼巢。常用的材料是经煮沸或药水浸泡棕榈皮和柳树根等。鱼巢消毒后，制成束状，晾干备用。

②自然产卵：产卵池要求注排水方便，环境安静，阳光充足，水质清新。面积0.75～3亩，水深0.7～1米，用前7～15天彻底清塘。池内和池面无杂草。鱼巢可以沿鱼池四周或布设成方阵悬吊于水中。

当天气晴朗、水温适宜时，即可将成熟的亲鱼进行人工催产，注射药物后按雌雄鱼1∶1.5的比例放入产卵池。注入微流水。每亩可放亲鱼100～134尾。鲤产卵后，将已布满鱼卵的鱼巢及时轻轻取出，转入孵化池孵化。

③人工授精：接近效应时间时，检查雌鱼和轻压腹部，若鱼卵能顺畅流出，即开始人工授精。

鲤通常采用干法人工授精。操作方法是：擦干亲鱼身上的水，先在1个干净的瓷碗或面盆内挤入少量雄鱼的精液，后挤入雌鱼的鱼卵，然后再挤入适量精液，用硬羽毛搅拌2～3分钟，即可将鱼卵进行着巢或脱黏。操作过程中应避免阳光直射。

（5）孵化　将带有鱼卵的鱼巢放在鱼苗培养池进行静水自然孵化。鱼苗池培育，需提前7～15天严格清塘，水深0.5～0.7米，水质清新。鱼巢放置深度为水面下0.1～0.2米，鱼卵放置密度为67万～100万粒/亩。也可脱黏孵化，脱黏可采用泥浆脱黏法。先用黄泥土搅成稀泥浆水，然后将受精卵缓慢倒入泥浆水中，搅动泥浆水，使鱼卵均匀地分布在泥浆水中。经3～5分钟的搅拌脱黏后，移入网箱中洗去泥浆，即可放入孵化器中孵化。也可采用滑石粉脱黏法，将100克滑石粉（即硅酸镁）加20～25克的食盐放入10升水中，搅拌成混合悬浮液。然后一面向悬浮液中慢慢倒入1.0～1.5千克受精卵，一面用羽毛缓慢地搅动。半小时后，将鱼卵用清水洗1次。人工授精脱黏后的鱼卵，即可在孵化缸和环道进行流水孵化。每立方米水体放卵150万～200万粒。孵化纱窗为24目。

①病害防治：池塘孵化预防水霉病，可用硫醚沙星化水全池泼洒，用量为0.15～0.37克/米$^3$。

②出苗：在水温22℃时，受精卵3～4天孵化出苗，流水孵化的鱼苗发育至腰点后，即可长途运输。池塘静水孵化的鱼苗，通常要在原池培育至乌仔鱼种后再分池或出售。

**2. 异育银鲫“中科3号”的人工繁殖**

（1）池塘条件　池塘面积2～5亩，池塘水深1.3～1.5米，形状规则，注排水方便，水源为江河水和地下水，水量充足，水质清新无污染，池塘可配备1台3.0千瓦叶轮式增氧机。

（2）池塘清整　春季将池塘水排干，让阳光曝晒10天后，用生石灰清塘。每亩用生石灰80千克，在池塘中挖若干小坑，将生石灰放在坑内，加少量水使生石灰溶化，趁热将生石灰均匀泼向池底。清塘2天后加入地下水，注水深度70厘米左右。

(3) 亲鱼选择及放养　雌雄亲鱼分开专池培育，严防其他鱼类混杂在亲鱼培育池中。雌性亲鱼挑选个体大、体形好、成熟度好、体质健壮的异育银鲫“中科 3 号”；雄性亲鱼挑选个体大、体质好、性腺发育好的 3 龄以上建鲤。雌性亲鱼亩放养平均尾重 370 克异育银鲫“中科 3 号”400 尾；雄性亲鱼亩放平均尾重 1 800克建鲤 120 尾。亲鱼从越冬池转移到亲鱼培育池运输过程中，用高锰酸钾进行消毒 15～20 分钟。

(4) 亲鱼培育　亲鱼入池后，水温稳定在 10℃以上时开始投喂，投喂鲤专用商品饲料，饲料蛋白含量 33%，每天投喂 2 次，投喂量占鱼体重 2.0%左右；水温 15℃以上，每天投喂 3 次，投喂量占鱼体重 2.5%～3.0%；水温 17℃以上，每天投喂 4 次，投喂量占体重 3.0%～5.0%。并逐渐加注新水，以促进亲鱼的食欲和性腺发育成熟。当水温稳定在 18℃以上时，要注意观察鱼的摄食情况。当发现亲鱼食量减少时，要减少投喂量和投喂次数，临近繁殖期时不可随便加注新水，否则易诱发亲鱼流产。

(5) 催产

①催产时间及催产亲鱼的选择：鲫催产季节和鲤基本相同，水温稳定在 18℃以上 1 周后便可以进行人工催产。

②人工催产：挑选成熟度好的异育银鲫“中科 3 号”进行催产，催产药物选用 $LRH-A_2$ 和 DOM 两种药物混合使用。剂量为 $LRH-A_2$ 3 微克/千克＋DOM 1 微克/千克，建鲤雄鱼药物剂量减半，采用 1 次注射。雌雄比为 15∶1。

(6) 人工授精　把注射后的雌雄亲鱼分放在 2 个产卵池中，在水温 20℃左右的条件下，效应时间 16～18 小时。在接近效应时间时，要注意观察亲鱼的活动情况和检查催熟情况，轻压腹部有卵粒流出，即可进行人工授精。

人工授精采用干法授精，进行人工授精时要在室内或凉棚内，以防阳光直射。将亲鱼捕出，用干毛巾将鱼体泄殖孔部位的水分擦干，将雌鱼卵子挤入擦干的器皿中，同时挤入雄鱼的精液，15 尾雌性鲫的卵用 1 尾雄性鲤精子，用干羽毛轻轻搅拌 2～3 分钟，人工授精即行结束。

人工授精后将受精卵附着在附卵框上，附卵框是用 40 目的筛绢布固定在方形的铁框上，将受精卵均匀地平铺在附卵框上。附卵框平放在孵化池水面 30 厘米左右，进行静水中孵化，孵化池底部布设纳米增氧设备，溶解不足时可行人工增氧。

（7）受精卵的人工孵化　将附卵框均匀悬挂在孵化池中，调节好孵化池的进排水水流，每 5～6 小时测定 1 次孵化池溶解氧含量，溶解氧低于 4 毫克/升时应立即启动增氧设备。在水温 20℃左右，110 小时孵化出苗。

**3. 彭泽鲫人工繁殖**

（1）繁殖习性　彭泽鲫 1 周龄可达性成熟，属多次产卵类型。不仅能在河流、湖泊中产卵，而且也能在静水池塘中产卵。春季或夏季繁殖出的彭泽鲫，在当年秋末其性腺就能发育至第Ⅳ期。在自然条件下，每年 3～7 月为其繁殖期。当水温达到 17℃以上便开始产卵，并持续到 7 月，彭泽鲫的最适宜繁殖水温在 20～25℃。自然条件下，彭泽鲫雌雄比高达（10～12）∶1，人工繁殖最佳雌雄性比为（3～5）∶1，产黏性端黄卵。刚产出的卵直径 1 毫米左右，吸水后膨胀至 1.5 毫米。单精受精，受精卵近无色透明。能在水体中自然繁殖，也可人工繁殖。受精卵在水温 18～20℃时，经过 53 小时左右即可孵化出鱼苗，水温越高，孵化时间越短。鱼苗从孵化出到平游所需时间，大致与孵化时间相当。

（2）亲鱼的来源和培育　彭泽鲫亲鱼应来自于成鱼池混养或苗种池套养的 1～2 龄成鱼。选留的亲鱼要求体质健壮，无病无伤。亲鱼选择不能从自行繁育的同一批子代中选留后备亲鱼，应由从不同地区、不同良种场购进的鱼苗培育后，再从中选择符合要求的成鱼作为后备亲鱼，避免近亲繁殖造成性状退化。

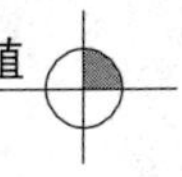

亲鱼的培育是人工繁殖苗种的基础。要获得性腺发育充分成熟、催产率高、怀卵量大、卵子质量好的亲鱼，必须采取各种有效措施培育出优良亲鱼。

选留好的亲鱼要专池培育越冬，越冬池要求背风向阳，面积1～3亩，水深2米左右。越冬期间若天气晴好，应按鱼体重的1%～2%投喂精饲料。可搭配放养少量鲢、鳙，以起到调节水质的作用。

①产前饲养管理：开春之后，水温逐渐上升，这一阶段是亲鱼人工繁殖的强化培育、性腺发育的关键时期，将促使亲鱼体内营养成分大量转移到卵巢和精巢发育上。应加强管理，及时将雌雄亲鱼分池培育。在这阶段，亲鱼的摄食量将随着水温上升而日趋旺盛，可按培育池放养体重总量的2%～3%投喂饲料。也可以适当加喂谷牙和麦芽，增加维生素E，促进性腺更好地发育。经常巡塘，注意水温和水质变化情况。

②产后饲养管理：产后的亲鱼（尤其是人工催产的亲鱼）体质虚弱，容易感染疾病。因此产后放养前，亲鱼必须用2%食盐水进行消毒，同时培育池也需进行消毒。并且将产后亲鱼放养在水质好、环境安静的培育池中，投喂粗蛋白含量高、营养较全面的配合饲料，每天投喂量为鱼体总重的2%～4%，以有利于产后亲鱼及时恢复体质。

③秋季饲养管理：秋季是亲鱼育肥和性腺开始发育的季节，因此这一阶段应强化培育，使亲鱼充分积累营养物质，以有利于亲鱼越冬和翌年性腺发育。日投喂量一般以亲鱼总重的3%为宜。

（3）*雌雄鱼的鉴别和选择*　彭泽鲫的雌雄鉴别，在非生殖季节胸鳍尖长，末端达到腹鳍基部是雄鱼，达不到的是雌鱼。生殖季节除此以外，还有其他鉴别方法：雌性个体体表光滑柔软，体形较丰满，卵巢轮廓明显，挤压下腹常能挤出卵粒；雄性个体头部和胸鳍有追星，体表手感粗糙，腹部较瘪，轻压于腹部有乳白色液流出。

繁殖用亲鱼的选择，应按国家标准 GB/T 18395 的要求进行。

（4）催产前的准备工作　选择 1 亩左右的池塘作为亲鱼产卵池，催产前 8～10 天产卵池应清塘消毒，然后注水 70 厘米左右备用，注水时要用密筛绢过滤。鱼巢用棕榈皮或柳树根扎成，使用前用 10 毫克/升的强氯精或 20 毫克/升的高锰酸钾溶液浸泡消毒，晒干备用。购置好催产药剂备用，常用药剂有绒毛膜促性腺激素、促黄体生成素释放激素类似物、鱼脑垂体等。

（5）人工催产　当水温上升到 17℃时，即可选择晴朗天气进行人工催产。催产时将选好的雌雄亲鱼按 3∶1 的比例配组，采用一次胸鳍基部注射催产。注射剂量一般为每千克雌鱼重注射 HCG 800～1 000 单位、或 LRH - A 20～30 微克、或 PG 2～3 个，其他药物按使用说明催产，雄鱼注射剂量减半。以上药物既可单独使用，也可两种以上混合使用，效果更好。注射时间以 15：00～17：00 为好，水温 18～20℃，催产效应时间为 9～16 小时，这样可使亲鱼翌日早晨产卵。注射药剂的当天傍晚应放好鱼巢。产卵池中的鱼巢以平列法布置，并使鱼巢倾斜于水面成 60°角，放置鱼巢后向水中加注 20 厘米左右新水，使池水深度达 90～100 厘米，淹没鱼巢 5～10 厘米；彭泽鲫大量产卵一般在凌晨 2：00 到翌日 11：00，在此期间应及时移去沾满鱼卵的鱼巢至孵化池，再换上新鱼巢放入产卵池中。

（6）孵化　孵化可在池塘或环道进行。孵化池塘面积 1～3 亩为宜，水深保持在 0.8～1.0 米，事先应清塘消毒，加注经密网绢（60 目）过滤的新水，防止野杂鱼及其鱼卵进入。一般情况下亩放受精卵 20 万～30 万粒，水温 18～20℃，50～55 小时可孵化出鱼苗，出苗后 3～4 天可将鱼巢移走。

**4. 团头鲂的人工繁殖**

（1）池塘条件　池塘面积以 2～5 亩为宜，要求水源充足，

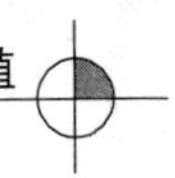

水质清新、无污染，排灌方便，水深保持在1.5～1.8米，池形以东西向长方形为好。池塘要保水性能好，池底平整，淤泥保持在20厘米以内，池塘的进排水口都要安装拦鱼设施，在亲鱼放养前要彻底清塘消毒。

（2）亲鱼选择 从大湖捕捞的成鱼中选留符合要求的团头鲂作亲鱼，亦可从池塘养殖的优质团头鲂中选留亲鱼。尽管团头鲂2～3龄、体重在0.3千克以上即成熟，但初次性成熟的亲鱼卵粒小，怀卵量小、质量差。因此，生产上应选择3～4龄，体重1千克以上，鱼体体型好，体质健壮，无病无伤无畸形的，雌雄鱼无近亲关系（分别从不同的水域选留雌雄亲鱼）的鱼作为亲鱼。

（3）亲鱼放养 团头鲂亲鱼饲养方法比较简单，一般在鲢、鳙、草鱼、青鱼的亲鱼池少量混养。如单独饲养，每亩放养200～250尾，约200千克左右。亲鱼放养前，采用3%～4%的食盐水浸洗5～10分钟，进行鱼体消毒。

（4）亲鱼培育 团头鲂喜食苦草、轮叶黑藻、马来眼子菜和紫背浮萍等水生植物，人工投喂砸碎的螺蚬、饼类等饲料，同样喜欢摄食。重点做好亲鱼的春季培育，促进亲鱼性腺的快速发育，以获得高质量的精卵。具体方法是：3月底开始，每7天向池内冲水1次，每次3小时，用水最好选择附近优质地表水，如湖泊、池塘的上层水。到产卵前15天时，每2～3天就要冲水1次，通过流水刺激，促进亲鱼性腺发育。饵料以精料为主，粗蛋白含量30%左右为宜，日投饲2次，投饵率3%～5%，每天加喂一定数量的青菜、浮萍和嫩草等。在4月上中旬水温开始回升时，就必须把雌、雄鱼分开饲养。否则，一旦天气变化，如水温上升（18℃以上）或遇大雨后有流水进入池塘增高池塘水位，亲鱼就会在池塘周围有杂草处自然产卵。因此，可在产卵前20～30天将雌鱼捕出，放入另一鱼池暂养，待天气稳定后再选择合适时机催产。

（5）人工催产　在亲鱼成熟度好、培育到位的情况下，一般在4月下旬水温稳定在20℃时，就可进行人工催产。分2批生产时，第1批可于4月底、5月初进行催产；第2批在5月底、6月初进行催产。

团头鲂的产卵池不宜过大，以面积在600米$^2$左右的小型池塘较为适宜。一批次可催产100多组。面积小的池塘，能增加雌雄亲鱼的接触机会，提高亲鱼的产卵率及鱼卵的受精率。池塘必须按照生产要求严格清整，在消毒药物毒性消失后注水待产，注水深度以0.5米为宜，以便在催产亲鱼入池后再冲水刺激。

性成熟的亲鱼，通过眼观、手摸、轻压等方法极易鉴别：成熟度好的雄性亲鱼，在其胸鳍、头部等处有"珠星"，手摸有粗糙感，轻压下腹部，有乳白色的精液流出，入水后能迅速散开；成熟度好的雌性亲鱼，其腹部膨大，卵巢轮廓明显，手摸腹部松软、有弹性，生殖孔突出、松弛、微红，催产选择雌雄亲鱼比为1∶1.2。

团头鲂亲鱼催产一般选用混合催产剂，即采用LRH-$A_3$和HCG。具体用量为：雌鱼每千克鱼体LRH-$A_3$ 6微克+HCG 1 000单位，雄鱼剂量减半。采用一次注射法，每千克亲鱼注射药液0.8～1毫升，在亲鱼胸鳍基部呈45°角将针插入0.3厘米，徐徐注入药液，注射时间一般选在16：00～17：00，翌日清晨即可产卵。

团头鲂的卵为黏性卵，必须在产卵池内设置鱼巢，供鱼卵附着，鱼巢采用棕榈丝、聚乙烯纤维或分枝多、柔韧性好的水草制作。将处理好的原料扎成束，一束一束并排敷于竹竿上，束间距20～30厘米，每个竹竿扎20～30束，数支竹竿制成一筏，分上、中、下三层设在产卵池内。设置鱼巢的时间一般在亲鱼注射完毕后进行，如果时间来不及，亦可在亲鱼放入前设置好鱼巢。

亲鱼注射催产剂后，立即放入催产池。根据水情及时向催产池冲水，尤其在产卵前的4～5小时内，加大冲水量，对亲鱼进

行流水刺激。注入一定的水量后，就必须停止注水，使亲鱼产卵时不受惊吓，以免影响产卵及受精。

采用人工授精方法，并使受精卵脱黏，进行流水孵化，能提高孵化率。

（6）孵化

①池塘孵化：一般在苗种培育池中进行静水孵化，孵化池的清整比其他池更严格，用水要用两道 60 目筛绢过滤。在鱼巢入池前，要用 0.6 毫克/升的 90％敌百虫杀灭剑水蚤等，水质要求清新、不混浊，以利于受精卵的孵化。

亲鱼产卵后，及时观察鱼巢上的鱼卵附着分布情况，当达到一定密度时，及时将鱼巢转移到孵化池中去。团头鲂鱼卵黏性较弱，在转移鱼巢时要特别小心，不能将鱼巢进行摩擦和振动，也不要在空气中暴露太久。同时，注意产卵池和孵化池的水温相差不要太大。

按每亩水面放卵 30 万～35 万粒的密度放置，鱼巢上的鱼卵计算方法：选取附着密度适宜的 2～3 束鱼巢，数出其卵数，取每束平均数，根据鱼巢束数便可计算出鱼卵总数。

转移到孵化池中的鱼巢，用竹竿或木棒固定于池水中，使鱼巢沉在水面以下，但不要沉积在底泥上，以免鱼卵粘上污泥。同一池塘放同一天产的卵，使孵化时间基本一致，便于以后的管理。

在水温 20～25℃条件下，经过 3～4 天的孵化，鱼苗即可出膜。刚出膜的幼鱼仔鱼身体透明，长度在 4 毫米左右，以腹部的卵黄为营养，用口部黏附在鱼巢上，只能作短距离的游泳，此时不要急于取出鱼巢。鱼苗出膜 3 天后，身体已呈淡黄色，能自由活动时方可取出鱼巢。出膜 5 天后，鱼苗体长 6 毫米以上，出现腰点，可以开口摄食，进入鱼苗培育阶段。

②脱黏流水孵化：团头鲂卵黏性较差，可将黏附鱼卵的鱼巢在水中搓洗，使鱼卵从鱼巢上脱落下来，直到鱼巢上的卵基本洗

净为止。然后，先将洗落下来的团头鲂鱼卵中的杂物清除，转入孵化器中。人工授精的鱼卵，可直接脱黏后放入孵化桶内孵化。团头鲂的孵化技术与管理方法除了和家鱼相同之处外，还有其固有的特点：

团头鲂的脱黏卵在静水中沉于池底。孵化环道水流不均匀，易产生死角，不易将沉性卵均匀冲起，因此宜用流水均匀的孵化桶。

团头鲂受精卵的卵周隙不大，吸水后卵径一般为 1.3 毫米。刚孵出的仔鱼细小，长 3.5～4.0 毫米。因此，孵化桶纱窗的网目要选用 70 目规格，以防止刚孵出的鱼苗漏失。

团头鲂鱼卵其卵黄积累较少，因此，从鳔充气到卵黄完全吸收这段时间很短，即其混合营养阶段的时间很短。一旦鳔充气后，随即出苗、下塘（俗称嫩苗下塘）。长途运输必须在眼黑色素期至鳔雏形期阶段运输。

团头鲂鱼苗身体细小、嫩弱、无色素，操作时要格外小心，在撇苗计数时，不能离水操作，必须带水撇舀。

# 第六章 苗种培育

鱼苗、鱼种的培育，就是从孵化后3～4天的鱼苗，养成供食用鱼池塘、湖泊、水库、河沟等水体放养的鱼种。一般分两个阶段：鱼苗经18～22天培养，养成3厘米左右的稚鱼，此时正值夏季，故通称夏花（又称火片、寸片）；夏花再经3～5个月的饲养，养成8～20厘米长的鱼种，此时正值冬季，故通称冬花（又称冬片），北方鱼种秋季出塘称秋花（秋片），经越冬后称春花（春片）。在江浙一带将1龄鱼种（冬花或秋花）通称为仔口鱼种；对青鱼、草鱼的仔口鱼种应再养1年，养成2龄鱼种，然后到第三年再养成成鱼上市，这种鱼种通称为过池鱼种或老口鱼种。苗种培育的中心是提高成活率、生长率和降低成本，为成鱼养殖提供健康合格的鱼种。

## 一、鱼苗、鱼种的生物学特性

**1. 食性** 刚孵出的鱼苗，均以卵黄囊中的卵黄为营养。当鱼苗体内鳔充气后，鱼苗一面吸收卵黄，一面开始摄取外界食物；当卵黄囊消失，鱼苗就完全依靠摄取外界食物为营养。但此时鱼苗个体细小，全长仅0.6～0.9厘米，活动能力弱，其口径小，取食器官（如鳃耙、吻部等）尚待发育完全。因此，所有种类的鱼苗只能依靠吞食方式来获取食物，而且其食谱范围也十分狭窄，只能吞食一些小型浮游生物，其主要食物是轮虫和桡足类的无节幼体。生产上通常将此时摄食的饵料称为“开口饵料”。

随着鱼苗的生长，其个体增大，口径增宽，游泳能力逐步增强，取食器官逐步发育完善，食性逐步转化，食谱范围也逐步扩大。表6-1为家鱼鱼苗发育至夏花阶段的食性转化。该表中各种家鱼鱼种的摄食方式和食物组成有以下规律性变化：

（1）全长7～11毫米的鲢、鳙、草鱼、鲤等鱼苗：它们的鳃耙数量少，长度短，尚起不到过滤的作用。这时期几种鱼苗的摄食方式都是吞食，其口径大小相似，因此适口食物的种类和大小也相似，均以轮虫和无节幼体、小型枝角类为食。

（2）全长12～15毫米的鲢、鳙、草鱼、鲤等鱼苗：它们的口径虽然相似，但由于鳃耙的数量、长度和间距出现了明显的差别，因此，摄食方式和食物组成开始分化。鲢、鳙的鳃耙数量多，较长而密，因此摄食方式开始由吞食向滤食转化；草鱼、青鱼、鲤则仍然是吞食方式。鲢和鳙的适口食物为轮虫、枝角类和桡足类，也有较少量的无节幼体和较大型的浮游植物；草鱼等则主要摄食枝角类、桡足类和轮虫，并开始吞食小型底栖动物。

（3）全长16～20毫米的鲢、鳙、草鱼等乌仔：由于摄食器官形态差异已经很大，因此食性分化更为明显。草鱼的口径增大，可吞食大型枝角类、底栖动物以及幼嫩的水生植物碎片（青鱼、鲤的食性和草鱼相似）。鲢、鳙的口径虽也增大，但由于滤食器官逐渐发育完善，其滤食技能随之增强，摄食方式即由吞食转为滤食。由于鲢的鳃耙比鳙的更长更密，因此，适合食物的大小比鳙小。这时期的食物，除轮虫、枝角类和桡足类外，已有较多的浮游植物和有机碎屑。

（4）全长21～30毫米的鲢、鳙、草鱼等夏花：摄食器官发育得更加完善，彼此间的差异更大。在此期末，这5种鱼类的食性已完全转变或接近于成鱼的食性。

（5）全长31～100毫米的鲢、鳙、草鱼等鱼种：摄食器官的形态和机能都基本与成鱼相同。它们的上下颌活动能力增强，特别是鲤已完全可以挖掘底泥觅食；它们的食性皆同成鱼，唯食谱范围较狭窄。

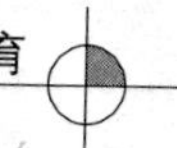

**表 6-1　鲢、鳙、草鱼、青鱼、鲤鱼苗发育至夏花阶段的食性转化**

（引自《鱼类增养殖学》）

| 鱼苗全长（毫米） | 鲢 | 鳙 | 草鱼 | 青鱼 | 鲤 |
| --- | --- | --- | --- | --- | --- |
| 6 | | | | | 轮虫 |
| 7～9 | 轮虫无节幼体 | 轮虫无节幼体 | 轮虫无节幼体 | 轮虫无节幼体 | 轮虫、小型枝角类 |
| 10～10.7 | | | 小型枝角类 | 小型枝角类 | 小型枝角类、个别轮虫 |
| 11～11.5 | 轮虫、小型枝角类、桡足类 | 轮虫、小型枝角类 | | | 枝角类、少数摇蚊幼虫 |
| 12.3～12.5 | 轮虫、枝角类、腐屑、少数浮游植物 | 轮虫、枝角类、桡足类、少数大型浮游植物 | 枝角类 | 枝角类 | |
| 14～15 | | | | | 枝角类、摇蚊幼虫等底栖动物 |
| 15～17 | 浮游植物、轮虫、枝角类、腐屑 | 轮虫、枝角类、腐屑、大型浮游植物 | 大型枝角类、底栖动物 | 大型枝角类、底栖动物 | 枝角类、摇蚊幼虫等底栖动物 |
| 18～23 | | | 大型枝角类、底栖动物，并杂有碎片 | 大型枝角类、底栖动物，并杂有碎片 | 枝角类、底栖动物 |
| 24 | 浮游植物显著增加 | 浮游植物数量增加，但不及鲢 | 大型枝角类、底栖动物，并杂有碎片、芜萍 | 大型枝角类、底栖动物，并杂有碎片、芜萍 | 枝角类、底栖动物 |
| 25 | 浮游植物占绝大部分，浮游动物比例大大减少 | 浮游植物数量增加，但不及鲢 | 大型枝角类、底栖动物，并杂有碎片、芜萍 | 大型枝角类、底栖动物，并杂有碎片、芜萍 | 底栖动物、植物碎片 |

**2. 生长**　在鱼苗与鱼种阶段，鲢、鳙、草鱼、青鱼的生长速度是很快的。鱼苗到夏花阶段，它们的相对生长率最大，是生命周期的最高峰。据测定，鱼苗下塘饲养10天内，体重增长的加倍次数，鲢鱼为6、鳙鱼为5，即平均每2天体重增加1倍多。此时期鱼的个体小，绝对增重量也小，平均每天增重为10～20毫克。体长的增长，平均每天增长鲢为0.71毫米，鳙鱼为1.2毫米。

在鱼种饲养阶段，鱼体的相对生长率较上一阶段有明显下降。在100天的培育时间内，体重增长的加倍次数为9～10，即每10天体重增加1倍，与上一阶段比较相差达5～6倍。但绝对体重则增加，平均每天增重鲢为4.19克，鳙为6.3克，草鱼为6.2克，与鱼苗阶段比较相差达200～600倍。在体长方面，平均每天增长数，鲢为2.7毫米，鳙为3.2毫米，草鱼为2.9毫米，鲢体长增长为上阶段的2倍多，鳙为4倍多。

**3. 池塘中鱼的分布和对水质的要求**　刚下塘的鱼苗通常在池边和表面分散游动，第2天便开始适当集中，下塘5～7天逐渐离开池边，但尚不能成群活动，10天以后鲢、鳙鱼苗已能离开池边，在池塘中央处的上中层活动，特别是晴天的10：00～18：00，成群迅速地在水表层游泳。草鱼和青鱼苗自下塘5天后逐渐移到中、下层活动，特别是草鱼苗体长达15毫米时喜欢成群沿池边循环游动。鲤鱼苗在体长12毫米之前，分散在池塘浅水处游动，体长达15毫米左右时开始成群在深水层活动，较难捕捞，且易被惊动。

鱼苗、鱼种的代谢强度较高，故对水体溶氧量的要求高。所以，鱼苗、鱼种池必须保持充足的溶氧量，并投给足量的饲料。否则，池水溶氧量过低，饲料不足，鱼的生长就会受到抑制，甚至死亡。这是饲养鱼苗、鱼种过程中必须注意的。

鱼苗、鱼种对水体pH的要求比成鱼严格，适应范围小。最适pH为7.5～8.5。鱼苗、鱼种对盐度的适应力也比成鱼弱。成鱼可以在0.5盐度的水中正常生长和发育，但鱼苗在盐度为0.3的水中生长便很缓慢，且成活率很低。鱼苗对水中氨的适应

能力也比成鱼差。

## 二、鱼苗、夏花质量鉴定及计数方法

**1. 鱼苗质量鉴定**　鱼苗因受鱼卵质量和孵化过程中环境条件的影响，体质有强有弱，这对鱼苗的生长和成活带来很大影响。生产上可根据鱼苗的体色、游泳情况以及挣扎能力来区别其优劣（表6-2）。

**表6-2　鱼苗鉴定方法**

| 鉴别方法 | 优质苗 | 劣质苗 |
| --- | --- | --- |
| 体色 | 体色一致，无白色死苗。体表清洁无污染，明亮处看体色，略带微黄色或稍红 | 体色不一致，具白色死苗。鱼体拖带污泥，呈灰黑色 |
| 游泳情况 | 将鱼与水放在容器中，搅动水产生漩涡，鱼苗在漩涡边缘逆水游泳 | 大部分鱼苗被卷入漩涡 |
| 抽样检查 | 先将鱼苗盛入白瓷盆中，然后缓缓倒水看鱼，鱼苗逆水游泳。倒掉水后，鱼苗在盆地剧烈挣扎，头尾弯曲成圆圈状 | 倒水时，鱼苗顺水游泳。倒掉水后，鱼苗在盆底挣扎力弱，头尾仅能扭动 |

**2. 夏花鱼种质量鉴别**　夏花鱼种质量优劣，可根据出塘规格大小、体色、鱼类活动情况以及体质强弱来判别（表6-3）。

**表6-3　夏花鱼种质量优劣鉴别**

| 鉴别方法 | 优质夏花 | 劣质夏花 |
| --- | --- | --- |
| 看出塘规格 | 同种鱼出塘规格整齐 | 同种鱼出塘个体大小不一 |
| 看体色 | 体色鲜艳、有光泽 | 体色暗淡无光，变黑或变白 |
| 看活动情况 | 行动活泼，集群游动，受惊后迅速潜入水底，不常在水面停留，抢食能力强 | 行动迟缓，不集群，在水面漫游，抢食能力弱 |
| 抽样检查 | 鱼在白瓷盆中狂跳。身体肥壮，头小、背厚。鳞鳍完整，无异常现象 | 鱼在白瓷盆中很少跳动。身体瘦弱，背薄，俗话称“瘪子”。鳞鳍残缺，有充血现象或异物附着 |

**3. 鱼苗计数方法**　一般分两步进行：第一步，一般是把鱼苗拉起后放入鱼苗网或专用网箱中，剔除伤苗、死苗和杂物等。截取一段鱼苗网，把其中的鱼苗集中于网或网箱的一角，慢慢搅动，使鱼苗分布均匀，先用1个较小的杯子作为标准杯，用手抄网捞取鱼苗放入标准杯中计数，计算出标准杯中的鱼苗数量。第二步，用一个较大的杯子作为售鱼苗用，用标准杯打取鱼苗倒入杯中，计算出大杯子能盛标准杯多少杯，据此计算出大杯一杯的鱼苗数量。然后，根据1个塑料袋能盛多少大杯的鱼苗，计算出塑料袋中的鱼苗数量。例如，如果标准杯过数后鱼苗数量是100尾，1个大杯能盛标准杯5杯，则大杯的鱼数苗数量是500尾，一个充氧塑料袋能盛10大杯鱼苗，则塑料袋中的鱼苗数量是5 000尾。

## 三、鱼苗培育

**1. 鱼苗放养前的准备**　鱼苗池在放养前要进行一些必要的准备工作，其中，包括鱼池修整、清塘消毒、清除杂草、灌注新水和培育肥水等。

（1）鱼池修整　多年用于养鱼的池塘，由于淤泥过多，堤基受波浪冲击，一般都有不同程度的崩塌。根据鱼苗培育池所要求的条件，必须进行整塘。所谓整塘，就是将池水排干，清除过多淤泥，将塘底推平，并将塘泥敷贴在池壁上，使其平滑贴实，填好漏洞和裂缝，清除池底和池边杂草；将多余的塘泥清上池堤，为青饲料的种植提供肥料。除新开挖的鱼池外，旧的鱼池每1～2年必须修整1次，多半是在冬季进行。先排干池水，挖除过多的淤泥（留6.6～10厘米），修补倒塌的池堤，疏通进出水渠道。

（2）清塘消毒　所谓清塘，就是在池塘内施用药物杀灭影响鱼苗生存、生长的各种生物，以保障鱼苗不受敌害、病害的侵袭。清塘消毒每年必须进行1次，时间一般在放养鱼苗前10～15天进行。清塘应选晴天进行，阴雨天药性不能充分发挥，操作也不方便。

清塘药物的种类及使用方法见表 6－4。表 6－4 中各种清塘药物中，一般认为生石灰和漂白粉清塘较好。但具体确定药物时，还需因地制宜地加以选择。如水草多而又常发病的池塘，可先用药物除草，再用漂白粉清塘。用巴豆清塘时，可用其他药物配合使用，以消灭水生昆虫及其幼虫。如预先用 1 毫克/升 2.5%粉剂敌百虫全池泼洒后再清塘，能收到较好的效果。

**表 6－4　常见清塘药物的使用方法**

| 药物及清塘方法 | | 用量（千克/亩） | 使用方法 | 清塘功效 | 毒性消失时间 |
|---|---|---|---|---|---|
| 生石灰清塘 | 干法清塘 | 60～75 | 排除塘水，挖几个小坑，倒入生石灰溶化，不待冷却，即全池泼洒。第二天将淤泥和石灰拌匀，填平小坑，3～5 天后注入新水 | ①能杀灭野杂鱼、蛙卵、蝌蚪、水生昆虫、螺蛳、蚂蟥、蟹、虾、青泥苔及浅根水生植物、致病寄生虫及其他病原体<br>②增加钙肥<br>③使水呈微碱性，有利浮游生物繁殖<br>④疏松池中淤泥结构，改良底泥通气条件<br>⑤释放出被淤泥吸附的氮、磷、钾等<br>⑥澄清池水 | 7～8 天 |
| | 带水清塘 | 125～150（水深 1 米） | 排除部分水，将生石灰化开成浆液，不待冷却直接泼洒 | | |
| 茶麸（茶粕）清塘 | | 40～50（水深 1 米） | 将茶麸捣碎，加水，浸泡 1 昼夜，连渣一起均匀泼洒全池 | ①能杀灭野鱼、蛙卵、蝌蚪、螺蛳、蚂蟥、部分水生昆虫<br>②对细菌无杀灭作用，对寄生虫、水生杂草杀灭差<br>③能增加肥度，但助长鱼类不易消化的藻类的繁殖 | 7 天后 |

（续）

| 药物及清塘方法 | | 用量（千克/亩） | 使用方法 | 清塘功效 | 毒性消失时间 |
|---|---|---|---|---|---|
| 生石灰、茶麸混合清塘 | | 茶麸37.5，生石灰45（水深1米） | 将浸泡后的茶麸倒入刚溶化的生石灰内，拌匀，全池泼洒 | 兼有生石灰和茶麸两种清塘方法的功效 | 7天后 |
| 漂白粉清塘 | 干法清塘 | 1 | 先干塘，然后将漂白粉加水溶化，拌成糊状，然后稀释，全池泼洒 | ①效果与生石灰清塘相近<br>②药效消失快，肥水效果差 | 4～5天 |
| | 带水清塘 | 13～13.5（水深1米） | 将漂白粉溶化后稀释，全池泼洒 | | |
| 生石灰、漂白粉混合清塘 | | 漂白粉6.5，生石灰65～80（水深1米） | 加水溶化，然后稀释全池泼洒 | 比两种药物单独清塘效果好 | 7～10天 |
| 巴豆清塘 | | 3～4（水深1米） | 将巴豆捣碎，加3%食盐，加水浸泡，密封缸口，经2～3天后，将巴豆连渣倒入容器或船舱，加水泼洒 | ①能杀死大部分害鱼<br>②对其他敌害和病原体无杀灭作用<br>③有毒，皮肤有破伤时不要接触 | 10天 |
| 鱼藤精或干鱼藤清塘 | | 鱼藤精1.2～1.3(水深1米) | 加水10～15倍，装喷雾器中全池喷洒 | ①能杀灭鱼类和部分水生昆虫<br>②对浮游生物、致病细菌、寄生虫及其休眠孢子无作用 | 7天后 |
| | | 干鱼藤1(水深0.7米) | 先用水泡软，再捶烂浸泡，待乳白色汁液浸出，即可全池泼洒 | | |

除清塘消毒外，鱼苗放养前最好用密眼网拖2次，清除蝌蚪、蛙卵和水生昆虫等，以弥补清塘药物的不足。

有些药物对鱼类有害，不宜用作清塘药物，如滴滴涕，这是

一种稳定性很强的有机氯杀虫剂，能在生物体内长期积累，对鱼类和人类都有致毒作用，应禁止使用。其他如五氯酚钠、毒杀芬等对人体也有害，禁止采用。

清塘一般有排水清塘和带水清塘两种：排水清塘，是将池水排到6.6～10厘米时泼药，用这种方法用药量少，但增加了排水的操作；带水清塘，通常是在供水困难或急等放鱼的情况下采用，但用药量较多。

(3) 清除杂草　有些鱼苗池（也包括鱼种池）水草丛生，影响水质变肥，也影响拉网操作。因此，需将池塘的杂草清除，可用人工拔除或用刀割的方法，也可采用除草剂，如扑草净、除草剂1号等进行除草。

(4) 灌注新水　鱼苗池在清塘消毒后可注满新水，注水时一定要在进水口用纱网过滤，严防野杂鱼再次混入。第一次注水40～50厘米，便于升高水温，也容易肥水，有利于浮游生物的繁殖和鱼苗的生长。到夏花分塘后的池水可加深到1米左右，鱼种池则加深到1.5～2米。

(5) 培育肥水　目前，各地普遍采用鱼苗肥水下塘，使鱼苗下塘后即有丰富的天然饵料。培育池施基肥的时间，一般在鱼苗下塘前3～7天为宜，具体时间要看天气和水温而定，不能过早也不宜过迟。一般鱼苗下塘以中等肥度为好，透明度为35～40厘米，水质太肥，鱼苗易生气泡病。鱼种池施基肥时间比鱼苗池可略早些，肥度也可大些，透明度为30～35厘米。

初下塘鱼苗的最适适口饵料为轮虫和无节幼体等小型浮游生物。一般经多次养鱼的池塘，塘泥中贮存着大量的轮虫休眠卵。一般每平方米有100万～200万个，但塘泥表面的休眠卵仅占0.6%，其余99%以上的休眠卵被埋在塘泥中，因得不到足够的氧气和受机械压力而不能萌发。因此在生产上，当清塘后放水时（一般当放水20～30厘米时），就必须用铁耙翻动塘泥，使轮虫休眠卵上浮或重新沉积于塘泥表层，促进轮虫休眠卵萌发。生产实践证明，放水时翻动塘泥，7 天后池水轮虫数量明显增加，并出现高峰期。表 6-5 为水温 20～25℃时、用生石灰清塘后，鱼苗培育池水中生物的出现顺序。

**表 6-5　生石灰清塘后浮游生物变化模式**（未放养鱼苗）

| 项目＼清塘 | 1～3 天 | 4～7 天 | 7～10 天 | 10～15 天 | 15 天后 |
|---|---|---|---|---|---|
| pH | >11 | >9～10 | 9 左右 | <9 | <9 |
| 浮游植物 | 开始出现 | 第一个高峰 | 被轮虫滤食，数量减少 | 被枝角类滤食，数量减少 | 第二个高峰 |
| 轮虫 | 零星出现 | 迅速繁殖 | 高峰期 | 显著减少 | 少 |
| 枝角类 | 无 | 无 | 零星出现 | 高峰期 | 显著减少 |
| 桡足类 | 无 | 少量无节幼体 | 较多无节幼体 | 较多无节幼体 | 较多成体 |

从生物学角度看，鱼苗下塘时间应选择在清塘后 7～10 天，此时下塘正值轮虫高峰期。但生产上无法根据清塘日期来要求鱼苗适时下塘时间，加上依靠池塘天然生产力培养轮虫数量不多，每升仅 250～1 000 个，这些数量在鱼苗下塘后 2～3 天内就会被鱼苗吃完。故在生产上采用先清塘，然后根据鱼苗下塘时间施用有机肥料，人为地制造轮虫高峰期。施有机肥料后，轮虫高峰期的生物量比天然生产力高 4～10 倍，每升达 8 000 个以上，鱼苗下塘后轮虫高峰期可维持 5～7 天。为做到鱼苗在轮虫高峰期下塘，关键是掌握施肥的时间。如用腐熟发酵的粪肥，可在鱼苗下塘前 5～7 天（依水温而定），每亩泼洒粪肥 150～300 千克；如用绿肥堆肥或沤肥，可在鱼苗下塘前 10～14 天，每亩投放200～400 千克。绿肥应堆放在池塘四角，浸没于水中以促使其腐烂，并经常翻动。

如施肥过晚，池水轮虫数量尚少，鱼苗下塘后因缺乏大量适口饵料，必然生长不好；如施肥过早，轮虫高峰期已过，大型枝

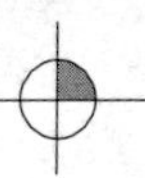

角类大量出现，鱼苗非但不能摄食，反而出现枝角类与鱼苗争溶氧、争空间、争饵料，鱼苗因缺乏适口饵料而大大影响成活率。这种现象群众称为“虫盖鱼”，发生这种现象时，应全池泼洒0.2～0.5克/米$^3$的晶体敌百虫，将枝角类杀灭。

为确保施有机肥后轮虫大量繁殖，在生产中往往先泼洒0.2～0.5克/米$^3$的晶体敌百虫，杀灭大型浮游动物，然后再施有机肥料。如鱼苗未能按期到达，应在鱼苗下塘前2～3天，再用0.2～0.5克/米$^3$的晶体敌百虫全池泼洒1次，并适量增施一些有机肥料。

有些地区控制水质肥度，采用放“试水鱼”的办法，放养时间是施基肥后2～3天（表6-6）。

**表6-6　鱼苗塘“试水鱼”的放养密度**

| 地区 | 规格（厘米） | 数量（尾） | 规格（厘米） | 数量（尾） |
|---|---|---|---|---|
| 广西 | 鳙9.9<br>鳙13.2<br>鳙16.5 | 450～500<br>300～400<br>150～200 | 鳙19.8<br>鳙23.1 | 120～150<br>100～120 |
| 湖北 | 13.2厘米左右的鳙150～200尾，0.5千克左右草鱼50～100尾 | | | |
| 江西赣州 | 13.2～16.5厘米的鳙30尾 | | | |
| 广东 | 13.2厘米左右的鳙300～400尾 | | | |

放养“试水鱼”的主要作用：

①测知池水肥度：放养鳙的鱼苗池，“试水鱼”于每天黎明前开始浮头，太阳出来后不久即下沉，表明水肥度适宜；浮头过长，表示水质过肥；不浮头或极少浮头，表示肥度不足，应继续施肥。

②控制大型浮游动物的生长繁殖：经过清塘和释放基肥后，大型的浮游动物逐渐繁殖，它们的个体较大，不能作为初下塘鱼苗的饵料，且消耗氧气，若繁殖过多，还会使浮游植物大大减少，水色变成黄浊，这种水质不利于鱼苗的生长。放入

“试水鱼”，可以摄食过多的大型浮游动物，保持稳定的优良水质。

③提高池塘利用率：即利用鱼苗下塘前一段时间，进行大规格鳙鱼种的培育。

鱼苗下塘前，必须将“试水鱼”全部捕起。一般是上午捕“试水鱼”，下午放养鱼苗。两广和湖北也有用2龄草鱼作“试水鱼”，以清除水中杂草（如丝状藻等），但2龄草鱼常患九江头槽绦虫病（俗称干口病），对夏花草鱼危害极大，故已逐渐减少使用草鱼为“试水鱼”。

④水温和水质毒性的检查：鱼苗下池前还要检查一下水温，一般温差不能超过3℃。其次，放养苗前要特别注意清塘药物的毒性是否已消失，最简便的方法是在鱼池现场，取一盆池水，放入20～30尾鱼苗，养半天到1天，在此期间若“试水鱼”活动正常，即可进行鱼苗放养。

**2. 养殖管理**

（1）*青鱼苗种培育措施* 培育青鱼夏花一定要单养，否则将影响成活率。5月中下旬每亩放养青鱼水花6万～8万尾，青鱼水花呈银黄色，个体大，不易辨别老嫩，所以一定要等腰点出齐后或上箱后再过数下塘。鱼苗入池后开始投饵，培养初期上、下午各投饵1次，每亩日投喂2～8千克干黄豆豆浆，投喂时沿池塘四周均匀泼洒；培养中期上、下午增加投喂混合料面1次，每次亩投喂量0.6～1千克，混合料面由豆粕、菜籽粕、玉米和麸皮组成；培养后期改投微粒饲料，日投饵4次，亩投喂量6～20千克，并逐步驯化鱼苗到饵料台附近吃食。微粒饲料配比为鱼粉20%、豆粕20%、菜籽粕10%、玉米20%、麸皮20%、次粉10%，加工成颗粒饲料后破碎成微颗粒。每3天小水流注水1次，每次注水增加水深5厘米。培养后期黎明前开增氧机2～3小时。一般经过25天左右的精心饲养，鱼苗体长至1.5～2.0厘米，进行拉网锻炼，一般炼苗2～3次。

(2) *草鱼苗种培育措施* 每亩放养10万～15万尾鱼苗进行夏花培育。经20～30天培育，草鱼夏花鱼种达2.5～3厘米时，可进行拉网锻炼，并及时出池分养，进行鱼种培育。

鱼苗培育阶段，早期以施肥和泼洒豆浆为主，后期投喂豆饼浆或米糠，日投饲量为鱼体重的10%～15%。鱼苗下池后，保持池水透明度25～30厘米，通过施肥、泼洒豆浆和投饵来保持生物饵料丰度，间隔5～7天往池内加注新水1次，每次进水10厘米，最后使池水保持在1米左右。鱼苗刚下塘的几天，要防止因气温迅速回升而导致的水色突然变浓现象的出现，否则会出现池水pH过高、或光合作用太强而导致鱼苗不适或者得气泡病而死亡的事故发生。发现水色变浓时，最可靠、最有效的方法是迅速进水。坚持每天多次巡塘，发现情况及时处理。

(3) *鲢、鳙苗种培育措施* 每亩放养鲢、鳙水花10万～15万尾。实践证明，饱食下塘的鱼苗比空腹下塘的鱼苗成活率要高得多。下塘当天将鸡蛋煮熟，用蛋黄浆在网箱里投喂水花鱼苗，每10万尾喂1枚鸡蛋，2～3分钟后将鱼苗放入塘中。由于鱼苗的游泳能力差，下塘时要求在上风处，水温不能相差2℃。鱼苗下塘2～3天，要多观察，由于各种原因造成鱼苗大量死亡，应及时补苗。鱼苗下塘后第2天即可投喂豆浆，每天每亩用黄豆3千克泡涨后磨浆全池泼洒。经过15～20天的培育，鱼苗可达2～3厘米，这时即可出售或转入鱼种培育阶段。此时必须进行拉网锻炼2～3次，便于长途运输。

鲢、鳙夏花鱼苗在拉网出鱼时要防止“炸网”，所谓“炸网”，是指鱼苗在拉网起捕的过程中，在鱼苗出网密集时短时间内大量死亡的现象。在北方地区，尤以最为常见。因此，在起捕鱼苗的操作过程中应切实把好以下措施，防止鱼苗“炸网”。①加强适应性锻炼：在起捕鲢、鳙鱼苗时，要提前几天进行拉网锻炼2～3次，每次将鱼苗聚集在一起10～15分钟，让鱼群对网具的刺激和密集环境有所适应，然后再放归池中。聚集鱼群的密

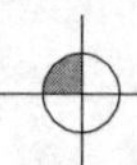


度不宜过高，以免造成不必要的损失。这一措施对防止鲢、鳙鱼苗发生“炸网”非常重要，切不可减免。②注意池塘水质和出网地点：鲢、鳙夏花起捕一般要在6月以后，此时气候开始炎热，水温都要在25℃以上，此时捕鱼更容易出现“炸网”。所以大批量地起捕鲢、鳙鱼苗时，一定要观察好水质，确定好拉网的时间和出网的地点。如果水体过浅、水质较肥，则拉网的前2天一定要把池水加深，使池水深度在80厘米左右，不要让池水过肥。最好选择在晴天上午和有些小风的天气为好。③注意病害防治：拉网前一定要注意鱼类的病害情况，一旦发生病害，一定要先进行有效的治疗，在鱼类病害未好之前不要拉网。

（4）*鲤苗种培育措施*　鱼苗的放养密度在15万～20万尾/亩，每个池塘放养的鱼苗应该是同批繁殖的。鱼苗除了靠摄食肥水培养的天然饵料生物外，还必须人工喂食。主要是泼洒豆浆，每天上下午各泼洒1次。投喂量通常以水体面积计算，一般每亩每天用黄豆3～4千克，可磨成豆浆100千克左右，当天磨，当天喂。1周后增加到4～5千克，并在池边增喂豆饼糊。

随着鱼体的增长，要分次加注新水，增加鱼体活动空间和池水的溶氧，使鱼池水深逐渐由0.5～0.7米增加到1～1.2米。每天早晚坚持巡塘，严防泛塘和逃鱼，并注意鱼苗活动是否正常，有无病害发生，及时捞除蛙卵和杂物等。

鱼苗经过半个月左右的饲养，长到1.7～2.6厘米的乌仔鱼种时，即可进行出售或分塘。出售或分塘前要进行拉网锻炼，目的是增强鱼的体质，使其能经受操作和运输。锻炼的方法是，选择晴天的9：00以后拉网，把网拉到鱼池的另一头时，在网后近一池边插下网箱，箱的近网一端入水中，然后将网的一端搭入网箱，另一端逐步围拢，并缓缓收网，鱼即自由游入箱中。鱼在网箱内捆养几小时后，即可放回池中。锻炼前鱼要停食1天。操作时要细心，阴雨天或鱼种浮头时不宜进行。

继续培育成夏花时，每亩放养6 000～8 000尾乌仔，一般不

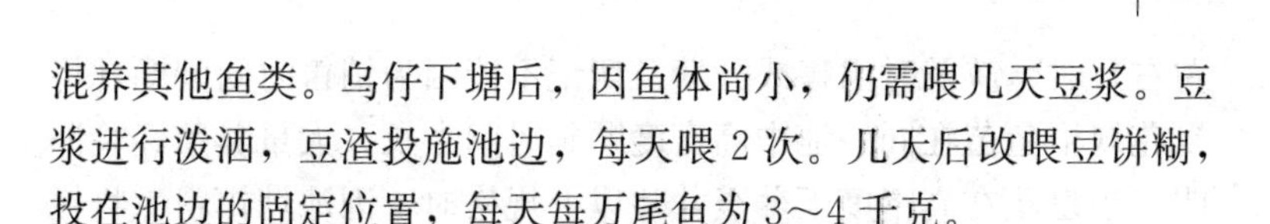


混养其他鱼类。乌仔下塘后，因鱼体尚小，仍需喂几天豆浆。豆浆进行泼洒，豆渣投施池边，每天喂 2 次。几天后改喂豆饼糊，投在池边的固定位置，每天每万尾鱼为 3～4 千克。

在饲养过程中，鱼种还需摄食大量的大型浮游动物和底栖生物等天然饵料。因此，水体要保持一定肥度。除施基肥外，还要根据水质情况适当追肥，每次数量不宜太多。要坚持早晚巡塘。

（5）*鲫苗种培育措施*　选择腰点已长出、能够平游、体质健壮、游动迅速的鱼苗，放养密度一般为每亩放 20 万尾左右。如池塘条件好，水源、饲料充足，有较好的饲养技术，每亩可放养至 25 万～30 万尾。放苗地点为放苗池的上风头，将盛鱼苗的容器放入水中慢慢倾斜，让鱼苗自行游入池塘。

在鱼苗饲养过程中，分期向鱼池中加注新水，是促进鱼苗生长和提高成活率的有效措施。鱼苗下池 5～7 天即可加注新水，以后每隔 4～5 天注水 1 次，每次注水深度 10～15 厘米，池水透明度保持在 30～40 厘米。

水花鱼苗下塘后，用黄豆磨成稍浓的豆浆，全池泼洒投喂。每天喂豆浆 2～3 次，每亩每天用 2～3 千克干黄豆，慢慢增加用量。同时，根据池水肥度等情况，适时追施一定量的有机肥。在确定投饵量时，应准确估测苗种的成活率和仔细观察摄食和活动情况。

经 15 天左右的饲养，一般可生长至 2 厘米左右，称为乌仔。经 25 天左右的饲养，生长至 3 厘米左右，称为夏花鱼种。无论乌仔或夏花鱼种出塘，均需进行拉网锻炼（称炼网），一般需进行 2 次炼网。炼网选择晴天 9：00～10：00 进行，并停止喂食。第 1 次炼网，将鱼拉至一头围入网中，将鱼群集中，轻提网衣，使鱼群在半离水状态下密集一下，时间约 10 秒钟，再立即放回原池。间隔 1 天后进行第 2 次炼网，第 2 次炼网将鱼群围拢后灌入夏花捆箱内，密集 2 小时左右，然后放回原池。

特别强调的是，当鱼苗生长 3 周左右达到夏花规格（3 厘米左右）时，应及时出售或分塘；切记不能因为销售时间问题，将夏花规格鱼苗在同一池中高密度顺延时间太长。大量养殖经验证明，当夏花在高密度下养至寸片以上规格时，因池塘饵料生物耗尽、鱼体营养不足，极易暴发体表黏孢子虫病等寄生虫病。

（6）*鳊、鲂苗种培育措施* 当鱼苗腰点出现后 4～6 小时装入氧气袋起运，运输途中维持氧气袋中水温的稳定。选择晴好天气，将鱼苗适时运至池塘边，将装有鱼苗的氧气包放入池水中浸泡，调节水温。待氧气包内水温与池塘水温温差小于 0.5℃时，即可在下风向上 20 米、离岸边 2 米处将鱼苗轻轻倒入水中。放养时间为 11：00，放养密度为 40 万尾/亩左右。鳊、鲂鱼苗十分娇嫩，经装苗、运输后会造成一定损伤，在放养前用 10 倍的放大镜观察鱼苗的受损程度，放苗后检查鱼的活动情况。发现鱼苗损伤严重或计数不足时，应及时补苗，放足数量。

鱼苗下塘的翌日开始泼洒豆浆。方法是将大豆浸泡 6 小时后磨成豆浆全池均匀泼洒，每天 2 次，时间为 8：30、14：30，每亩用大豆 0.5 千克/天，同时施 30 千克用 EM 菌发酵了 6 天的菜籽饼进行肥水，发酵比例为 1∶50。之后，随着鱼苗的生长适量增加大豆数量。当鱼苗体长达 1.8～2 厘米时，适当添加粉状饲料。方法是将粉状饲料拌于豆浆中，次数由 1 次逐渐增加到 2 次，数量也由少到多，逐步增加。当鱼体长达 2.3～2.5 厘米时，改泼洒豆浆为投喂粉状饲料，可将饲料定点堆放在离水面 30 厘米的浅滩处。投饲量根据鱼种规格与数量决定，一般以 2～3 小时吃完为宜。

鱼苗刚下塘时池塘水位控制在 50～60 厘米，由于清塘与池塘自身的肥度，此时水质清澈，有适量浮游生物。随着鱼苗的生长，要不断提高水位，每次注水 15～20 厘米。若水质偏肥则多加，瘦则少加，并适量追肥，适时泼浇 EM 菌，始终保持水质透明度达 30～40 厘米，确保水质“肥、活、爽”。

坚持每天早晚巡塘 2 次以上，捞除塘中杂物和青蛙卵等，仔

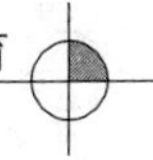

细观察鱼苗活动情况及水质变化情况，防止缺氧。在放养后翌日，用晶体敌百虫化水在池塘周围离岸 4 米的水面上均匀泼洒，以杀死水蜈蚣等敌害生物。

鱼苗经过 20 天的培育，体长达 2 厘米以上时进行拉网炼苗。拉网锻炼在晴天上午进行，隔天锻炼 1 次。第 1 次拉网时将鱼苗稍微密集后即放回，第 2 次以后可将夏花围在网中密集，密集时间视鱼体忍受力而定。拉网操作要十分小心，尽量不使鱼贴网、离水。经 3 次的拉网锻炼，即可出塘。

## 四、1 龄鱼种培育

夏花经过饲养，体长达到 10 厘米以上，称为 1 龄鱼种或仔口鱼种。培育 1 龄鱼种的鱼池条件和发花塘基本相同，但面积要稍大一些，一般以 2～8 亩为宜。面积过大，饲养管理、拉网操作均不方便。水深一般 1.5～2 米，高产塘水深可达 2.5 米。在夏花放养前，必须和鱼苗池一样用药物消毒清塘。清塘后适当施基肥，培肥水质。施基肥的数量和鱼苗池同，应视池塘条件和放养种类而有所增减，一般每亩施发酵后的畜（禽）粪肥 150～300 千克，培养红虫，以保证夏花下塘后就有充分的天然饵料。

### 1. 青鱼 1 龄鱼种培育

（1）夏花放养　鱼种培育池可配置叶轮式增氧机、自动投饵机，池塘经生石灰消毒后，注水至 1.3 米。池塘平均每亩放养青鱼鱼苗 1 万尾左右，每亩可搭配放养鲢夏花 2 000 尾、鳙 600 尾。各种鱼苗放养时，用 3%食盐水溶液浸洗消毒。

（2）水质调控　每 5 天注水 1 次，每次注水量增加水深 10 厘米。鱼种培育中后期每月换水 1 次，每次的换水量为池水的 1/4～1/3。一般黎明前 3～5 小时开增氧机，在高温季节每天中午开机 1～2 小时，闷热、阴雨天气要增加开机时间。

（3）投饵　一般鱼苗在夏花阶段已经进行了抢食驯化，因此，夏花定塘后可以投喂颗粒饲料。7～9 月，每天投饵 4 次，时间为7:10、11:00、15:00、18:40；10月，每天上、下午各投饵1次，时间为9:00、15:00。投饵量要根据鱼苗大小（每隔15天进行1次体重测试）、水质、天气及鱼的摄食情况灵活掌握，一般控制在鱼体重的1%～5%。

（4）*病害防治*　养殖过程中以预防为主，7～10月每隔15天左右，每亩施20千克生石灰进行消毒，待生石灰化浆后均匀泼洒。

**2. 草鱼1龄鱼种培育**　“早开口，早投喂，晚停食”是草鱼鱼种培育的一个关键技术，这样可有效延长草鱼生产周期，以期获得较大规格1龄鱼种。

（1）*夏花放养*　一般每亩放养5 000尾夏花，过20天后每亩可放养规格为2～3克的鲢、鳙进行套养。

（2）*饵料投喂*　要尽量投足投好饲料，并根据草鱼喜食含纤维素较高的饲料，如豆饼、麸皮、菜饼、米糠、花生饼或酒糟等进行投喂，日投饲量为体重8%～10%。以后随着个体的增长，逐步减少。也可投喂直径1.5厘米的膨化颗粒饲料，投饲率为8%。从8：00～18：00，间隔相同时间投喂，每天投喂3餐，每次投喂半小时以上。因草鱼抢食凶猛，投喂时尽量扩大投喂面积以防规格不均。喂食后需及时捞取剩余饵料，防止恶化水质。另外，可以投喂部分浮萍及其他鲜嫩的水旱草。

（3）*水质管理*　每月用生石灰或漂白粉全池泼洒，藻类较多时使用硫酸铜局部泼洒。在高温季节水质过肥时，池水控制在1.2～1.5米，为防止鱼类浮头及防止水质老化，适时换注新水，每次交换量掌握在池水的10%～15%。也可使用EM菌、复合芽孢杆菌等微生物制剂调水，具体方法严格按照使用说明进行。每亩塘口配备1～2台纳米增氧盘，每天定时开至8小时以上，应避开喂食阶段，阴雨天气增加开机时间。

（4）*疾病防治*　疾病防治是鱼种培育阶段的关键。7～8月水温较高，是鱼种生长迅速的月份，但同时也是草鱼疾病多发

月份，因此本阶段疾病的预防最为关键。在做好日常管理的同时，每隔 1 周需随机捞取 6～10 尾草鱼镜检，观察是否有寄生虫，如发现有虫及时用药物治疗。9 月水温虽有所下降，但闷热天气较多，应适当增加增氧时间，多巡塘，以防止浮头等突发病症。

**3. 鲢 1 龄鱼种培育**

(1) *夏花放养* 以鲢为主的池塘，一般每亩放养鲢 5 000 尾、草鱼 1 500 尾、鳙 500 尾，或者每亩放养鲢 10 000 尾、团头鲂 2 000 尾。

(2) *施肥投饵* 以施肥为主，适当辅以精饲料。施肥方法和数量，应掌握少量勤施的原则。因夏花放养后正值天气转热的季节，施肥时应特别注意水质的变化，不可施肥过多，以免遇天气变化而发生鱼池严重缺氧，造成死鱼事故。施粪肥，可每天或每 2～3 天全池泼洒 1 次，数量根据天气、水质等情况灵活掌握。应掌握晴天多施，阴天少施，天气恶变及阵雨时不施；水质清爽多施，水浓少施，恶变不施；鱼活动正常，食欲旺盛，不浮头应多施，反之则应少施，千万不能一次大量施肥。通常每次每 667 米$^2$ 施粪肥 100～200 千克。养成 1 龄鱼种，每亩共需粪肥1 500～1 750 千克。每万尾鱼种需用精饲料 75 千克左右。

(3) *日常管理* 夏花放养后，由于大量施肥，水质将逐渐转浓。要经常加水，一般每半个月 1 次，每次加水 15 厘米左右，以更新水质，保持水质清新，也有利于满足鱼体增长对水体空间扩大的要求，使鱼有一个良好的生活环境。平时还要根据水质具体变化、鱼的浮头情况，适当注水。一般说，水质浓，鱼浮头，酌情注水是有利无害的，可以保持水质优良，增进鱼的食欲，促进浮游生物繁殖和减少鱼病的发生。每天早上巡塘 1 次，观察水色和鱼的动态，特别是浮头情况。如池鱼浮头时间过久，应及时注水。还要注意水质变化，了解施肥、投饲的效果。下午可结合

投饲或检查吃食情况，巡视鱼塘。

**4. 鳙1龄鱼种培育**

(1) 夏花鱼种放养　以鳙夏花鱼种为主，同时搭配草鱼、鳊、鲫等夏花鱼种，且规格要小于鳙夏花鱼种，一般每亩放养鳙5 000尾、草鱼1 000尾、鳊200尾、鲫200尾。以鳙为主鱼池一般不宜混养鲢，它们的食性虽有所差别，但也有一定矛盾。鲢性情急躁，动作敏捷，争食能力强；鳙行动缓慢，食量大，但争食能力差，常因得不到足够的饲料，生长受到抑制。所以，一般鲢、鳙不宜同池混养。但考虑到充分利用池中的浮游动物，可以在主养鲢池中，混养10%～15%的鳙。江苏省的一些地方，为了提高鳙池的产量，待鳙鱼种长大后到9月初再搭配放养鲢，获得了增产的效果。

(2) 饵料投喂　鱼种以投喂菜粕为主，先进行驯食，开始少量多次投喂，待鱼种正常摄食后，按照"四定"的原则进行投喂。根据鱼种的数量与体重，逐渐增加投喂量，每7天一个阶段。在塘边设立2个饵料台，6～9月每天投喂3次，即8：00～9：00、13：00～14：00、16：00～17：00；10月每天投喂2次，上下午各1次。每天投喂量，以确保鱼种吃好吃饱为宜。另外，6月上中旬每亩可投喂150千克浮萍，8～9月可投喂350千克鲜嫩苏丹草，以补充维生素，促进鱼种生长。

(3) 施肥培水　可采用以发酵猪粪为主、配以鱼肥的方法培肥水质，培育浮游生物，为鳙增加天然饵料。每周泼1次发酵过的猪粪，用量视水质而定，一般每次每亩用30～60千克。每隔10～15天泼1次高效激活素（鱼肥），每次每亩用1～2千克。保持池水透明度25厘米左右。

(4) 水质调控　一是提高水位。随着时间的推移，以及个体的长大，逐步提高池塘水位，至8月达1.7米左右。7～9月，每周加注新水1次，其他月份每10～15天加注新水1次，每次6～10厘米。二是调节水质。采用光合细菌、芽孢杆菌等微生态

制剂调节水质。

（5）日常管理　一是坚持每天巡塘，做到每天3次，发现问题及时处理；二是定期检查池水中天然饵料生物，特别是枝角类的密度，晚上用灯光照，肉眼观察；三是及时开增氧机，防止缺氧浮头；四是做好养殖生产日志记录，完善记录好苗种放养、投喂和用药等情况。结合巡塘，看水色、看鱼的吃食情况，估算池鱼的重量，推算鱼的生长速度，确定下一阶段的投喂量。

（6）鱼病防治　坚持预防为主、防治结合的原则，除定期清塘消毒外，在养殖过程中使用生石灰、车轮净和百毒清防病，可有效防止病虫害发生。

**5. 鲤1龄鱼种培育**

（1）苗种放养　鲤夏花放养时间一般在5月下旬，池塘水温在18℃以上，每亩放养1万尾左右夏花，养成冬片或春片鱼种。也可以采用混养方式，以鲤夏花为主，混养草鱼、鲢、鳙等鱼种。每亩可放养鲤鱼种5 000～7 000尾，草鱼夏花1 000尾，鲢、鳙1 000～2 000尾。放苗时将塑料袋先放入池塘，用池水泼洒鱼苗袋，调节控制鱼苗袋内水温与池塘水温温差小于2℃时，再打开塑料袋。

（2）饵料投喂　要先进行驯化，驯化在培肥水质的前期下，先用豆饼、麸皮、玉米面组成的三合液浆沿池塘四周泼洒，然后逐步缩小到有食台的一边，并用破碎料在食台上进行吊袋诱食；当鱼体长到5厘米以上时，以鲤鱼种开口料和前期料进行驯化喂养，使鱼类形成定点集中抢食的条件反射，然后用投饵机投喂鲤全价配合饲料。投喂按照定质、定量、定时、定位的“四定”原则进行投喂，选择全价配合饲料的粒径和蛋白含量与鱼种的生长阶段相适应，日投饵率按鲤鱼种和草鱼种的体重和水温情况进行估算，灵活掌握投饵量。水温低于20℃，按吃食性鱼类体重的2%～3%进行投喂；水温高于20℃，按吃食性鱼类体重的3%～5%进行投喂。

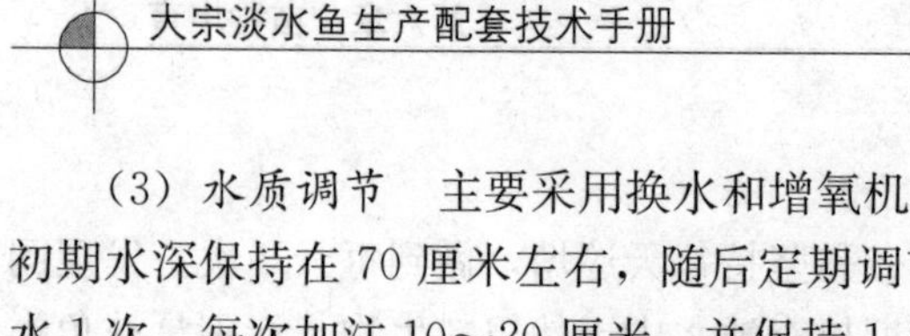


（3）水质调节　主要采用换水和增氧机增氧调节水质。下塘初期水深保持在70厘米左右，随后定期调节水质。6月7天注水1次，每次加注10～20厘米，并保持1.5米左右的水深；温度较高的7～8月，每7～10天换水1次，每次换水15～25厘米，换水时先排掉老水，再加注新水，水深保持在1.5米以上；9月每周换水1次，每次换水20～30厘米。水体透明度始终保持在30～50厘米。增氧机在增氧的同时，又可以起到搅水和曝气的作用，做到"三开、两不开"。晴天中午开机1～2小时；阴天适时开机；阴雨连绵有严重浮头危险时，要在浮头之前开机，直到解除浮头。一般情况下，傍晚不开机；阴雨天白天不开机。合理使用增氧机可预防鱼类浮头，防止泛塘，也可以加速池塘内的物质循环，增加投喂量，达到高产、提高饲料利用率、降低饲料系数和有利于预防鱼病的目的。

**6. 鲫1龄鱼种培育**

（1）放养　放养的夏花鱼种，应选择体质健壮、无病害的个体。放养前可采用鱼筛筛选，以使夏花鱼种规格均匀，同时，应严格剔除畸形鱼种和野杂鱼。一般每亩放养夏花鱼种5 000～10 000尾为宜，可适当搭配放养鲢、鳙夏花。

（2）饲料与投喂　夏花入塘后，前几天可以利用池塘中的天然饵料生物。当看到大量的鱼苗巡游觅食时，就可以投喂饲料了。先投喂破碎料，当鱼种体长达到5厘米以上时投喂粒径1.5毫米的颗粒饲料，当鱼种体长达到10厘米以上时则改为投喂粒径2毫米的颗粒饲料，直到鱼种培育结束。开始驯化鱼苗时，可直接用投饵机慢速低档长时间（1小时）进行投喂驯化，一般3～5天就可驯化好鱼苗。鱼苗驯化完成以后，按照鱼体摄食八分饱的原则，提高自动投饵机的投喂速度，缩短投喂时间为40分钟，每天投喂4次，每次间隔3.5小时。养殖后期，投喂次数可缩短为每天3次。

（3）日常管理　鱼苗下塘后，每次加水15厘米左右。到6

月逐步调整水深为1.2米左右；到7月以后应经常加水，保持水深为1.5米左右。7～8月间每隔20天每亩泼洒3千克左右生石灰水1次，其他月份则每月泼洒生石灰水1次，使池水pH保持在7.5左右。尽量保持池水“肥、活、嫩、爽”的标准，池水透明度保持在30厘米左右。养殖中后期，定期开启增氧机，14:00～15：00开启增氧机1小时，后半夜开启增氧机至天明。可以防止鱼类浮头情况的发生，并使池水有较高的溶解氧含量，也可保持鱼种有旺盛的食欲，降低了饵料系数。坚持早、中、晚巡塘，观察水质变化、鱼种生长及摄食情况、注意天气变化等，并做好养殖日记。

（4）鱼病防治　在6月和9月使用杀虫剂各1次，6～10月间使用二氧化氯泼洒消毒4～5次。

**7. 团头鲂1龄鱼种培育**

（1）鱼种放养　在5月底、6月初可放养夏花鱼苗，每亩放养6 000尾左右团头鲂夏花，可套养1 500尾鲢夏花、500尾鳙夏花。

（2）饲料投喂　鱼种放养后25天内，采用黄豆、豆粕、菜粕混合磨浆泼洒与笃滩（前期以泼浆为主，后期以笃滩为主），可沿池塘四边泼浆或笃滩，10天后稚鱼能主动沿池塘边觅食就停止泼浆，并逐渐收到一条边上笃滩。每天投喂3次，平均每天投喂总量每亩按1.5千克计算。待鱼种习惯上滩摄食后，改用颗粒破碎料人工驯化投喂1周，每天投喂3次，日投喂量每亩为2～2.5千克。待鱼种上浮水面摄食后，采用自动投饵机投喂破碎料，3天后改为投喂粒径2毫米的颗粒料。饲养至鱼体长接近14厘米时，改为投喂粒径2.5毫米的颗粒饲料。养殖全程都使用同一种含蛋白30%的不同粒径的配合饲料，根据鱼体规格、存塘量、摄食情况及时调整日投喂量，日投饵率按5%～8%计算。

（3）水质管理　鱼种放养时水位控制在80厘米，1周后每隔3天加水10厘米。到7月初，池塘水位加深至1.8米，以后视水质变化情况适时加水或换水。养殖期间，水质长期保持嫩、活、爽，池水透明度在30厘米左右。7～9月，随着鱼体的增长，鱼类摄食与排泄也相应增加，可每隔20天使用光合细菌1次，使用方法为全池泼洒或拌饵投喂。适时开启增氧机增氧，可达到调节水质的作用。根据养殖池的水质、天气情况、鱼类生长情况等，科学使用增氧机，开机时间一般都控制在晴天午后，遇特殊情况时可在凌晨或白天开机。自清塘消毒后，坚持每天巡塘，在生长旺季需每天早、晚巡塘2次，观察鱼类活动、水质变化等情况，发现问题及时采取措施。做好鱼病的防治工作和养殖生产的档案记录。

**8. 并塘越冬** 秋末冬初，水温降至10℃以下，鱼的摄食量大大减少。为了便于翌年放养和出售，这时便可将鱼种捕捞出塘，按种类、规格分别集中蓄养在池水较深的池塘内越冬（可用鱼筛分开不同规格）。

在长流流域一带，鱼种并塘越冬的方法是在并塘前1周左右停止投饲，选天气晴朗的日子拉网出塘。因冬季水温较低，鱼不太活动，所以不要像夏花出塘时那样进行拉网锻炼。出塘后经过鱼筛分类、分规格和计数后即行并塘蓄养，群众习惯叫“囤塘”。并塘时拉网操作要细致，以免碰伤鱼体和在越冬期间发生水霉病。蓄养塘面积为2～3亩，水深2米以上，向阳背风，少淤泥。鱼种规格为10～13厘米，每亩可放养5万～6万尾。并塘池在冬季仍必须加强管理，适当施放一些肥料，晴天中午较暖和，可少量投饲。越冬池应加强饲养管理，严防水鸟危害。并塘越多，不仅有保膘增强鱼种体质及提高成活率的作用，而且还能略有增产。

为了减少损失和操作麻烦，利于成鱼和2龄鱼池提早放养，提早开食，延长生长期，有些渔场取消了并塘越冬阶段，采取1龄鱼种出塘后，随即有计划地放入成鱼池或2龄鱼种池。

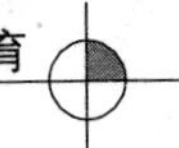

## 五、2 龄鱼种培育

所谓 2 龄鱼种的培育，就是将 1 龄鱼种继续饲养 1 年，青鱼、草鱼长到 500 克左右，团头鲂长到 50 克左右的过程，是从鱼种转向成鱼的过渡阶段。在这个阶段中，它们的食性由窄到广、由细到粗，食量由小到大，绝对增重快，而病害较多，特别是 2 龄青鱼。因此，2 龄鱼种的饲养比较困难。

### 1. 2 龄青鱼的培育

（1）*放养方式*　鱼种放养要根据鱼池条件、鱼种规格、出塘要求、饲料来源和饲养管理水平等多方面加以考虑（表 6 - 7）。

**表 6 - 7　2 龄青鱼培育放养模式**

| 放养鱼类 | 放养 | | 收获 | | |
|---|---|---|---|---|---|
| | 规格（厘米） | 尾/亩 | 成活率（%） | 规格（千克/尾） | 产量（千克/亩） |
| 1 龄青鱼 | 10～13 | 700 | 70 | 0.3 | 175 |
| 草鱼 | 7～10 | 150 | 70 | 0.3～0.5 | 45 |
| 团头鲂 | 8～10 | 220 | 90 | 0.2～0.25 | 45 |
| 鲢 | 13 | 250 | 90 | 0.55 | 125 |
| 鳙 | 13 | 40 | 90 | 0.75 | 25 |
| 鲤 | 3 | 500 | 60 | 0.5 | 150 |
| 合计 | | | | | 565 |

（2）*饲养管理*　鱼种放养前对池塘进行彻底清塘，选好鱼种，提前放养，提早开食，做好鱼病防治工作外，特别应根据其食性、习性和生长情况，做到投饲数量由少到多，种类由素到荤，质地由软到硬，使鱼吃足、吃匀；同时，适时注水、施肥，保持水质肥、活、嫩、爽。

①投饲要均匀：在正常情况下，螺蛳以 9：00～10：00 投喂

较为合适，如果15：00～16：00吃完，翌日可适当增加1～2成；16：00～17：00还未吃完，翌日应酌量减少1～2成；如到翌日投饲时仍未吃完，则应停止给食，待饲料吃完后再投喂。精饲料一般上午投，以1小时吃完为适度。在每天6：00～7：00和16：00～17：00，应各检查1次食场。水质不好或过浓，天气不好、有浮头等情况，也应考虑适当减少投饲量，甚至完全停食。按季节来说，春季可以满足鱼种的需要，夏季则要控制投饲量，白露以后可以尽量喂。每天的饲料投喂量，则应“看天、看水、看鱼”来加以调节。天好、水好、鱼好，可以多投饲；反之，则应少投饲。

②投饲数量：也可以根据预计产量、饲料系数和一般分月投饲百分比来计算。以每亩净产青鱼种200千克为例，一般经验投饲量和分月百分比是：糖糟125千克，3月占65%，4月占35%；蚬秧1 500～2 000千克，4月占10%，5月占90%；螺蛳6 000千克，5月占1.5%，6月占8%，7月占12.5%，8月占18%，9月占22%，10月占29%，11月占9%。

③饲料要适口：即通常所说的要过好转食关。饲料由细到粗、由软到硬、由少到多，逐级交替投喂。冬季在晴天、水温较高的中午投喂些糖糟，一般每亩投2～3千克。以后，根据放养鱼种的大小来决定投喂饲料的种类。如规格大的鱼种，在清明前后可投喂蚬秧，没有蚬秧时，也可继续投喂糖糟或豆饼和菜饼；如放养规格小（13厘米以下），则应将蚬秧敲碎后再投喂，或者仍投喂糖糟、菜饼或豆饼，一直到6月初前后再改投蚬秧。如果蚬秧缺少，可投螺蛳。6月由于鱼种还小，螺蛳必须轧碎后投喂。7月开始，即可投喂用铅丝筛筛过的小螺蛳。随着鱼种的生长，逐渐调换筛目。7月用1厘米的筛子，8月用1.3厘米的筛子，9月以后用1.65厘米的筛子。1、2龄混养鱼种池各期筛目可换大一些，中秋后可以不过筛。由轧螺蛳改为过筛螺蛳和每次改换筛目时必须注意，在开始几天适当减少投饲量。

**2. 2龄草鱼培育**

（1）放养方式 2龄草鱼的放养量、混养搭配与2龄青鱼相似。放养方式较多，现介绍常见草鱼与青鱼、鲤、鳊、鲢、鳙等多种鱼类混养方式，这种方式产量比较高。鲢、鳙一般放养斤两鱼种，到7月中旬即可达500克，扦捕上市。于6月底、7月初套养夏花鲢。有肥料条件的应施足基肥，促使鲢、鳙在6月底起捕，以避免拉网对夏花造成损失（表6-8）。

**表6-8 2龄草鱼放养模式**

| 放养鱼类 | 放养 | | | 收获 | | | |
|---|---|---|---|---|---|---|---|
| | 规格（厘米） | 尾/亩 | 千克/亩 | 成活率（%） | 规格（克） | 尾/亩 | 千克/亩 |
| 草鱼 | 50克 | 800 | 40 | 80 | 300 | 640 | 192 |
| 青鱼 | 165克 | 10 | 1.65 | 100 | 750 | 10 | 7.5 |
| 团头鲂 | 12 | 200 | 2.65 | 95 | 165 | 190 | 31.35 |
| 鲤 | 3 | 300 | 0.15 | 60 | 175 | 180 | 31.5 |
| 鲢 | 250克 | 120 | 30 | 100 | 500 | 120 | 60 |
| 鳙 | 125克 | 30 | 3.75 | 100 | 500 | 30 | 15 |
| 夏花鲢 | 3 | 800 | 0.4 | 95 | 100 | 760 | 76 |
| 鲫 | 3 | 600 | 0.4 | 60 | 125 | 360 | 45 |
| 合计 | | 2 860 | 79 | | | 2 290 | 458.35 |

（2）饲养管理

①合理投饲：早春一般在水温升至6℃以上，可投喂豆饼、麦粉、菜饼等精料，每亩每次投饲2～5千克，数天投饲1次。4月投喂浮萍、宿根黑麦草、轮叶黑藻等，5月可投喂苦草、嫩旱草、莴苣叶等。投饲量应根据天气和鱼种吃食情况而定。天气正常时一般以上午投喂、16：00吃完为适度。在“大麦黄”（6月上旬）和“白露汛”（9月上旬）两个鱼病高发季节，应特别注

意投饲量和吃食卫生。白露后天气转凉，投饲量可以尽量满足鱼种所需。早期投喂精料，饲料应投在向阳干净的池滩上，水、旱草投在用毛竹搭成的三角形或四方形的食场内。残渣剩草要随时捞出，以免沉入池底腐败后影响鱼池水质。如水温低，多投的水草可以不捞出，但翌日早晨应将水草上下翻洗 1 次，以防鱼病。

②做好鱼病防治工作：要针对草鱼不喜肥水和易患细菌性疾病的特性进行预防。除做好一般的水质管理外，在“大麦黄”和“白露汛”两个鱼病高发季节到来之前，用 20～25 毫克/升浓度生石灰水全池泼洒，翌日适量注水。每次间隔时间，具体看天气、池鱼活动、水质等情况灵活掌握，一般短到 10 天，长则 20 天泼 1 次，全期 5 次左右；同时，再结合投喂药饲、浸泡食盐溶液等综合措施，基本上可以控制鱼病的大量发生，提高成活率和产量。

**3. 2 龄团头鲂和鳊鱼的培育** 培育 2 龄团头鲂和鳊，一般只利用上半年鱼种池的空闲期（夏花分塘前），把不符合要求的团头鲂或鳊培育成小斤两鱼种，再放入成鱼池（表 6-9）。

**表 6-9 以团头鲂为主的多种鱼种混养搭配放养**

| 放养鱼类 | 放养 | | | 收获 | | | |
|---|---|---|---|---|---|---|---|
| | 规格（厘米） | 尾/亩 | 千克/亩 | 成活率（%） | 规格（克） | 尾/亩 | 千克/亩 |
| 团头鲂 | 7～8 | 5 000 | 19.65 | 90 | 30 | 4 500 | 135 |
| 草鱼 | 10 | 100 | 0.95 | 70 | 250 | 70 | 17.5 |
| 青鱼 | 12～13 | 100 | 1.7 | 70 | 100～250 | 70 | 12.5 |
| 鲢 | 12～13 | 500 | 8.95 | 95 | 150～200 | 475 | 80 |
| 鳙 | 12～13 | 100 | 1.35 | 95 | 150～200 | 95 | 17.5 |
| 夏花鲢 | 3 | 1 000 | 0.5 | 90 | 125 | 900 | 112.5 |
| 鲫鱼 | 1.5 | 3 000 | 0.85 | 90 | 5～7 厘米 | 2 700 | 15 |
| 合计 | | 9 800 | 34.55 | | | 8 810 | 390 |

培育 2 龄团头鲂，也可在 2 龄青鱼池或 2 龄草鱼池里搭配放

养 7～8 厘米的团头鲂鱼种 400～600 尾，年终鱼种出池规格可达 50 克，成活率为 80%。

2 龄团头鲂的饲养管理，与 2 龄草鱼池的饲养管理相似。一般来说，比 2 龄青鱼、草鱼容易饲养，产量也比青鱼、草鱼高。但是，由于放养密度较高，而团头鲂和鳊耐缺氧能力低，所以要注意浮头，做到及时注水增氧，以防 2 龄团头鲂窒息死亡。

# 第七章 成鱼养殖

成鱼养殖，是将鱼种养成食用鱼的生产过程，也是养鱼生产的最后主要环节。我国目前饲养食用鱼的方式，有池塘养鱼、网箱（包括网围和网拦）养鱼、稻田养鱼、工厂化养鱼、天然水域（湖泊、水库、海湾、河道等）鱼类增殖和养殖等。静水土池塘养鱼是我国精养食用鱼的主要形式，也是其他设施渔业的基础。特别是在淡水养殖业中，其总产量占全国淡水养鱼总产量的75%以上。我国的大宗淡水鱼养殖周期一般为1～3年，在长江流域的池塘养鱼业大多采用2年或3年的养殖周期。其中，鲢、鳙、鲤、鲫为2年；草鱼、鲂为2年或3年；青鱼一般需3～4年。珠江流域年平均气温较高，鱼类的生长期比长江流域长，在池塘中各种鱼类养殖周期比长江流域短0.5～1年；相反，东北地区年平均气温较低，这些鱼类的养殖周期则比长江流域长0.5～1年。与其他动物（畜、禽业）饲养业相比，鱼类的养殖周期均较长。缩短养鱼周期，可节省人力、物力和财力，提高养鱼设施的利用率，加速资金周转，减少饲养过程的病害和其他损失，更多更快地提供食用鱼，从而提高经济效益、社会效益和生态效益。

## 一、青鱼养殖技术

### （一）池塘养殖

**1. 养殖环境要求**　养殖环境包括大气环境、鱼类生长水域环境和渔业水源水质等。养殖环境必须符合《农产品安全质量/

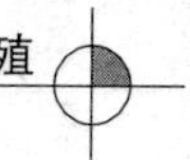

无公害水产品产地环境要求》(GB/T 184074—2001)、《渔业水质标准》(GB/T 11607—89)、《无公害食品 淡水养殖用水水质》(NY 5051—2001)的规定。

(1)养殖水域选择 青鱼养殖水域应选在生态环境好、水源充足、无(或不直接受)工业“三废”及农业、城镇生活、医疗废弃物污染的水域。养殖水域内以及上风向、灌溉水源的上游，没有对养殖水环境构成威胁的污染源。

(2)清除池塘多余淤泥 淤泥是由生物尸体、残剩饵料、粪便、各种有机碎屑以及各种有机物和泥土沉积物组成。它们通过细菌的分解和离子交换作用，源源不断地向水中溶解和释放，为饵料生物的繁殖提供了养分。但是，淤泥过多，会产生大量的硫化氢、甲烷、有机酸、低级胺类和硫醇等，这些物质在水中积累，影响青鱼的健康和生长。因此，应除去多余的淤泥。具体措施就是每养殖一两年，排干池水，挖除过多的淤泥，使其池底淤泥保留 20 厘米左右较为适宜。同时让池底曝晒和冰冻，杀死害虫、寄生虫和致病细菌。

(3)池塘水体消毒 改善池塘环境，消除敌害生物，预防细菌性疾病，要对池塘及水体消毒。常用消毒剂及其用量如下：①用含量为 200～250 毫克/升的生石灰带水清塘，或者用含量为 20～25 毫克/升的生石灰水全池泼洒消毒；②用含量为 20 毫克/升的漂白粉带水清塘，或用含量为 1.0～1.5 毫克/升的漂白粉水全池泼洒消毒；③用含量为 0.3～0.6 毫克/升的二氯异氰脲酸钠溶液全池泼洒消毒；或用含量为 0.2～0.5 毫克/升的三氯异氰脲酸溶液全池泼洒消毒。

(4)水质管理 水环境是青鱼在池塘中生活、生长的基础，各种养鱼措施也都是通过水环境作用于鱼体。因此，水质管理是青鱼无公害养殖的“桥梁”。要保证池水中浮游生物量多，有机物和营养盐丰富，池水的透明度必须保持在 25～40 厘米，水中的溶氧量大于 4 毫克以上，pH 为 7～8.5，水质达到“肥、活、嫩、爽”的要求。

**2. 池塘结构** 池塘面积可大可小，小的面积在5亩左右，大的面积在40～70亩，土质为壤土。对于面积较大的池塘，可在池底四周开挖深1.2～1.5米、宽3～3.5米的回形沟，约占整个池塘面积40%，回形沟中淤泥深10～15厘米；注水后最大深度达到3米，回形池中间浅水区水深达到1.3～1.5米。池塘进排水口呈对角设置，进水口用80目网片围隔1个杂物过滤区，进水闸口用120目筛绢网过滤，防止鱼卵及敌害生物进入养殖池。

**3. 池塘清淤消毒** 池塘在上一年度养殖工作结束后即清塘，捕完鱼后用高压水枪冲洗池底，将淤泥排到塘外，然后对池底曝晒一段时间，用生石灰消毒。有条件的养殖户，可使用推土机对池塘进行整形，这样效果更佳。对于有回形沟的池塘，清除回形沟中的淤泥，回形池中间部分曝晒至基本干硬，鱼池消毒在回形沟中进行。在投放鱼种前15～20天，向回形沟中加水20～40厘米，用30克/米$^3$漂白粉清塘消毒，杀灭池中敌害生物。清塘7～10天后，用硫代硫酸钠3克/米$^3$解除水中的余氯，第二天开始注水，使回形沟中水深达到1～1.5米。

**4. 池塘设备** 养殖池塘每5亩可配备1台3千瓦叶轮式增氧机，每10亩配备1台120瓦投饵机。

**5. 池塘种青** 对于有回形沟的池塘，5月中旬，在回形池中间部分靠近两端处种植莲藕，每个小区域种植4～8株，面积约10米$^2$。种好后先插网片围好，防止莲藕出芽时被池鱼啃食，待荷叶长出水面后即可撤去网片。5月下旬在回形池平台的中间区水面上，架设规格5米×0.5米的浮式竹木框，竹木框水下部分用1.5厘米网目的网片封住，深入水面以下20厘米，防止植物根系被鱼类啃食；框中间用细绳或竹子对剖作为载体，如是绳子、则在几股绞线中间种植竹叶菜，竹子则需人工开孔、在孔中种植竹叶菜，种植竹叶菜的浮框可沿莲藕四周放置，也可在莲藕

区的中间放置。每个池塘水面种青面积，不超过池塘总面积的 30%。

**6. 鱼种放养**　鱼种投放时间一般从 2 月开始，到 3 月中旬基本放养完毕。要求放养的鱼种无病无伤、健康活泼，鱼种放养以青鱼为主，搭配放养草鱼、黄颡鱼等，结合放养大规格花白鲢，以改善养殖水质和提高经济效益。一般亩放养 1.5～2 千克/尾的青鱼 100 尾左右，可搭配放养规格 0.2 千克/尾的草鱼 50 尾、规格为 25 克/尾的黄颡鱼 100 尾、规格为 0.5 千克/尾的鲢鳙 100 尾左右、规格为 50 克/尾的鲫 500 尾。

**7. 日常管理**

（1）水质管理　水质好坏直接影响鱼类的健康与生长以及饲料的利用率，因此，应充分认识池塘水环境的特性并加强科学管理，做好水质的调节工作。所有鱼种全部放完后，向池塘中分期注水，每次注水 15～20 厘米，到 6 月中旬池塘水位达到最高水位后，即开始改为注水排水相结合的方式，用以调节池塘水质。在 7～8 月高温季节，用光合细菌和生石灰全池泼洒，每 15～20 天 1 次，交替进行。在 7～9 月高温季节，每天开启增氧机，开机时间依据天气情况灵活调整，防止缺氧泛塘。池水呈绿色、黄绿色、褐色为好。透明度以 25～30 厘米为宜。

（2）饲料投喂　饲料要符合《饲料和饲料添加剂管理条例》、《渔用配合饲料安全限量标准》（NY 5072—2002）和水产养殖的行业标准。饲料要求色泽一致，无异味，无发霉，未变质，无结块现象，呈颗粒状，表面光滑，熟化度高。饲料不能过于松散，对水稳定性要求在 20 分钟不溃散。同时，要对饲料的营养价值进行评定。不同的生长阶段，对饲料的营养价值需求也不同。成鱼阶段一般选择蛋白质含量在 28%～41%。

饲料以青鱼专用配合饲料为主，结合投放螺蛳和蚬子等供青鱼摄食。饲料料径分为 2.5 毫米、3 毫米、4 毫米、5 毫米几个系列，蛋白质含量无变化。饲料投喂从 4 月开始，一直到 11 月底停止投喂。前期投喂2.5毫米料径饲料，每天投喂2次，日投喂量保持在鱼体重的1%～2%，5月中旬水温稳定后，每天投喂3次，投喂量逐步增加到3%左右。在养殖的后期，即9月下旬开始一直到投喂结束，投喂量仍控制在3%左右。且每天投喂4次，其中最后一次投喂量要占全天投喂量的30%。具体投喂量，还应依据天气变化、池塘水质及鱼的摄食情况灵活增减。

(3) 种青管理　对于回形池中莲藕、竹叶菜等也需进行管理。

①莲藕：回形池中间部分种植的莲藕，在刚植入后，要注意控制好注水深度，以淹没回形池中间部分30～50厘米为宜，便于莲藕出芽，待莲藕出芽后即可将池水深度增加。所围网片在6月中旬即可撤除，网片撤除后，莲藕新生苞芽和嫩叶因鱼类啃食而受到控制，但对长成莲藕老株的生长不会产生影响。

②竹叶菜：竹叶菜在5月下旬即开始种植，到6月中旬时开始，视竹叶菜的生长速度进行各个浮框交替收割，以便于菜梗发新芽。收割的竹叶菜可自己食用，可市售，也可直接投入池中供草鱼摄食。

(4) 经常巡塘　每天早、中、晚巡塘3次，观察鱼类动态。黎明是一天中溶氧最低的时候，要检查鱼类有无浮头现象。如发现浮头，须及时采取相应的措施。14：00～15：00是一天中水温最高的时候，应观察鱼的活动和吃食情况。傍晚巡塘，主要是检查全天吃食情况和有无残剩饵料，有无浮头预兆。酷暑季节天气突变时，鱼类易发生严重浮头，还应在半夜前后巡塘，以便及时采取措施，制止严重浮头，防治泛池事故。此外，巡塘时要注意观察鱼类有无离群独游或急剧游动、骚动不安等现象。在鱼类生活正常时，池塘水面平如镜，一般不易看见鱼。如发现鱼类活动异常，应查明原因，及时采取措施。巡塘时还

要观察水色变化，及时采取改善水质的措施。做好养殖日记的记录工作。

**8. 病害防治** 鱼病防治工作一般从 4 月中旬开始，先使用混杀胺 1 次，以后每半个月左右，用混杀胺、二溴海因或二氧化氯交替使用预防 1 次。当水温 15℃以上时，使用以枯草芽孢杆菌为主的微生物制剂调节水质和预防疾病。通过上述措施，养殖的鱼一般不会发生重大疾病。如发生鱼病时，要及时对症治疗。

**9. 捕捞** 成鱼收获从 9 月下旬开始，视成鱼养成规格分期分批起捕上市。批量上市采用浅水拉网捕捞，年终干池时采用拉网与人工捕捉相结合。有回形池的池塘在 12 月下旬，将池水排至回形沟中有水，然后将回形沟沿池塘宽边用网片分隔成两半，再分边拉网起捕。先捕捞出青、草、鲢、鳙和部分鲫后，再将池水全部排干，捕捞余下的鲫和黄颡鱼。

**（二）网箱养殖**

**1. 网箱设置地域条件** 网箱一般设置在水库中，水库水深在 3～5 米较适宜，可保证网箱箱底至水底还有 1～2 米的空间，使水流畅通，水质不致恶化。水库底部要平坦，设置网箱的水域最好有些风浪，但不宜过大，过大的风浪常会造成事故。一般网箱宜设置在湖泊、水库能避开大风浪的背风水域。网箱养殖的水域最好选择在交通方便的地方，以利于苗种、饲料及所需材料运输方便，鱼产品也能及时运到市场销售。

**2. 网箱结构及设置** 网箱规格一般为 4 米×6 米×2 米，可使用双层网箱。外层及盖网用 3×6 的聚乙烯线编织的网片制成，2a=5 厘米；内层可用 3×4 的聚乙烯线编织的网片制成，2a=3 厘米。网箱可架设在空油桶、杉木结构的支撑架上，网箱入水深度为 1.6 米。箱底用细长竹竿做成框架完全把底网撑开，箱底铺设 3 米×4 米的聚乙烯纱窗布网片于中央。每口网箱内设食盘（用直径 1 米的圆形塑料盆作成）2 个，食盘间距为 2 米左右。

网箱在鱼种入箱前15天提前下水，以便网衣附着藻类及沉积物，提高鱼种入箱后的成活率。

**3. 鱼种入箱** 可放养规格为1～2.5千克/尾、体质健壮、无伤病的青鱼种。1月即可入箱，每平方米可放养6尾、8千克左右的青鱼。鱼种放养前，用3%的食盐水浸浴10分钟后入箱。每口箱还放入50克/尾的鲫25尾、100克/尾的鳜3尾。

**4. 投饵及管理**

（1）饵料 一般网箱养殖区域螺蛳、蚬子等资源比较丰富，所以可全部投喂螺蛳、蚬子等。青鱼种放养的前7天，先喂适量轧碎的螺蛳肉于网箱食台内进行驯食，从第3天起由螺肉掺以鲜活螺蛳，以后渐渐减少螺肉而增加活螺，逐步过渡到全部投喂活螺。每天9：00和17：00时各投喂1次，日投螺量为鱼体重的8%～10%，以2小时吃完为准。

（2）日常管理 一是认真做好养鱼日记，每天将青鱼摄食、生长、活动情况及日常管理措施记录下来，做好防逃、防盗工作，发现问题及时处理；二是坚持定时、定量、定质投饵，保证饵料新鲜和及时清除食盘残饵与箱底残渣；三是经常检查网衣，及时清除箱外漂浮物及箱内死鱼；四是搞好以预防为主的鱼病防治工作。

**（三）环境友好型青鱼养殖技术**

中国历来将青鱼与鲢、鳙和草鱼等混养，成为中国池塘养鱼的主要模式之一。由于青鱼主要摄食螺类，有限的饵料资源影响了青鱼养殖的发展。20世纪80年代，浙江淡水水产研究所等开始采用人工配合饲料养殖青鱼已获初步成效。饲料中蛋白质含量在28%～41%，视生长的不同阶段增减。养殖实践表明，当年青鱼易患出血症，2龄青鱼肠炎病多发，孢子虫病和烂鳃病也很常见。21世纪以来，配合饲料已在我国几大主要养殖区得到普遍应用，养殖效果也较为明显。从目前生产情况来看，青鱼养殖主要面临两个问题：一是青鱼脂肪肝问题，导致青鱼脂肪

肝的原因看法不一，有的认为是饲料营养不平衡造成的，更有学者认为是由病毒感染引发的；二是青鱼出血病问题，尤其在青鱼大规格鱼种培育过程中一旦发生出血病，将会导致较高的死亡率。

青鱼池塘环境友好型养殖模式，已日益受到广大学者和养殖者的关注。以青鱼为主养鱼类的池塘环境友好型养殖模式，也是大宗淡水鱼产业技术体系近年来研究开发的重点工作之一。该模式由主养池塘和辅养池塘组成，主养池塘以青鱼成鱼养殖为主，辅养池塘以青鱼鱼种养殖和滤食性鱼类养殖为主，辅养鱼塘可以有多个池塘组成；该模式以投喂高质量的配合饲料为基础，主要投喂青鱼专用高效环保型膨化配合饲料，平均饲料系数在 1.5 以内；辅养池塘通过配置一定比例的挺水植物、漂浮植物等吸收水体中的氮、磷等营养素，并在养殖过程中结合微生态制剂进行水质调控，实现了养殖水体自身的生态净化和自体循环；通过示范点的试验与实践，该模式最终实现了青鱼养殖的高产、高效和环境友好，取得了良好的经济效益和生态效益。

**1. 池塘条件**　养殖池塘由主养鱼塘和辅养鱼塘组成，面积比为 2∶3；要求靠近水源，进排水方便，通电和水陆交通便利。主养池塘 5～20 亩均可，平均水深 1.5～1.8 米，池底平坦，淤泥厚度应小于 30 厘米。辅养池塘可由多个池塘组成，水深在 1.2～2.0 米均可；辅养池塘周边种植 30～50 厘米宽的芦苇或藕等挺水植物带，池中种植水菱、水葫芦等漂浮植物，分隔成团块状平均分布于池塘中，种植水生植物的面积以总水面的 15%～20%为宜；池底淤泥不宜超过 15 厘米。所有池塘应配备 0.3 千瓦/亩的增氧设施和水泵，塘坎夯实。

**2. 池塘布局**　根据自有的池塘条件，确定主养和辅养池塘，构建一组池塘养殖系统（见图）。

**3. 水源的要求**　在青鱼生长旺季（主要在 7～9 月），每隔 10 天全池泼洒枯草芽孢杆菌制剂 1 次，以调节水质。

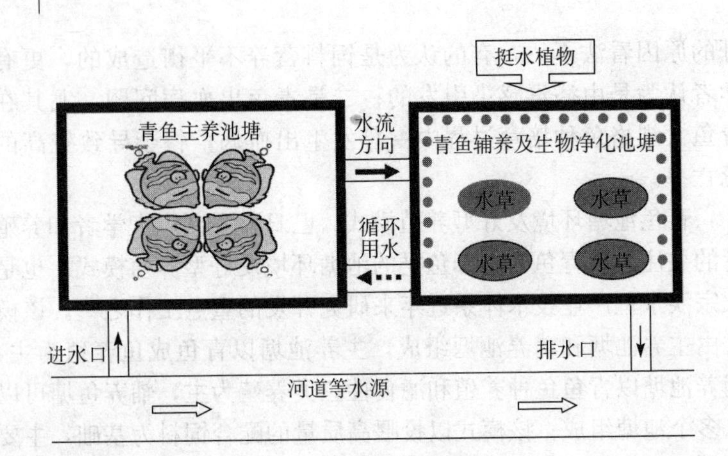


池塘养殖系统示意图

**4. 鱼种放养**

（1）主养塘　以放养大规格的青鱼种为主，搭配少量的白鲢和花鲢。适宜的放养比例为：青鱼250千克/亩，规格1～1.5千克/尾；白鲢15千克/亩，规格0.5千克/尾；花鲢5千克/亩，规格0.5千克/尾。

（2）辅养塘　以放养1龄的青鱼种为主，搭配一定数量的白鲢、花鲢和草鱼。适宜的放养比例为：青鱼120千克/亩，规格0.2～0.3千克/尾；白鲢30千克/亩，规格0.2～0.3千克/尾；花鲢15千克/亩，规格0.2～0.3千克/尾；草鱼5千克/亩，规格0.5千克/尾。

**5. 配合饲料及投饲技术**

（1）饲料要求　青鱼成鱼配合饲料要求粗蛋白含量32%以上；鱼种配合饲料要求粗蛋白含量36%以上。品质要求营养全面，稳定性好，安全卫生指标符合国家有关规定。建议采用浮性颗粒饲料。

（2）投饲率　使用浮性颗粒饲料时，很容易观察到投饲饱食点，因此建议投喂浮性配合饲料；而使用沉性饲料时，就很难确

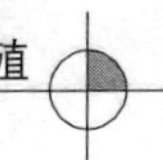

定其饱食点，因此，投喂沉性颗粒饲料时，投饲率的调整应根据定期取样测定鱼的平均体重，计算出鱼的总重，根据鱼体规格确定投饲率。

（3）*投饲方式*　一般分为人工投喂和机械投喂两种。人工投喂，需控制投喂速度，投喂时要掌握两头慢、中间快，即开始投喂时慢，当鱼绝大多数已集中抢食时快速投喂，当鱼摄食趋于缓和、大部分鱼几乎吃饱后要慢投，投喂时间一般不少于30分钟；自动投饲机投喂，可以定时、定量、定位，本规范建议使用投饵机投喂。

（4）*投饲次数和投饲方法*　成鱼养殖一般每天投喂2次，8:00和14:00各投喂1次，上午投喂量为总投饲量的30%～40%、下午投喂60%～70%；青鱼鱼苗阶段投喂次数适当多些，鱼种次之。青鱼养殖投喂配合饲料一般采用定点投喂，浮性饲料必须搭建固定食台，防止饲料随风浪吹散浪费。

**6. 水质调控**　当主养池塘水质较肥时，可以通过水泵使主养池塘和辅养池塘之间进行水交换，利用辅养池塘水中水生植物吸收水体中的氮和磷等营养物质，同时利用较多的花鲢、白鲢控制水体中的浮游生物。在7～9月，每隔10天使用枯草芽孢杆菌制剂或其他微生态制剂调节水质，必要时加注新水。

**7. 养殖管理**

（1）*巡塘及记录*　鱼池需有专人管理，每天坚持巡塘2～3次。观察青鱼的吃食、水质、病害等，并充分做好投饲量、换水情况、病害发生情况等必要的记录。

（2）*防病*　坚持以防为主的鱼病防治策略，根据水质情况，尤其在高温季节，可以定期全池泼洒生石灰15～20千克/亩，或用氯制剂等对水体进行消毒；一旦发现病鱼及时捞出，并全池消毒。

**8. 产量和效益**　应用该模式，主养池塘青鱼产量可达1 500千克/亩左右；辅养池塘青鱼产量可达1 000千克/亩左右；该模式平均亩利润约5 000元。

## 二、草鱼养殖技术

### （一）池塘养殖

**1. 养殖环境的选择与准备** 草鱼无公害养殖场要求无废水、废气、固体废弃物等工业三废的污染，大气中悬浮颗粒物、二氧化硫、氮氧化物、氟化物等浓度符合《环境空气质量标准》（GB 3095—1996）的规定；土质、底质有害有毒物质最高限值等应符合《农产品安全质量　无公害水产品产地环境要求》（GB/T 18407.4—2001）的规定；水源充足、水质良好，符合《无公害食品　淡水养殖用水水质标准》（NY 5051—2001）的规定。养殖基地要电力充足、交通方便、配备完善的排灌系统等辅助设施。

草鱼无公害养殖池塘大小均可，2～5亩为宜。要求光照条件好，水源充足，水质良好，保水性能好，池底平坦，淤泥厚10厘米，水深2～2.5米，排注水方便，增氧机械齐全。在放鱼前10天，将鱼塘水位降至30厘米，每亩用125千克生石灰对水溶解后进行全塘泼洒消毒，彻底杀死野杂鱼类、寄生虫类、螺类及其他敌害，使池塘“底白、坡白、水白”，有效杀灭病菌。鱼塘消毒后适时进行灌水，灌水时应扎好过滤水布，防止有害生物进入池内。水灌至1.8～2米时，经试水确保池内毒性消失后，再投放鱼种。

**2. 鱼种放养**

（1）苗种选购与消毒　条件具备者可购入原良种场亲本，选育后进行自育种苗为好。若为草鱼外购调苗的，必须经检验合格后方能起运。苗种要求规格整齐、大小均匀、体质健壮，体表光滑有黏液，无损伤、无寄生虫。鱼种放养前必须经严格消毒处理，杀灭苗种本身携带的病原微生物，增强鱼体的免疫力，以预防各种细菌性疾病和水霉病。短途运输的苗种可直接浸泡消毒，

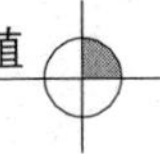

而经长途运输的苗种最好经过一段时间的吊养后再浸泡消毒。消毒的方法有多种：可把苗种放在3%～5%的食盐水中浸浴消毒10～15分钟，或用氨基酸碘溶液5～6毫克/升浸泡15～20分钟等。具体的消毒方式及时间，要根据防治对象、药液浓度、水温情况等因素而定。草鱼种如采用注射疫苗或疫苗浸泡的方法，则效果更好。

（2）*免疫接种*　鱼种放养时注射冻干细胞弱毒疫苗和“三联”疫苗，可以降低出血病和“三病”（烂鳃病、赤皮病、肠炎病）的发生，提高成活率15%～20%。用疫苗接种的方法来预防草鱼疾病，不仅比药物防治方法更经济、更有效，还能够减少生产中渔药的使用量和残留量，符合无公害养殖的标准要求。若每亩池塘投放草鱼400～500尾，仅需疫苗成本40～50元，但可增收400～500元，投入与产出比为1∶10，效果显著。

所有使用的疫苗，必须是通过安全性和效力测定的大厂合格产品。“三联”疫苗购回后，应置于冰箱内4～8℃保存。疫苗的具体注射方法为：草鱼种放养前，用90%晶体敌百虫按20～25毫克/升的浓度浸泡2～3分钟，麻醉后，腹腔注射草鱼“三联”疫苗（注射量与浓度按照疫苗使用说明进行，一般为1毫升/尾）。注射后用5%的食盐水浸洗5～10分钟，待鱼体复苏后放入鱼池。疫苗注射应分批进行，每批50尾，10分钟内注射完毕。注射器、针头以及稀释器皿，需用75%的酒精消毒或用开水煮沸消毒。

鱼苗经注射疫苗、消毒且观察无碍后即可放养。但在投放前，应在池内放置临时网箱，箱内放几条试水鱼，观察24小时无碍后，全池放养。

（3）*放养时间*　放养时间一般在11月至春节前后，最迟不得超过4月中旬。因为，深秋、冬季水温较低，鱼体不易患病；翌春水温回升即开始投饵，草鱼开食进入生长期，鱼体恢复很快，抗病力增强，提早并延长鱼体的生长时间，提高鱼体生长速度。

（4）放养密度　在放养前，首先要根据池塘条件、设施水平、技术管理水平来决定池塘单产，然后，根据池塘单产和商品规格来决定放养密度。即：放养密度=（池塘单产÷商品规格）÷养殖成活率。池塘单产的设计，必须充分考虑池塘条件和池塘设施水平，根据不同池塘的实际情况来确定放养密度。如池塘深3米以上，保持水深2.5～2.8米，每亩配有0.75千瓦增氧机，保持日交换量10%左右微流水的池塘，设计单产可达5 000千克/亩。

放养比例按80∶20混养模式投放鱼种，既可提高饲料的利用率和转化率，又可利用池塘天然生物饵料资源，换取一定的鱼产量；同时，还能够有效改善养殖水质，降低病害发生率。即草鱼作主养鱼，占80%；鲢、鳙、鲤、鲫等作搭配鱼类，占20%。鲢、鳙可滤食遗留在水中的饲料及草鱼排出的废物，鲫则是底层优质鱼类。另外，还可搭配少量青虾等优质品种，以充分利用水体空间及残饵，提高养殖效益。一般每亩可投放尾重150～200克的草鱼种250～300尾，7月底可将达到商品规格的鱼起捕上市，再放入鱼种进行养殖，这种放养不仅节约鱼种开支，而且避免了高温水体载鱼量过高易出现泛塘死鱼等不利因素。如需年底养成大规格草鱼成鱼，每亩可放养规格为600克/尾的草鱼种500尾，养至7月，成鱼规格可达3千克/尾，此时可捕大留小上市，此放养模式在7月不再放养鱼种。

**3. 养殖管理**

（1）饲料投喂　在草鱼的无公害养殖中，采用以安全环保的配合颗粒饲料和青饲料有机结合的投喂方式。食草是草鱼的天性，而在青饲料中科学搭配颗粒饲料，可以有效减少残饵对水质的污染，充分提高饵料利用率。配合颗粒饲料可从正规饲料厂购买，也可自行配制。其配方为：豆粕18%、菜粕28%、棉粕8%、麦芽根8%、次粉28%、米糠6%、磷脂粉1.2%、食盐0.6%、豆油1%、氯化胆碱0.2%、磷酸二氢钙1%。饲料要

求无霉变、无滥用添加剂，无禁用的抗生素，且添加的药物、矿物质、微生物等符合有关标准。搭配投喂的草应柔嫩、新鲜、适口。饼粕类及其他籽类饵料，要无霉变、无污染、无毒性。

每天8：00～9：00和傍晚各投喂1次，颗粒饵料按草鱼体重的3%左右投喂，青饲料按草鱼体重的30%～50%投喂，草鱼摄食以八成饱为宜（即有60%～70%的草鱼离开食台就可停止投喂）。草鱼养殖过程中，尤其是进入到养殖的中后期，要根据草鱼的体重适时调整投饵率。平时，注意在饲料中适量添加维生素等，避免草鱼患肝胆综合征等疾病而造成大量死亡。投放饵料要坚持定时、定位、定质、定量原则，还要通过观察天气、水体情况及鱼的吃食和活动情况，适当调整投喂量。鱼的摄食能力与水温高低密切相关，如遇闷热、寒流、大暴雨等天气可酌情减量。青饲料投喂前应用消毒剂喷洒消毒，投放在预先搭设的食台内，待第2次投喂颗粒饲料前捞出杂草，保证池水干净、清洁。食台附近应每周消毒1次，及时捞除残渣余饵，以免其腐烂变质，污染水体。

（2）水质管理 水质的调控管理是确保养殖成功的关键因素之一。养殖草鱼的水质指标为：pH7.5～8.5，水温22～28℃，透明度30～40厘米，溶解氧5毫克/升以上。水中亚硝酸盐和硫化氢的浓度分别小于0.1毫克/升，且控制在不足以影响鱼的正常生长范围内。水体中的浮游生物密度适宜且能被鱼摄食，水质保持清新、嫩爽，水域生态呈良性循环。

无公害草鱼养殖由于投放的鱼种规格大，从开始养殖后即要投喂大量适口的鲜嫩青草，草鱼排泄的粪便多，容易使水质变肥。因此，要加强早、中、晚巡塘，及时掌握水质的变化情况并进行调控。日常水质调控的主要措施有：

①定期泼洒石灰水：非高温季节每月1次，每次20千克/亩；高温季节15天1次，每次20千克/亩。生石灰化水全池泼

洒，既可调节池水的 pH 为弱碱性，又能杀灭水中的有害细菌，还能使淤泥释放无机盐，改良水质。

②施用微生物制剂：微生物制剂可有效改善水质状况，使水体中的有益菌种占优势。随着饲料投喂量的增加，水质逐渐变肥，此时要及时全池泼洒 EM 菌、益生菌、光合细菌等微生物制剂，以分解水体中的残饵和粪便等有害物质，净化水质，减少病害对鱼体的侵袭，增加草鱼产量，提高经济效益。6 月下旬至 9 月上旬，视水体透明度、水温等情况，每 20 天施用 EM 菌液 1 次。EM 菌液每亩用 2～4 千克，加水 3.5～6.5 千克。微生物制剂与杀虫剂要错开施用，前后相隔 15 天。

③适时增氧：每天按“三开、两不开”的原则适时开动增氧机，或使用增氧剂。适时增氧，有利于促进鱼类的生长，防止浮头，抑制厌氧菌繁衍，控制亚硝酸盐和硫化氢等产生。5 月中旬至 9 月，坚持晴天中午开机 2～3 小时，将水体上层中大量饱和氧气输送到下层，补充下层水的溶解氧，促进水体上下对流，打破温跃层，保持水体温度平衡。阴天开机时间多选择在 6：00～7：00；雨天为 3：00 左右；连续阴雨天，应在半夜前后（傍晚不开机）长时间开机。如果天气炎热，可以天天开机，使池水保持肥、活、爽，以加速鱼类生长，达到稳产、高产。

水质管理要重点把握“春浅、夏盈、秋爽”原则：

①“春浅”：冬末至春季，鱼种刚放养，水深控制在 1.0～1.2 米，有利于水温回升。此后，随着水温升高和鱼体增大，应逐渐注水以加深水位，水深最好控制在 2.5 米以上。

②“夏盈”：夏季为鱼类生长高峰期，鱼体增长快速。草鱼摄食量大增，投饵增多，排泄物及饲料残渣累积，加上气温升高，容易使水质恶化。因此，夏季应注满池水，高温时应保持 3 米水深；并适度流动形成微流水，以防高温天气骤变，引起浮头和泛塘。夏季每 10 天注水 1 次，每次 20 厘米，每隔 15 天则换水 1 次，换水量为池塘水量的 10%～20%；高温期间，每 3 天

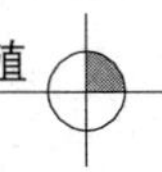

（清晨）注水1次，每次20～50厘米，每隔15天则换水1次，换水量要达到池塘水量的20%～30%。如水源充足，可使池塘维持在日交换量10%左右的微流水状态，优良的水质可以促进鱼类生长和保证产品的品质。如遇阴雨天、池内缺氧时，应及时开动增氧机进行增氧，并适时使用水质改良剂来调节水质。

③“秋爽”：秋季池塘满载，要勤调节水质，每次排放水不超过1/4，保证水质清爽、溶氧高。

换水时应注意以下几点：

①换水应在晴天进行，并于17：00前完成。每次换水量不要超过全池水量的1/3，换水时应注意对水源的消毒与过滤，以免有害生物及病菌带入池内。

②加入新水的水温要与池塘水温相同，尽可能保持换水后水体的浮游生物量与换水前基本一致。

③施肥、用药后2天内不要换水，开启增氧机后也不要换水，以免造成浪费。

④换水时应注意打开排污阀门，将底层的污水和表层的油膜排出，发生病害的池塘水体未经消毒不得任意排放。

（3）日常管理

加强巡塘。坚持早、中、晚3次巡塘，遇有异常天气，必须增加巡塘次数。巡塘要做到腿勤、手勤、眼勤。即巡塘时要下到水边或水中，仔细观察水质和周围情况，及时捞除池内剩草、漂浮物等，及时掌握天气变化、鱼类活动、采食状况以及水质变化等情况。

做好养殖生产记录，并对鱼种的来源、放养情况、投喂情况、防病治病用药情况和清塘情况等详细记录。

定期检查鱼类生长情况，及时调节日投饲量，根据季节、天气、鱼情、水质来投喂饲料。

发现病鱼、死鱼立即捞出来，防止扩散传染，并及时采取应对措施，做到早发现、早治疗。

及时了解市场情况和鱼类生长情况，做到及时上市。

**4. 成鱼收获** 无公害草鱼高产养殖技术，采取一年两季合理投放种苗，实施分期轮捕轮放、捕大留小和投放大规格鱼种等技术措施，有效提高养殖期间水体的合理载鱼量，使水域生物总量处于一个动态平衡状态；优化了鱼类在高密度养殖中快速生长的空间，减少饵料投喂，能较大地降低生产成本，有利于提高成鱼的产量、品质，实现良好的水质培育，提高生态养殖的整体效益。适时将大规格成鱼起捕上市是草鱼高产高效养殖的重要措施，主要目的是降低池塘水体的载鱼量，促进后期池鱼快速生长，减少鱼病的发生，避免商品鱼集中上市、价格偏低的市场风险。其具体做法：在首轮投放草鱼大规格鱼种（占全年投放量70％），经约4个月的饲养，草鱼基本达到商品规格，尾重可达1.5千克左右，7月底即可起捕一次上市。这时，应及时捕捞成鱼和补放鱼种。捕捞宜在清晨水温较低时进行，但不宜大面积拉网扦捕，以免鱼体受伤，且高温天气易引起疾病。可用自制网箱放置于投饵处，在箱内投喂部分配合饲料，诱鱼入箱，捕大留小。入冬后，应干池捕获，未达到上市规格的鱼种并塘越冬，空出的池塘经冬季冻晒、清淤除害后，备翌年再用于生产。

**5. 疾病防治** 草鱼的养殖过程中经常受到病害的困扰，夏秋季是鱼类生长的关键季节，但同时也是鱼病发病的高峰期。由于季节气候引起的环境因子变化，前期大量投喂引起的水体氨氮、亚硝酸盐等升高，底质恶化等均会引起鱼类的病害发生。而秋季一旦造成鱼类的死亡，势必给养殖者带来难以挽回的经济损失，为此，加强鱼病防治和管理显得尤为重要。

对于草鱼的病害，要坚持“以防为主、防治结合”的原则。在鱼种放养前及养殖过程中，要采取严格的消毒处理措施，彻底清塘、加注新水、换水排污及使用水质改良剂等措施，改善池塘水质条件，营造良好的养殖水体环境。同时，要放养健康的苗种，设定适宜的放养密度和合理的养殖组群，并科学投喂优质

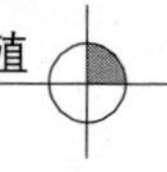

饲料。

近年来，国外鱼类疫苗发展十分迅速，已批准上市的鱼类疫苗有近30种。国内草鱼免疫防疫技术研究始于20世纪60年代，珠江水产研究所研制出草鱼出血病组织浆灭活疫苗；中国水产科学研究院组织联合科技攻关，解决了草鱼出血病弱毒疫苗及细菌性烂鳃、赤皮、肠炎等多联疫苗的大规模制备技术。推广应用草鱼免疫防疫技术，通过接种草鱼疫苗，增强草鱼的抗病能力，对于提高草鱼养殖成活率、减少环境污染与药物残留、降低养殖成本、提高养殖效益具有重要的作用，并可从根本上解决草鱼疾病多、死亡率高等难题。

草鱼无公害养殖过程所使用的渔药，必须遵照《无公害食品 渔用药物使用准则》（NY 5071—2001），以不危害人类健康和不破坏水域生态环境为基本原则，尽量使用生物渔药和生物制品，提倡使用中草药，严禁使用禁用渔药，严格执行成鱼上市休药制度。养殖生产过程水质不好时，草鱼易发生“三病”（即草鱼细菌性烂鳃病、肠炎病、赤皮病）。这三种病是草鱼的主要暴发性疾病，常并发、流行广、危害大，各种规格的草鱼都可感染发病。疾病防控是草鱼无公害养殖的重要环节，防控得当，可提高产量，减少损失。

### （二）网箱养殖

**1. 养殖水域选择** 网箱养殖一般选择湖泊、水库、河流、山区等分布有流动水体的地区。要求水质清新无污染，水深约2～4米，水域有流动性（如微流水、回流水或风生流水等）。网箱设于避风向阳、有微小水流的地方，一般约离岸10米以上，避开水草丛生区及泄洪流水区。

**2. 网箱选择与放置** 目前使用的网箱以长方形与正方形较为普遍，其优点是过水面积大，管理方便，装配及设置容易，放鱼种多；但管理不善，易造成破损逃鱼而影响产量。小型网箱受风浪水流作用大，水体交换、放养密度、饲养管理、单位产量均

优于大网箱。国内目前使用的网箱规格为7米×4米×2米、5米×5米×2米、3米×2米×2米等。大网箱养成鱼、小网箱养鱼种，网目的大小应根据养殖的规格来确立。网目较大，能节省材料，降低成本，不易堵塞，水流畅通，但逃鱼几率大；而网目太小，虽不逃鱼，但易被周围丛生物和有机悬浮物等堵塞，水流不通影响鱼的生长。所以，网目的大小要与鱼种规格相适应。

根据水域条件、养殖对象选择不同的网箱及其放置方式。淡水鱼养殖中常用的网箱有以下两种：

(1) 浮动式网箱　可分为敞口式、封闭式，安装时借框架悬挂或支撑箱体，其结构简单，用料较省，抗风浪能力较强。特点是能根据水位、风向、水流自由浮动，从而调节网箱的位置。一般设在水面开阔、水位不稳定的水体中，如湖泊等。

(2) 固定式网箱　箱体一部分露出水面，四周用桩支撑框架，使箱体固定于一定水层，用绳固定箱体四角，使其张开成型。这种网箱的优点在于成本低，管理操作方便，抗风浪能力强；缺点是不能任意迁移，难在深水处设置。固定网箱一般设置在水位稳定、水流平稳、水面狭窄、相对较浅、养殖水环境较为稳定的生物水域，可以有效避免外界活动对鱼体产生的应激，减少不必要的能耗，还有利于增强鱼体的免疫系统，提高生产性能，确保其能快速生长。实际生产中，通常还在网箱上方加盖附有遮阳网的箱盖，可以防止鸟类等敌害生物的威胁。

网箱的排列原则是，使每个网箱都尽量迎着水流的方向，既能保证每个网箱水流畅通、溶氧充足，有利于天然饵料的增补和鱼类生长；又便于管理、节约劳动力与材料。为此，一般用一字形、品字形、非字形或梅花形。网箱设置深度不宜超过3米，且箱底离水底应在0.5米以上。

**3. 放养密度的确定**　在相近的条件下，产量较高时，鱼种的放养密度较高，反之较低；鱼种的规格较大时，产量较高，放养密度应适当降低；鱼种规格小，成活率往往很低，饲养周期就

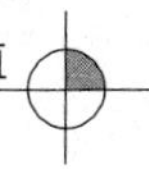

要长。生产设施先进，管理科学精细，生产经验丰富时，放养密度可适当增加。

**4. 饲养管理**

（1）饲料投喂 网箱养殖草鱼，一般不宜大量投喂草类，应投喂全价颗粒饲料，以提高饲料的利用率，减少残饵对水质的污染。草鱼进箱后2～3天便可开始驯化投喂。日投喂量为鱼体总体重的1%～5%，每天投喂3～4次，每次投喂0.5～1小时，以大多数鱼吃饱游走为度。投喂方法要讲究“四定”原则。投饵采取小把撒投，一把吃完再撒第二把，当鱼抢食不激烈时可少量慢投，最好使用投饵机。草鱼在水温25～30℃时生长最快，应加大投喂量；在阴雨、闷热、雷阵雨等恶劣天气时，要减少投饵或停止投饵。青饲料每天投喂1次，投喂量以第2天无剩草为准。

（2）日常管理 一是坚持巡箱，应坚持每天巡箱，定期检查鱼类生长情况，合理调整投喂量，认真观察、分析鱼情，发现问题及时处理；二是勤于刷箱，为保证网箱内外水体的顺利交换，必须定期清洗网箱，清除网箱内鱼摄食后剩余的草梗和其他杂物，增强箱体的通透性，每隔10～15天洗刷网箱1次；三是定期查箱，经常检查网箱，发现破损及时修补，以免逃鱼或凶猛鱼类入箱，在汛期还要及时检查绳索强度，缆绳是否牢固，网衣是否发生变形等；四是经常调箱，随着养殖水体水位的涨落及网箱区水质出现不良或有污水流入时，必须把网箱调节到水深及水质适宜的位置。

**5. 鱼病防治** 网箱养殖草鱼，由于充分利用流水资源，保持水质清新、不易恶化，能大大降低病害的发生，但仍然要坚持“以防为主、防治结合”的原则，来应对病害的发生。在鱼种起捕、运输、进箱、消毒等操作中，动作要轻快，尽量减少鱼体受伤。对鱼种、网箱、工具、饵料等都要消毒，以减少鱼病感染的机会。网箱应在鱼种入箱前10天安装下水，让网衣附生藻类，使网片光滑，鱼种进箱后避免网衣擦伤鱼体。鱼种下箱前后，检查网箱有无破洞，防止鱼种外逃。定期消毒防病，每隔 20 天左右用生石灰化浆趁热全箱泼洒，以净化水质。高温季节，可采用在网箱四周挂袋方式消毒杀菌，药物可选用溴氯海因等。

### （三）脆肉鲩养殖技术

草鱼脆化养殖，主要是通过改变草鱼的食物结构使其肉质变脆。脆化后的草鱼称“脆肉鲩”（两广地区将草鱼称为鲩鱼），其肉质紧硬而爽脆，不易煮碎，即使切成鱼片、鱼丝后也不易断碎，肉味反而会更加鲜美而独特，从而能满足消费者的特殊口感要求，提高了草鱼的市场竞争力和养殖效益。

一般脆肉鲩的养殖要经过以下几个特殊过程：第一步是养鱼苗，大约用一年时间养成 250 克左右的小鱼（草鱼）；再花一年时间就可以养成 2.5～3.5 千克重，此时，它和普通的草鱼还没有任何差别；但在第三年，如果在 25℃以上的温度条件下喂养蚕豆，草鱼的肉就会慢慢变得脆起来，经过 120 天以上的蚕豆喂养，就形成了名副其实的脆肉鲩。

**1. 养殖条件** 脆肉鲩养殖可在池塘或网箱中进行。池塘要求池底淤泥较少，水源充足，水质良好无污染，进排水方便，面积 2～3 亩，水深 2 米左右，放养前按常规方法进行彻底清塘。在脆肉鲩养殖中保持水质是关键，与普通草鱼相比，脆肉鲩对水质要求更高。正常草鱼窒息点溶氧阈值为 0.54 毫克/升，而脆化草鱼其溶氧阈值则上升到 1.68 毫克/升；同时，正常草鱼呼吸抑制值为 1.59～1.62 毫克/升，而脆化草鱼其氧气浓度呼吸抑制值上升到 2.85～3.08 毫克/升，二氧化碳麻醉浓度（呼吸抑制值）由普通草鱼的 194 毫克/升高浓度下降至试验脆化草鱼的52.42～65.36 毫克/升。

由于脆肉鲩对水质的要求较高，脆肉鲩养殖场应是生态环境良好，无或不直接受工业“三废”及农业、城镇生活、医疗废弃物污染的水（地）域。水质符合渔业水质标准（GB/T 11607—

1989）和无公害食品 淡水养殖用水水质（NY 5051—2001）。

同时，要求养殖池塘交通方便，供电正常，道路和电源线路延伸到池边，方便饲料、产品的运输和渔业机械的使用，池塘尽可能集中连片，以便于产品上市和节约电源线路的架设成本。

网箱可设置在江河、湖泊和水库的背风向阳处，要求水体无污染，溶氧高，水底无水生植物着生。采用全封闭式网箱，其规格一般为 5 米×4 米×2.5 米，网目为 5 厘米，网箱的底部垫 1 块 30 目的纱绢布作为投饵食台，以防饲料流失。在大水域进行网箱养殖时，应注意防止凶猛鱼类对网箱的破坏，可在网箱外围布置捕捞凶猛鱼类的网具。新网箱应该提前 7～10 天下水，使箱片软化，以防擦伤鱼体。已用过的网箱应将其清洗干净，并用 5％的生石灰水溶液浸泡 30 分钟。

**2. 放养前的准备** 鱼种放养前先将鱼塘排干、除杂、并曝晒 30 天，灌水 0.5 米后，可用生石灰或者漂白粉清塘消毒，以杀灭野杂鱼类、寄生虫类、螺类及其他敌害，使池塘“底白、坡白、水白”，有效杀灭病菌。鱼塘消毒后适时进行灌水，灌水时应扎好过滤水布，防止有害生物进入池内。水灌至 1.8～2.0 米时，经试水确保池内毒性消失后，再投放鱼种。

**3. 鱼种放养** 选择体格健壮、无伤病的规格为 0.5～1.0 千克的草鱼做鱼种，池塘放养密度一般为 2 000～3 000 尾/亩。为了调节水质，充分发挥鱼塘生物链的生产力，每亩池塘可搭配放养 13～15 厘米鲢、鳙 50～60 尾。具体放养密度，根据池塘条件、设施水平、管理水平等条件决定。网箱养殖密度为 30 尾/米$^2$。

鱼种放养前一般要经过消毒处理，以杀灭鱼种本身可能带来的病原菌，增强鱼体的免疫力，提高养殖的成活率。一般常用的方法是用 3％～5％的生理盐水浸泡 15～20 分钟，也可用 4％食盐水或漂白粉等药液浸浴 5～10 分钟。具体的消毒方式以及时间，可根据当时具体情况而定，如运输的时间长短、鱼种来源以及水温情况等。

条件许可的情况下，鱼种放养前用草鱼出血病及细菌性肠炎病、烂鳃病、赤皮病灭活疫苗进行胸鳍基部肌肉注射，注射剂量为每尾0.3～0.5毫升，可有效预防肠炎病、烂鳃病、赤皮病的发生。

**4. 脆化时间** 从春季水温回升到15℃，草鱼开始摄食一直到冬季停止摄食之前都可以进行脆化养殖，一般脆化的时间在120天以上。如果采取轮捕轮放或分期分批的养殖模式，每轮（批）脆化养殖时间不少于60天。在脆肉鲩养殖中，脆化养殖时间的掌控尤为重要。脆化时间不够，会影响脆肉鲩的口感和品质；而过度脆化，则会导致“肿身病”，引起死亡，造成损失。

**5. 饲料投喂** 草鱼脆化养殖的最关键之处是，改变草鱼的饵料结构，用含高蛋白的蚕豆代替常规饲料，外加少量青草，不添加其他饲料，否则会影响脆化效果。在进行脆化养殖前，可让待脆化的草鱼先停食2～3天，然后饲喂少量浸泡过的碎蚕豆（蚕豆用1%食盐水浸泡12～24小时），直到草鱼喜食，以后可定时定量投喂蚕豆。一般每天8：00左右、17：00左右各投喂1次，投饵量为草鱼体重的5%左右。具体投饵量，根据草鱼摄食情况和水温变化进行调整（表7-1）。

**表7-1 脆肉鲩日投饵量**

| 水温（℃） | 日投饵量（占体重百分数%） |
| --- | --- |
| 16～19 | 1.5～2 |
| 19～22 | 2～3 |
| 22～25 | 3～4 |
| 25～28 | 4～5 |
| 28～30 | 5～6 |

在饲料的投喂过程中，要遵循定时、定位、定质、定量的“四定”投喂原则。还要通过观察天气、水体情况以及鱼的进食情况，适当调整投喂量。

投喂的蚕豆必须经过浸泡催芽，把蚕豆催出芽后经过冲洗干净无臭味才投喂，催芽时间与投喂时间衔接起来，以不断食为好。投喂催芽蚕豆，鱼喜食，易消化吸收，转换率高，生长速快，肉质鲜味，肌肉变脆。

**6. 日常管理**　日常管理是养殖成功的关键因素。除了每天的正常投喂饲料外，每天黎明、中午和傍晚巡塘，观察塘鱼活动情况和水色、水质变化情况。及时解救浮头，防止死鱼。及时清除残饵，保证饵料新鲜，防止变质饵料影响水质。每2～3天清理食台、食场1次，每15天用漂白粉消毒1次，用量视食场大小、水深、水质和水温而定，每次250～500克。经常清除池边杂草和池中草渣、腐败污物，保持池塘环境卫生。

脆肉鲩对水质要求较高，良好的水质十分重要，要经常保持水质的清新和卫生。要求每隔3～5天添加新水5～10厘米，以增加水体活力，增加溶氧，应注意对水源的消毒和过滤，避免有害生物及病菌侵入鱼体。同时，要配备增氧机增氧，以保持水质新鲜，溶氧正常。每隔半个月亩泼洒生石灰10～20千克，以澄清水质。透明度最好保持在25～30厘米。

此外，还可通过施用微生物制剂改善水质，视水体透明度、水温等情况，每月1次，如EM液、利生菌、光合细菌等，可有效改善水质状况，使水体中的有益菌种占优势。使用微生物制剂15天内，不能使用杀虫剂。

**7. 适时捕捞和脆化保持**　脆肉鲩脆化养殖时间不够，会导致肉质口感不佳；而脆化时间过长，则可能导致脆化死亡，因此，脆肉鲩养殖中适时捕捞十分重要。草鱼脆化养殖达到终极阶段后，草鱼摄食量大大下降，体重增加和生长均几乎停止，生理功能发生巨大变化，表现为各器官出现系统的功能性障

碍。此时，若改喂青饲料可以使脆化度降解；若继续投喂蚕豆则会使草鱼出现肿身性死亡。所以，到达此阶段后必须及时捕捞上市。

在实际生产中，可能遇到市场疲软等情况需要继续养殖，又要保持“脆化持续稳定”。因此，保持“脆化持续稳定”是实际生产中需掌握的关键技术，其方法是达到脆化终极阶段后改喂75%小麦、10%蚕豆、15%青菜组成的混合饲料，尽量减少蚕豆的配比。这样脆肉鲩既不至于脆化死亡，又不会消耗机体营养，也不会使脆化度下降而失去脆肉鲩的特殊风味。

## 三、鲢、鳙养殖技术

### (一) 池塘养殖

#### 1. 池塘要求

(1) 池塘条件　鲢、鳙养殖池宜为长方形、东西向，面积可以根据实际情况来确定。一般为4～9亩，水深在2.5米左右，塘基坚固、不渗漏。池底的四周有坡度，以免出现死角，淤泥层厚度在15厘米左右。根据鳙的生长和水质变化，需要随时调节水质和水位，往池塘内注水和排水，需要在池边设有独立的进排水口。进水最好是开放式的，排水口通常要设置在进水口的对面，设在鱼池的最低处，并兼有排污的功能。此外，还要在池内配备增氧设施，要根据鲢、鳙的密度酌情配备，一般情况下，每4亩水面配备1.5千瓦的增氧机1台。

(2) 池塘清整与消毒　养殖池应每年干池、清整1次。先把池内的水排干，然后清除多余的淤泥，平整池底，修复倒塌的池埂，填好漏洞和裂缝，修理好进排水口，清除杂草和杂物。放养前应用生石灰或漂白粉消毒、除野。消毒方法有：①将池水排干，每亩用生石灰60千克，加水搅拌后全池泼洒，翌日用铁耙翻动，使淤泥与石灰混合均匀，12天后即可放鱼苗；②带水清塘，将池水排至10厘米左右，生石灰用量为200克/米$^3$，将其

均匀撒入池中，7～10天后即可放鱼苗；③用漂白粉清塘，其用药量为以含氯量30%的漂白粉20克/米$^3$加水后混合均匀，全池泼洒，5天后可放鱼苗；④用茶籽饼清塘，水深1米时，每亩池塘用50千克的茶籽饼破碎后浸泡24小时，然后全池泼洒，10天后即可放鱼苗。药物清塘后，在放鱼苗前可用少量活鱼试水24小时，检查药性是否消失。

（3）*注水、施肥* 池塘清整、消毒后，要曝晒2～3天，再往池内注水，第一次往池内注水1米左右即可。进水后要及时施基肥，每亩水面用发酵的有机肥300千克，堆在池四周的浅滩处。另外，每亩水面还可以加施过磷酸钙1.5千克，均匀地泼洒在水面上，培育饵料生物，使池水水色为油绿色或茶褐色，透明度保持在30厘米左右。

**2. 鱼种放养**

（1）*放苗时间* 鲢、鳙鱼种放养有两个时间和季节。第一个时间是在每年的11月底至12月上中旬，即秋末、冬初。这个季节水温在5～15℃波动，且在越冬前，鱼体健壮，鳞片紧密，不易受伤，适合鱼种拉网、搬运和放养。因此，此时是鱼种投放的主要季节，要及时清整池塘，注入池水，投放鱼种，准备越冬，以便翌年开春后早开食、早生长。

在生产中，往往由于成鱼销售或其他种种原因，如鱼种配套不完善，在主要放养季节延误了鱼种投放或投放不完全，只有往后推迟到冬末、初春，即每年的2月中下旬至3月初。冬季，水温在0℃左右，不适合鱼种投放，这是应该避开的季节。

我国南北纬度跨度比较大，所以，南方和北方鱼种投放的时间与季节相应分别延后或提前。在适宜的水温条件下，应尽早计划，尽早放养，以使鱼体有一个恢复、适应和越冬过程。

（2）*放养模式* 放养密度与计划产量、轮捕次数、养殖模式和不同区域等相关。每亩放养密度与计划产量见表7-2、表7-3、表7-4。鲢、鳙可作为主养品种，也可作为搭养品种。滤食性鱼类与吃食性鱼类的搭配比例，应根据各地鱼池条件、当地饲料肥料来源、鱼种来源、技术与管理水平等因素来灵活掌握，适当调整。

**表 7-2　每亩水面鱼类净产量 750 千克以上的放养与收获模式**（长江中上游地区）

| 种类 | 放养 | | | | 收获 | | | |
|---|---|---|---|---|---|---|---|---|
| | 规格（克/尾） | 数量（尾） | 重量（千克） | 占总放养量比（%） | 成活率（%） | 毛产量（千克） | 净产量（千克） | 占总净产比（%） |
| 鲢 | 250～300 | 200 | 60 | 26 | 95 | 130 | 70 | 9 |
| | 30～100 | 400 | 31 | 14 | 90 | 224 | 197 | 25.5 |
| | 10～20 | 300 | | | 85 | 65 | 61 | 7.8 |
| | 合计 | 900 | 91 | 40 | 90 | 419 | 328 | 42.3 |
| 鳙 | 300～400 | 20 | 7 | 3 | 95 | 15 | 8 | 1 |
| | 30～100 | 30 | 2 | 1 | 90 | 16 | 14 | 1.8 |
| | 合计 | 50 | 9 | 4 | 92 | 31 | 22 | 2.8 |
| 草鱼 | 250～750 | 150 | 75 | 33 | 80 | 300 | 225 | 28.8 |
| | 50～100 | 250 | 19 | 8 | 60 | 113 | 94 | 12 |
| | 合计 | 400 | 94 | 41 | 68 | 413 | 319 | 40.8 |
| 团头鲂 | 50～150 | 80 | 10 | 5 | 95 | 30 | 22 | 2.8 |
| | 10～15 | 150 | | | 80 | 12 | 10 | 1.3 |
| | 合计 | 230 | 10 | 5 | 85 | 42 | 32 | 4.1 |
| 鲤 | 100～200 | 100 | 16 | 7 | 95 | 48 | 33 | 4.2 |
| | 10～15 | 50 | | | 80 | 8 | 7 | 0.9 |
| | 合计 | 150 | 16 | 7 | 90 | 56 | 40 | 5.1 |
| 银鲫 | 10 | 500 | 5 | 2 | 80 | 40 | 35 | 4.5 |
| 青鱼 | 250～750 | 3 | 2 | 1 | 80 | 5 | 3 | 0.4 |
| 总计 | | 2 233 | 227 | 100 | 85 | 1 006 | 779 | 100 |

注：6～8 月轮捕达到上市规格的鲢、鳙 4～5 次。

表 7-3　以鲢为套养鱼的亩放养与收获模式

| 总净产（千克） | 放养 | | | 收获 | | |
|---|---|---|---|---|---|---|
| | 规格（千克/尾） | 尾数 | 重量（千克） | 规格（千克/尾） | 毛产量（千克） | 净产量（千克） |
| 750 | 0.25～0.35 | 150 | 44.5 | 轮捕 | 100 | 170 |
| | 0.1 | 300 | 30 | 0.6～0.75 | 115 | |
| | 3 厘米夏花 | 500 | 0.5 | 0.1 | 30 | |

表 7-4　以鳙为主养的亩放养与收获模式

| 种类 | 放养 | | | 收获 | | | 备注 |
|---|---|---|---|---|---|---|---|
| | 规格（克/尾） | 尾数 | 重量（千克） | 成活率（%） | 规格（千克/尾） | 重量（千克） | |
| 鳙 | 250～500 | 200 | 75 | 90 | 1 | 180 | 轮捕 1～2 次部分留种 |
| | 50～100 | 100 | 7.5 | 80 | 0.5～0.8 | 52 | |
| 鲢 | 50～100 | 180 | 15 | 90 | 0.7～0.8 | 120 | |
| 草鱼 | 250～750 | 20 | 10 | 80 | 2～3 | 40 | |
| 青鱼 | 250～750 或 50～100 | 3 | 1 | 80 | 2～3 | 5 | |
| 团头鲂 | 50～100 | 50 | 3.4 | 90 | 0.4～0.5 | 20 | |
| 鲤 | 50～150 | 50 | 4.5 | 90 | 0.5～0.6 | 24.8 | |
| 鲫 | 50～100 | 200 | 13.5 | 90 | 0.2～0.3 | 45 | |
| 合计 | | 803 | 129.9 | | | 486.8 | |

注：7～8 月轮捕达到上市规格的鲢、鳙 4～5 次。

**3. 施肥与投饵**　以有机肥、生物菌肥、青饲料和配合饲料组成肥料与饲料系统。

（1）有机肥　每亩水体产 700 千克食用鱼，需有机肥 7 000 千克，或生物菌肥 60 千克左右，各类有机肥质量要保持各自的自然含水量，应经过发酵腐熟后对水泼洒使用。

（2）青饲料　常用的鱼类青饲料，有野生陆草和人工种植的黑麦草与苏丹草、各种嫩菜叶等。每亩产鱼700千克，需要青饲料9 000千克左右，其质量要求鲜嫩、适口和无毒。

(3) 配合饲料　鲢、鳙的配合饲料粗蛋白质含量要求25%~30%，饲料应无霉变、未腐烂变质。

(4) 施肥方法　施肥有施基肥和追肥两种。施基肥时一次施足，追肥的原则是做到量少多次。总体施肥原则是，做到看水色、看鱼活动、健康和吃食情况、看天气变化、看水体肥度、看水温、看肥料来源和看池塘条件等，灵活掌握。

(5) 投饲　投饲原则上要求做到"四定"，即"定时、定质、定量、定位"。在水温20~30℃时，青饲料日投饲量占草食性鱼类总重量的30%~40%；配合饲料日投饲量占草食性、杂食性鱼类总重量的2%~3%。单用配合饲料日用量为鱼总重的4%~8%。日投饲次数为2~3次，具体次数依各种具体条件而定。

**4. 水质调控**

(1) 季节性调控　每年冬季和早春水温低，池水处在相对静态，水质清澈或保持夏、秋季遗留具有一定肥度的水供鱼类越冬。此时的水质调控方法是清塘消毒，施基肥，为翌年鱼类饲养打好水质基础。

春季到夏初（3~6月），水温不断回升；秋季到冬初（9~11月），水温又不断下降。这两个季节水温在15~25℃或略高的水平上来回波动，同时昼夜温差较大，水体上下对流交换好，水质处在良性变动中。根据主养鱼类不同，进行适当追肥，投饵可形成良好水色、水质，适合鱼类生长，是一年中鱼类生长较快的季节。这个季节也是鱼类病害生物易于生长、传播的季节。因此，在这两个时期，要经常注入新水，并对症药物预防鱼病发生。

在夏季7、8月间，水温较高，一般在30℃左右波动，并且昼夜温差小，水体上下对流交换差，水体上下的水温、溶氧和其他理化、生物因子分层现象明显，加之鱼类生长，载鱼量增加，

池塘营养盐类减少，甚至缺乏，特别是缺磷严重，所以此时期易形成不良的水质。一旦遇上天气突变（气压低、闷热天、雷阵雨），打破池水静态，上下剧烈交换，水质极度恶化，鱼类出现浮头，严重浮头甚至泛塘，造成损失。因此，高温季节急需做好水质的人工调控工作。

（2）*调控方法*　主要包括施肥调节、冲水调节和机械增氧调节等。

①施肥调节：水过肥会出现微囊藻，恶化水体环境，生长速度也会减慢，且品质下降，出现异味。因此，必须定期对水质进行检测，确定水的肥度，指导科学施肥，才能保证高产高效。

对于蓝绿色和砖红色水，采取大量换水，搅动水体增氧，必要时局部用硫酸铜或络合碘等药杀，配合加水防止泛塘，增施磷肥或微生态菌肥等综合方法进行调控；对于淡灰色和黑灰色水，采取补磷增施磷肥的方法调节；对于乳白色水，采用杀虫剂药杀浮游生物和增施化肥的方法进行调节。如果采用施化肥的方法，效果不佳，显示水质中还缺乏其他营养元素，应采取施用适量有机肥配合调节。

②冲水调节：鲢、鳙养殖池应定期冲水。注入新水并冲动上下水层，使池塘中上下水层对流，使含氧量高的新水和含氧量较高的上层水对流到底层，而底层的缺氧水翻到上层曝气，排放底层水中游离的二氧化碳、甲烷等有害气体，加之水中浮游植物的光合作用，增加水中溶氧，如此反复上下翻动，池水中溶氧增加，并混合均匀，达到改善水质的目的。冲水次数：3～4月，每月加水1～2次；5～6月，每月加水2～3次；7～8月，每月加水3～4次，高温季节5～7天就要加注新水1次；9～10月，每月加水2～3次。加水量依池塘水位高低、渗水情况灵活掌握，一般每次加水20厘米左右；当池塘保水性能、水位高时，可抽提原池水冲回原池。

③机械增氧调节：池塘中常用的增氧机有叶轮式增氧机、水

车式增氧机、射流式增氧机和吸入式增氧机等。在剧烈天气变化前后要进行池塘增氧，防止鱼类严重浮头和泛池。

根据池水溶解氧状况，在鱼类生长季节坚持每天都要打开增氧机。6～9月，一般晴天每天中午或下午开机1～2小时，阴天在清晨开机，傍晚不能开机；经常出现鳙浮头的池塘，要在鳙经常浮头之前1小时开机，在连绵阴雨的天气，鳙经常出现浮头，半夜就要开机；救鱼时连续开机。

**5. 日常管理**

（1）巡池　每天早晚应各巡池1次，注意观察天气、水质变化和鱼的活动与摄食情况，确定相应的饲养管理措施。

（2）防止鱼浮头和泛池事故　如预测有可能浮头，应提前开机增氧或加注新水。

（3）做好鱼池清洁卫生　每天应清除池塘饲料残渣、杂物和病死鱼等。

（4）建立养殖档案　应详细记载池塘环境条件、水源、水质、底质情况和养殖模式，并对清塘、注水、施肥、鱼种放养、投饲、浮头、增氧、鱼病及防治、排水与补水、水质测定结果、拉网及鱼类出塘等重要技术措施逐一详细记录，年终归档。

**（二）不投饵网箱养殖**

不投饵网箱养殖，是指在浮游生物丰富的水域中设置网箱，放养鲢、鳙等滤食性鱼类，通过网箱内外水体的交换，给养殖对象不断补充供给饵料生物，以获得鱼产量的一种养殖方式。这种养殖方式投资少，见效快。

**1. 养殖水域选择**

（1）养殖水域基本条件　一般在大中型水库中进行养殖，水库总库容要在10亿米$^3$以上，水域平均覆盖面积为3 000公顷以上，平均水深为6米以上，水库水源良好，上游无污染源。

（2）水质基本要求　水库水中溶解氧在5.0毫克/升以上，pH为7.0～8.0，透明度为60～120厘米，水中含浮游生物湿重

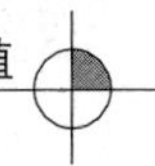

大于 5 毫克/升，且浮游植物组成较均衡。年平均水温大于 15℃。

（3）网箱设置水域的选择　网箱生态养殖鲢、鳙，水域的选择尤为重要。由于整个养殖过程不投饵，因此，水域中天然浮游生物的多少与组成，直接决定着鱼类的生长速度和鱼产量。除了要求网箱设置水域避风向阳外，还必须选择天然饵料丰富的"相对富营养区"作为网箱设置水域，一般选择有山洪或溪水加入的库湾、河道等地，且上游无污染源。另外，还要求设置网箱处的环境安静，流速小于 0.1 米/秒，水深在 6～8 米为好。

**2. 网箱结构与设置**

（1）网箱结构和规格　采用聚乙烯 3×3 有结节网。网箱规格为长 4 米×宽 4 米×高 2 米，网目为 3～4 厘米，为双层带盖的六面体网箱，箱盖应"吊"离水面，不应浸入水中。网箱由 4 根长 4.5 米、尾径 5 厘米以上的毛竹，制成 4.5 米×4.5 米的正方形漂浮支架支撑。

近年来，有些地区发展了特大网箱养殖鲢、鳙，因为生长环境和天然水体相差不大，所以基本不发生病害。其网箱为浮动式网箱，通过缆绳与岸边固定物连接，可随风浪和水流在一定范围内浮动。因为是特大型网箱，所以框架固定材料是镀锌管，浮子采用泡沫塑料。网箱材料为聚乙烯，网线直径 1.13 毫米，网眼大小约 7 厘米，以不跑鱼漏鱼为准。在水域条件、资金丰厚程度不同的情况下，可因地制宜地选择不同规格的特大型网箱进行养殖，如 50 米×100 米×5 米、100 米×100 米×5 米、200 米×150 米×5 米、460 米×120 米×4 米等。网箱加盖网，网箱底部用砖块或混泥土块作沉子。

（2）网箱设置与分布　小型网箱一般以 10 个箱为一组，由缆绳固定，在水面呈品字形排列。网箱的设置密度不宜过大，按局部水域面积的 1%进行设置，箱间距离为 30 米以上。若密度太大，造成养殖区域与整个库区以及箱内外水体交换不够，从而会使养殖水域逐渐变为“相对贫营养区”，因缺乏食物使所养鱼类生长速度受到抑制。网箱在鱼种放养前1周下水，为了使网箱的结节处黏附一定量的藻类，使粗糙处变得光滑，避免鱼种入箱后在适应期内乱窜造成皮肤擦伤。

**3. 鱼种放养**　鱼种放养时间在每年的2月底和3月上旬，小型网箱放养密度为规格250克/尾左右的鲢、鳙鱼种10～12尾/米$^2$。可以根据需要配养少量的罗非鱼或鲫，既可以增加产量，又可以起到清除网箱上黏附藻类的作用。特大型网箱放养规格为250～500克/尾的鲢、鳙鱼种为最佳，放养密度为4～5尾/米$^2$。鱼种要求体质健壮，游动活泼，体表匀称，鳞片完整，无损伤，无疾病，体色呈鱼类固有体色与光泽，每批鱼种规格要整齐，并经过水产苗种检疫部门检疫合格。所有鱼种在入箱前，均应用3%～4%的食盐水浸浴15～20分钟（水温10～15℃时）。

**4. 管理措施**

（1）清洗网箱　不投饵网箱养鱼，主要靠箱体内外的水体交换，使天然浮游生物源源不断地进入箱内，供鱼类摄食。在生长期内，由于过多藻类及有机物附着，会使网箱的网眼变小甚至阻塞，从而影响网箱内外水体的交换率，因此，清洗网箱工作特别重要。养殖期间应定期检查并根据需要清洗网衣。清洗方法一般为先将网衣提离水面用竹竿抽打，后用高压水枪冲洗或者完全用人工方法刷洗。一般情况下，在3～6月及9～10月，每2个月清洗1次为宜；在7～8月，每月清洗1次为宜。也可以根据网眼阻塞情况，决定网箱的清洗次数。

（2）清除漂浮物　由于风力及暴雨引发山洪的影响，水库内漂浮的垃圾会经常聚集在网箱周围，缠绕在网眼上或积聚在网箱盖上，若不及时清理，就会在一定程度上影响箱内外水体的交换和鱼类的正常活动。应及时将漂浮垃圾捞出运上岸后妥善处理。

（3）巡箱　经常巡视网箱，一是避免网破，发生逃鱼现象；二是网箱受外力（如风吹、浪打、大雨洪水冲击等）易发生扭曲

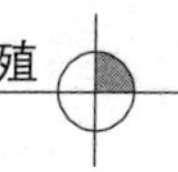

变形，应及时加以调整，使网箱充分展开，始终保持最大养殖容积；三是定期检查鱼的生长情况和网箱上附着物情况。

（4）*移箱*　根据需要（主要是洪汛及水位变动，有时也可根据饵料生物的丰歉），及时移动网箱的位置，以避开不良的养殖环境，选择条件适宜的养殖场所。对于特大型网箱，可每 10～15 天用机动船轻轻左右移动网箱位置。

（5）*防敌*　大水面水体中凶猛野生鱼类很多，应在养殖网箱外围设置捕捞装置，预防其对网箱的破坏。

（6）*防病*　生态养殖鲢、鳙病害很少发生，特别是特大型网箱，由于生活环境和天然水体中很相似，所以基本上不发病。主要是在放养鱼种时要做好消毒工作，以防止皮肤擦伤引发鱼病。

## 四、鲤养殖技术

### （一）池塘养殖

**1. 池塘条件**　池塘面积以 3～15 亩为宜，水深在 2.0～2.5 米，池水透明度≥20 厘米，池底淤泥厚度≤20 厘米。每亩水面按 0.75 千瓦配备增氧机。池塘背风向阳，不渗漏，注排水方便，池底平坦，饲料台设置在池塘上风处。苗种放养前需对池塘进行干池消毒，可用生石灰或漂白粉消毒。

鱼池使用消毒药物 2～3 天后，可根据池塘底泥的厚度适当施放有机肥料作基肥。一般每亩施用腐熟发酵的有机肥 200～300 千克，以保证鱼种下塘后有大型浮游动物、摇蚊幼虫等适口的天然饵料生物。

**2. 鱼种放养**　鱼种外观要求体形正常，鳍条、鳞被完整，体表光滑，体质健壮，游动活泼。畸形率和损伤率小于 1%，规格整齐。不带传染性疾病和寄生虫。最好选择经过人工选育的优良品种，如建鲤、福瑞鲤等。

（1）*混养搭配*　我国南方地区，由于生长期较长，鲤当年养殖可达食用规格。主养鲤食用鱼的池塘，一般混养搭配鲢、鳙及少量的肉食性鱼类，常见的混养搭配模式见表 7-5。

**表 7-5　以鲤为主养当年养成食用鱼的亩放养收获模式**

| 鱼类 | 放养 | | | 成活率（%） | 收获 | | |
|---|---|---|---|---|---|---|---|
| | 鱼种规格（克/尾） | 尾数 | 重量（千克） | | 养成规格（千克/尾） | 毛产（千克） | 净产（千克） |
| 鲤 | 夏花 | 2 000 | | 80 | 0.75 | 1 200 | 1 200 |
| 鲢 | 250 | 150 | 37.5 | 95 | 1.5 | 213.75 | 176.25 |
| | 夏花 | 300 | | 80 | 0.25 | 60 | 60 |
| 鳙 | 300 | 50 | 15 | 95 | 2.0 | 95 | 80 |
| | 夏花 | 100 | | 80 | 0.3 | 24 | 24 |
| 沟鲇 | 50 | 20 | 1 | 95 | 0.5 | 9.5 | 8.5 |
| 合计 | | | 53.5 | | | 1 602.25 | 1 548.75 |

注：①鲤产量约占总净产 77.5%。②由于南方地区鱼类的生长期较长，当年繁殖鲤即可养成食用鱼。③鲢、鳙由原池套养夏花解决，因放养密度小，放养夏花鱼种当年即能长成 250 克以上规格。当年放养大规格鲢、鳙鱼种在 8 月左右即能长成 1.5 千克以上食用鱼，可视实际情况捕捞上市，以利小规格鱼种生长。④投放沟鲇，主要摄食池塘中野杂鱼和瘦小病鱼。

为充分利用池塘前期水体空间，生产上亦可采用前期投放大规格鲫或草鱼种，等鲫或草鱼达到食用鱼规格后捕捞上市，再放养当年鲤鱼种，其放养模式见表 7-6、表 7-7。

**表 7-6　鲫、鲤为主养的亩放养收获模式**

| 鱼类 | 放养 | | | 成活率（%） | 收获 | | |
|---|---|---|---|---|---|---|---|
| | 鱼种规格（克/尾） | 尾数 | 重量（千克） | | 养成规格（千克/尾） | 毛产（千克） | 净产（千克） |
| 鲫 | 50 | 6 000 | 300 | 95 | 0.15 | 855 | 555 |
| 鲤 | 10 | 1 500 | 15 | 80 | 0.75 | 900 | 885 |
| 鲢 | 250 | 150 | 37.5 | 95 | 1.5 | 213.75 | 176.25 |
| | 夏花 | 300 | | 80 | 0.25 | 60 | 60 |
| 鳙 | 300 | 50 | 15 | 95 | 2.0 | 95 | 80 |
| | 夏花 | 100 | | 80 | 0.3 | 24 | 24 |

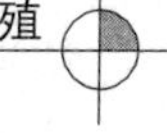

（续）

| 鱼类 | 放养 | | | 成活率（%） | 收获 | | |
|---|---|---|---|---|---|---|---|
| | 鱼种规格（克/尾） | 尾数 | 重量（千克） | | 养成规格（千克/尾） | 毛产（千克） | 净产（千克） |
| 沟鲇 | 50 | 20 | 1 | 95 | 0.5 | 9.5 | 8.5 |
| 合计 | | | 368.5 | | | 2 157.25 | 1 788.75 |

注：①鲤产量约占总净产50%，鲫产量约占总净产31%。②鲫投放头年鱼种，可在3月放养，5月中旬将达到150克以上的食用鱼捕捞上市，并放养每尾重10克左右的鲤，7月中旬至8月将池中余下鲫捕捞上市。鲫食用鱼采用抬网捕捞。③鲢、鳙由原池套养夏花解决，因放养密度小，放养夏花鱼种当年即能长成250克以上规格。当年放养大规格鲢、鳙鱼种在8月左右即能长成1.5千克以上食用鱼，可视实际情况捕捞上市，以利小规格鱼种生长。④投放沟鲇，主要摄食池塘中野杂鱼和瘦小病鱼。

**表7-7　草鱼、鲤为主养的亩放养收获模式**

| 鱼类 | 放养 | | | 成活率（%） | 收获 | | |
|---|---|---|---|---|---|---|---|
| | 鱼种规格（克/尾） | 尾数 | 重量（千克） | | 养成规格（千克/尾） | 毛产（千克） | 净产（千克） |
| 草鱼 | 400 | 1 000 | 400 | 95 | 1.0 | 950 | 550 |
| 鲤 | 15 | 1 400 | 21 | 85 | 0.75 | 892.5 | 871.5 |
| 鲢 | 250 | 150 | 37.5 | 95 | 1.5 | 213.75 | 176.25 |
| | 夏花 | 300 | | 80 | 0.25 | 60 | 60 |
| 鳙 | 300 | 50 | 15 | 95 | 2.0 | 95 | 80 |
| | 夏花 | 100 | | 80 | 0.3 | 24 | 24 |
| 沟鲇 | 50 | 20 | 1 | 95 | 0.5 | 9.5 | 8.5 |
| 合计 | | | 474.5 | | | 2 244.75 | 1 770.25 |

注：①鲤产量约占总净产49%，草鱼产量约占总净产31%。②草鱼投放头年大规格鱼种，可在3月放养，5月底将草鱼全部捕捞上市后，放养每尾重15克左右的鲤。因鲤对饲料中蛋白质含量要求高于草鱼，一般不同池主养草鱼和鲤。③鲢、鳙由原池套养夏花解决，因放养密度小，放养夏花鱼种当年即能长成250克以上规格。当年放养大规格鲢、鳙鱼种在8月左右即能长成1.5千克以上食用鱼，可视实际情况捕捞上市，以利小规格鱼种生长。④投放沟鲇，主要摄食池塘中野杂鱼和瘦小病鱼。

我国北方地区，由于生长期较短，鲤要养殖2年才能达到食用规格，常见的放养模式见表7-8。

**表7-8　北方主养鲤的亩放养收获模式**

| 鱼类 | 放　养 | | | 成活率（%） | 收　获 | | |
|---|---|---|---|---|---|---|---|
| | 鱼种规格（克/尾） | 尾数 | 重量（千克） | | 养成规格（千克/尾） | 毛产（千克） | 净产（千克） |
| 鲤 | 100 | 650 | 65 | 90 | 0.75 | 438.75 | 373.75 |
| 鲢 | 40 | 150 | 6 | 96 | 0.7 | 111 | 105 |
| | 夏花 | 200 | | 81 | 0.04 | 6.5 | 6.5 |
| 鳙 | 50 | 30 | 1.5 | 98 | 0.75 | 22 | 20.5 |
| | 夏花 | 50 | | 80 | 0.05 | 2 | 2 |
| 合计 | | | 72.5 | | | 580.25 | 507.75 |

注：①鲤产量占总产75%以上。②由于北方鱼类的生长期较短，要求放养大规格鱼种。鲤由1龄鱼种池供应，鲢、鳙由原池套养夏花解决。

（2）养殖周期及鱼种放养时间　北方地区一般养殖周期为2年，即头年养殖鱼种，翌年养殖食用鱼，可于5月放养隔年大规格鲤鱼种；南方地区养殖周期一般为1年，在4月中旬放养当年鲤夏花鱼种，当年10月后即可养成食用鱼，少部分未达食用鱼规格的留作翌年大规格鱼种，于翌年5月即可轮捕上市。

具体的放养时间，各地区可根据养殖模式灵活调整。

（3）鱼种消毒　放养前鱼种应进行消毒，常用消毒方法有：1%食盐加1%小苏打水溶液或3%食盐水溶液，浸浴5～8分钟；20～30毫克/升聚维酮碘（含有效碘1%）浸浴10～20分钟；5～10毫克/升高锰酸钾浸浴5～10分钟。操作时水温温差应控制在3℃以内。

**3. 饲料投喂**

（1）饲料要求　以投饲配合饲料为主，不宜直接投饲各种饲料原料、冰鲜动物饲料和动物下脚料，夏季定期搭配绿色蔬菜等植物性饲料。配合饲料应符合NY 5072和SC/T 1026的规定。饲料粗蛋白质含量≥30%。饲料主要营养成分指标参考表7-9。

表 7-9 鲤配合饲料主要营养成分指标（%）

| 项目 | 产品种类 | | |
|---|---|---|---|
| | 鱼种前期饲料 | 鱼种后期饲料 | 成鱼饲料 |
| 粗蛋白质 | ≥38 | ≥31 | ≥30 |
| 粗脂肪 | ≥7 | ≥5 | ≥4 |
| 粗纤维 | ≤4 | ≤8 | ≤10 |
| 粗灰分 | ≤12 | ≤14 | ≤14 |
| 氯化钠 | ≤2 | | |
| 钙 | ≥2.5 | ≥2.2 | 2～4 |
| 总磷 | ≥1.4 | ≥1.2 | ≥1.1 |
| 赖氨酸 | ≥2.2 | ≥2.0 | ≥1.5 |
| 蛋氨酸 | ≥1.0 | ≥0.8 | ≥0.6 |

（2）投饲　鱼种投放第 2 天开始驯食，先用少量饲料倒入投饵机，将投饵机设置少量投料状态，投饲间隔在 10 秒/次，每次投料 1 小时，日驯食 5 次，3～5 天即可驯食成功，然后转入正常投喂。每周调整 1 次投饵量，每月测量 1 次鱼体规格，估算存塘鱼量，为科学投饵提供依据。依照“四定”原则投喂饲料，但日投饲量应视天气、水质等情况灵活调整，减少饲料浪费和水质污染，每次投喂以鱼吃八成饱为宜。即投喂 40 分钟，有 80%的鱼离开食场，便可停喂。不同鱼规格、水温与投饵率的关系见表 7-10。

表 7-10 不同鱼规格、水温的日饵率（%）与投饵次数

| 日投饵率（%）/尾重(克/尾) | 水温（℃） | | | |
|---|---|---|---|---|
| | 10～15 | 15～20 | 20～25 | 25～30 |
| 1～10 | 1 | 5.0～6.5 | 6.5～9.5 | 9.0～11.7 |
| 10～30 | 1 | 3.0～4.5 | 5.0～7.0 | 5.0～9.0 |
| 30～50 | 0.5～1.0 | 2.0～3.5 | 3.0～4.5 | 5.0～7.0 |

（续）

| 尾重（克/尾）＼日投饵率（%） | 水温（℃） | | | |
|---|---|---|---|---|
| | 10～15 | 15～20 | 20～25 | 25～30 |
| 50～100 | 0.5～1.0 | 1.0～2.0 | 2.0～4.0 | 4.0～5.3 |
| 100～200 | 0.5～0.8 | 1.0～1.5 | 1.5～3.0 | 3.1～4.3 |
| 200～300 | 0.4～0.7 | 1.0～1.7 | 1.7～3.0 | 3.0～4.0 |
| 300～500 | 0.2～0.5 | 1.0～1.6 | 1.8～2.6 | 2.6～3.5 |
| 日投饵次数 | 2～3次 | 3～4次 | 4～5次 | 4～5次 |

注：当水温上升到35℃以上时，要适当减少投饵次数和投饵量。

**4. 水质管理** 养殖过程中，通过合理的投饵和施肥来控制水质变化，并通过加注新水、使用增氧机等方法调节水质。

（1）调节pH 要经常关注池塘水质的变化，池水既需保持一定的肥度，也不宜过肥，要求透明度≥20厘米。如透明度降到20厘米左右，水呈乌黑色，表明水质已经趋于恶化，则要及时加注新水。在养殖过程中可适当使用消毒剂进行水体消毒，当池水pH小于7时，可全池泼洒生石灰，每次用量为20～30克/米$^2$，使之保持良好的水质环境。

（2）注入新水 一是水位调节。鱼种投放时水位保持在1.0米，这时便于水温上升，促使鱼更好地摄食，延长生长时间，6月上旬保持水位在1.2～1.3米，7～9月确保水位在1.5～1.8米，以利于水温调节，使鱼生长在最适温度范围内；二是注换水，正常情况每周注水1次，每次注水30厘米，高温季节每3～5天注水1次，6月前每15天换水1次，换掉底层老水，每次换掉池水的1/3，换水后同时注入相同量的新鲜河水，确保水体透明度在30厘米左右。平时，密切注意水体透明度和水色变化并随时注换水，保持水质肥、活、嫩、爽。

（3）科学使用增氧机 合理使用增氧机，可有效增加池水中的溶氧量，加速池塘水体物质循环，消除有害物质，促进浮游生

物繁殖。同时，可以预防和减轻鱼类浮头，防止泛池以及改善池塘水质条件，增加鱼类摄食量及提高单位面积产量。具体而言，6月中旬进入芒种后，就要开启增氧机，改善水体溶氧状况。7～9月，晴天中午都要开机2小时，凌晨1：00～2：00也要开机，确保早晨不出现浮头现象，阴雨天气及闷热天气要随时开机，严防泛池事故发生。

（4）利用微生态制剂改良水质和底质　池水水质的恶化，通常是由池底有机物沉积过多引起的。换水只能改善池水，但不能改善底质和消除产生有害物质的根源。很多养殖池塘由于受水源条件和水源水质的限制，基本上不换水，因此，要保持水质优良与稳定，必须同时改良水质和底质。目前，水产养殖生产上较常用的微生态制剂有芽孢杆菌、光合细菌、硝化细菌、EM菌等。在水产养殖过程中，应根据水产动物的生长状况、水质状况、底质状况等，有目的、有针对性地科学使用。一般鱼种放养后，每7～10天泼洒1次EM微生态制剂菌，改良水质和底质。

**5. 巡塘并清除杂物**　每天巡视池塘，要做到责任到人，专人巡塘，每天早晨巡塘1次，观察池塘水色、水质和鱼群动态；下午巡塘1次，检查鱼类摄食及鱼病等情况，并根据天气决定加水或增加开增氧机的时间。结合巡塘，经常清除杂物，及时将池塘四周杂草清除，每天捞取水中污物，保持水体清洁，防止病原菌的滋生。

**6. 做好养殖生产记录**　一般情况下，每隔半个月至1个月要检查1次鱼体成长度（抽样尾数，每尾鱼的长度、重量，平均长度、重量），以此判断前阶段养鱼效果的好坏，采取改进的措施，发现鱼病也能及时治疗。

**7. 病害防治**　坚持以防为主、防治结合的综合防治措施，是确保养殖成功的关键。防治用药时，不使用禁用的渔药，慎用抗生素，坚持用微生态制剂。

### （二）网箱养殖

**1. 网箱地点选择** 网箱养鱼水域环境应选择避风、避洪、日照充足、水温适宜、水质良好、溶解氧高、水深常年保持10米以上；交通方便，便于配套建设生产管理人员生活设施的地点作为网箱养鱼区。

**2. 网箱设置** 采用双层聚乙烯有结节网片装配而成箱体全封闭的网箱，规格有20米×20米×3米、5米×5米×2.5米，网目4厘米，框架为4根5厘米的钢管，正方形固定，每根钢管上安装4个塑料浮桶，两侧2只锚入库底固定箱体。网箱设在距岸避风向阳处、风浪较小的区域。网箱周围水深6米以上，水质清新，水位相对稳定。鱼种放养前，将用漂白粉溶液浸泡消毒过的网箱提前2周放入养殖水体中，以便网箱充分附着藻类，保护鱼种，以免其进箱后擦伤。在岸边用木料架设自动投饵机，并备有网箱内使用的喷水式增氧机。

**3. 鱼种选择与放养** 鱼种要求健康活泼，鳞片没有缺损，鱼体完整，体表无寄生虫感染。鱼种应大小整齐，以免规格差异大的鱼种在后期生长方面快慢悬殊，导致起捕时间不一致或影响经济效益。3月可放养苗种，放养规格为50～100克/尾，密度为100～150尾/米$^2$。

**4. 投喂** 鱼种放养3天左右，待鱼类基本适应网箱环境后开始投饵；每天用自动投饵机“四定”投喂，根据鱼种规格和生长季节确定投喂次数，每天3～6次不等。通常4～10月，鱼摄食和新陈代谢旺盛，每天投喂的次数可以多一些；3～11月，水温较低，投喂的次数适当少一些。开始投喂时可以利用声响来训练鱼类条件反射能力，使鱼类集群抢食。根据生长和摄食情况适时调节投喂量，每次以大部分鱼吃饱游走为度。投喂的饵料大小，必须根据鱼类的摄食习性及鱼种的规格大小来确定。大规格鱼尽量不用小型饲料来投喂，饲料过小影响鱼类的适口性及食欲，并会造成饲料浪费。

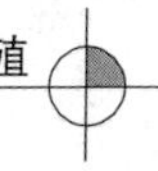

**5. 日常管理**　每20天测定鱼体增重情况时，起网全面检查网箱。生长季节网箱附着藻类多了容易堵塞网目，及时使用水枪冲洗，保证箱体内外的水交换畅通。在网箱养殖过程中，经常检查网箱是否安全是非常重要的一项工作。一是做好防逃检查。每周至少检查1次，主要检查网箱的框架、网衣、网衣缝合部、网盖、底网及网箱固定系统是否安全可靠。在灾害性天气出现之前，更应检查框架、锚、桩的牢固性，采取积极的防范措施防患于未然。二是做好防盗、防毒等工作。

**6. 病害预防**　根据吃食情况勤观察，如果前一天摄食正常的鱼类对投喂声音产生的反应差，则应检查网具有无异常和鱼类是否患病。同时，积极做好周围水体消毒工作，勤观察，发现鱼病及时对症治疗。

## 五、鲫养殖技术

### （一）池塘养殖

主要有池塘主养、成鱼池混养、鱼种池套养、亲鱼池套养等养殖方式。

**1. 池塘主养**

（1）基本条件

①池塘：面积以5～20亩为宜，水深2～2.5米。要求电力配套，水源充足，无污染，排灌方便，注排水渠道分开。

②设备配置：每5亩池塘配备3千瓦叶轮式增氧机1台，每个池塘配备自动投饵机1台（也可人工投喂）。

③池塘清整：对于新建的池塘，先进水浸泡，然后进行药物消毒。对于老塘应干塘后，清除过多的淤泥和杂草，整平池底，堵塞漏埂，进行耕耙，曝晒20～30天，杀死病原菌，氧化有机物。在鱼种下塘前10～15天，每亩池塘用生石灰75～125千克或3～5千克漂白粉干法清塘，起到消毒除野、改良土壤、调节酸碱度的作用。

④水质要求：池塘消毒5～7天后，注入70～80厘米深水，注水时用60目聚乙烯网过滤，以防野杂鱼及其卵进入。水质要符合养殖用水水质要求，pH 7.5～8.5，溶解氧一般在5毫克/升以上，最低不低于3毫克/升，有机物耗氧量在30毫克/升以下。

⑤施基肥：鱼种下塘前7～10天施肥，每亩施发酵好的有机肥150～300千克（人畜粪用量可多些，禽粪则用量可少些）做基肥，培肥水质，提供丰富的浮游生物及有机物碎屑等适口饵料，提高成活率。

（2）鱼种的选择与放养

①鱼种选择：一定要选择到信誉较好的国家确定的良种场（扩繁场）购苗，或者自行培育。购买鱼种时，应选择经过国家检疫检验部门检验合格的，规格大小整齐、无畸形、无病态、无伤痕、体形完整、体色正常、活动迅捷、溯水力强的健康鱼种。

②放养时间：鱼种投放宜早不宜晚，清塘后立即着手投放。一般在水温低于10℃时放养，在南方地区以春节前为宜。选择无风的晴天，入水的地点应选在向阳背风处，将盛鱼种的容器倾斜于池塘水中，让鱼种自行游入池塘。

③鱼种消毒：鱼种入池时，用3%～5%食盐溶液对鱼种浸洗消毒。鱼种消毒操作时动作要轻、快，防止鱼体受到损伤，药浴的浓度和时间需根据不同的情况灵活掌握，一般10～15分钟。

④放养规格和数量：A. 投放大规格鲫鱼种，每亩水面放养规格为50～100克/尾的鱼种2 000～2 500尾，另外，搭配规格为100克/尾的白鲢200尾、规格为150克/尾的花鲢50尾。B. 每亩放养尾重30～50克/尾的鲫鱼种1 000～1 500尾，或尾重50～75克/尾的鱼种800～1 000尾，搭配鲢、鳙、鲂、草鱼鱼种600～800尾。

（3）饲养管理

①饲料与投喂：小于10亩的池塘设1个投料点，大池塘设

2个投料点。鱼种下塘后7天开始驯化投喂，饵料一般选择信誉较好、质量可靠、供货及时的饲料厂生产的全价配合饲料，蛋白含量30%以上。饲料应符合《无公害食品　鱼用配合饲料安全限量》的安全要求。随着鱼体的生长，适时调整颗粒饲料的粒径。鲫不同时期饲料粒径大小如表7-11。

**表7-11　鲫不同时期饲料粒径大小**

| 鱼体重（克） | 1～10 | 10～25 | 25～50 | 50～100 | 100～150 | 150以上 |
|---|---|---|---|---|---|---|
| 饲料粒径（毫米） | 0.5～0.8 | 1.0 | 1.5 | 2.0 | 2.5 | 3 |

开食后首先进行驯化喂养，每次投料前先敲击饲料筒，使之形成条件反射。用手慢撒饲料，引鱼集中上浮吃食，经7～10天驯化后，就可形成条件反射，以后可进入正常喂养。由于鲫抢食能力较弱，喂养时要有耐心，每次投喂时间应保持20～30分钟。每天的投饵量根据水温、天气、鱼的摄食强度及生长情况具体确定，灵活掌握，日投饵率为1.5%～4%。每月进行1次抽样，根据鱼种规格和放养量推算载鱼量，然后调整饲料粒径和日投饵量。投喂要做到"四定"，即定时、定位、定质、定量。定时，就是每天在固定时间投喂，一般投喂2～4次；定位，就是在池塘较为安静、方便、适中的位置搭设料台投喂，颗粒饲料以扇形喷撒投入水中，尽量扩大投饵范围；定质，就是饲料新鲜、不霉变、不腐烂且营养含量，适宜鱼类生长的每个时期；定量，就是按鱼摄食情况来确定投喂量，一般日投饵量为鱼体重3%～5%，每次以80%鱼吃完为止。投饵量应根据水温、天气情况、水质肥瘦、鱼吃食情况灵活掌握。一般在水温下降、阴天无风、天降暴雨、水质混浊、溶氧量降低时，应适当减少投饵量。在生长季节，还可以根据鲫食性广泛的特性，在有条件的池塘中，每天每亩增投青饲料（如芜萍、浮萍等）50千克左右，满足鲫的生长需求。根据水质、天气和鱼的生长情况，适当追肥，使池水保持一定肥度，追肥一般施用钙磷肥，保持池水有效磷浓度1克/米$^3$

左右。

②水质调控：鱼种放养时水深1米，以后每隔7～10天注入部分新水，每次30～40厘米，5月水深保持1～1.5米，从6月起逐渐注水至最深水位。为保持池水“肥、活、嫩、爽”，7～9月每半个月注水1次，每次15～20厘米。每月全池泼洒1次生石灰水，每亩用量20～30千克。养殖期始终控制池水透明度在30～40厘米，水色以黄绿色和绿褐色为好。根据水质情况，定期监测水化指标，观察水体变化，做到有问题早发现，定期使用微生物制剂和水质改良剂，分解鱼类粪便和残饵，降低水中有害物质的含量，调节水中浮游生物的种类和数量，使池塘水质保持肥、活、嫩、爽，符合《无公害食品　淡水养殖用水水质》要求。

③水体增氧：水体缺氧时要及时增氧，方法有机械、生物、化学三种。机械增氧，是利用增氧机、水泵或潜水泵进行搅水、加水、冲水和换水，以增加水体溶解氧，高温季节要每天定时打开增氧机；生物增氧，是利用浮游植物光合作用增氧和药物，杀灭过多的浮游动物控制耗氧；化学增氧，是将化学药品（过氧化钙、过碳酸钠等）施于水中分解增氧，用于应急救治鱼类严重浮头和泛塘。

④日常管理：坚持每天多次巡视池塘，坚持每天做好养殖记录，主要包括饲料的投放、水质变化、天气变化、鱼的活动情况、鱼的病情等。注意鱼池环境卫生，勤除池边杂草，勤除敌害及中间寄主，并及时捞出残饵和死鱼。注意改善水体环境，定期清理、消毒食场。根据掌握的情况，及时采取换水、消毒、投喂药物等调节措施。

**2. 池塘混养**　混养是我国水产养殖的一种重要方式。池塘混养鲫，主要是指鲫与青鱼、草鱼、鲢、鳙、鲤、鳊、鲂等主养鱼类的混养。

（1）混养规格　50克/尾的冬片鱼种，或大规格夏花鱼种。

（2）混养密度　亩放冬片鱼种 150～300 尾或夏花鱼种300～400 尾，无鲤或其他鲫的池塘可适当增加。

（3）混养时间　与主养鱼放养时间一致。

（4）混养要求　混养池不需要特殊管理，随主养鱼按常规管理便可，不必专门投饲。如果混养的密度大，应适当投饵和施肥，以满足生长需求。

**3. 池塘套养**

（1）鱼种池套养　鲫由于生长速度快，可在青鱼、草鱼、鲢、鳙、鳊、鲂等鱼种培育专池内套养，直接养成成鱼。但不宜套养在鲤、罗非鱼、其他鲫的鱼种池内。

在主养鱼达夏花鱼种时，套养 5～7 厘米/尾的大规格鲫夏花，每亩套养密度 180～240 尾，可不影响主养鱼放养规格、密度和出塘时间、规格。鲫套养无特殊要求，不必单独调水、给饲、施肥。套养半年后，年底鲫起水规格可达 250 克/尾以上，亩增收鲫成鱼 40 千克以上。

（2）亲鱼培育池套养　在鲢、鳙等亲鱼产后，按主养鱼的常规养殖方法进行，每亩套养 5～7 厘米/尾的鲫夏花，300～400 尾/亩。一般年底不干塘起捕，需养至翌年亲鱼分塘或检查亲鱼时方可彻底起捕。一般养殖周期约 300 天左右，每亩亲鱼池可增收鲫 40 千克以上。

## （二）网箱养殖

用网箱饲养鲫，具有设备投资少、劳动强度轻、易管理和操作、起捕灵活简便、经济效益高等优点。

**1. 养殖条件**

（1）水域和水质　微流水、水质清新、溶解氧丰富、交通方便的水库（湖泊、河道）可开展网箱养殖。水质要求良好，pH 7.0～8.5，水中溶解氧在 4 毫克/升以上，总碱度、总酸度适宜，混浊度不大，无有毒物质（如毒藻类）及工业废水污染等。

（2）水深和底质　水深在 4 米以上较为合适，网箱底到水底还有1米以上的空隙，便于水体的流动，并能使底部残饵、粪便等及时随水流排出，水质不易恶化。如水太浅，当水位发生变化时往往使网箱发生搁浅，或遇大风浪发生翻箱事故。底部应平坦，有机物沉积要少。

（3）水流和风浪　水流和风浪能促进网箱内外的水体交换，使网箱内的溶氧不断得到补充，还便于消除残饵、粪便等。设置网箱的水域，流速以0.05～0.10米/秒为宜。有的水域虽无定向水流，但常有微风吹拂，会使水中有较高的溶氧。适宜的风浪是必要的，但不宜过大，过大易造成翻箱，且使鱼摄食受到影响等。

（4）日照和温度　网箱宜设在水体东南面或东北面，可避开强风，使日照时间长，进而有利于水中浮游植物进行光合作用，可增加水中溶氧，促进鱼类生长。水温是鲫摄食、生长的重要因素，因此，饲养期间水温变化应符合鲫的适温范围。

**2. 网箱设置**

（1）网箱结构　网箱通常用6片网衣加工缝制而成，形状为长方形或正方形，四周固定在用金属或方形木条绑扎成的框架上。养成鱼的网箱网目大小取决于鱼的规格，以不逃鱼且利于水体交换为主。网箱规格为5米×5米×2.5米、4米×4米×2米，也可用4米$^3$以下的小体积网箱。

（2）网箱设置　网箱设置方式常采用浮动式。浮动式网箱浮力来自于毛竹或浮球制成的框架，四周可用铅块、卵石等作沉子，框架的两端用绳子与锚绳相连。这种网箱结构简单，用料省，灵活简便，抗风能力强，一般设置在水深8米以上，阳光充足、无污染、无干扰的库湾处。

网箱多时，可采用一字形单排结构，也可采用非字形双排结构。箱间距通常大于3米，排距应大于5米。箱架在水上定位可采取对岸打桩拉绳、水下抛锚等方法，注意系绳两端应留有与水位常年升降变化相适应的备用长度。为便于投饲和管理，应设有

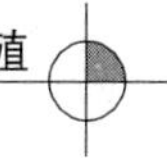

通道，通道一般与每组箱架的长度一致，宽度为 1.0 米。非字形布箱的通道，通常设在 2 列箱架之间；一字形布箱的通道，通常设于箱架的近岸侧。通道可由 2～3 层并列捆扎的毛竹组成。鱼种放养前 2 周将网箱下水，使其软化并产生一些附着物，以减轻鱼种入箱时被擦伤的几率。

**3. 鱼种放养**

（1）放养规格与质量　如放养冬片鱼种，则应在 2 月底以前完成；若放养大规格夏花，可在当年 6 月进行。冬片鱼种的放养规格最好在 50 克/尾以上，当年夏花鱼种的规格宜在 5 厘米以上。鱼种要求经过驯化，规格整齐，体质健壮，无病无伤。鱼种在入箱前，要用 3%～4%食盐水浸洗 10～15 分钟。

（2）放养密度　合理确定鱼种放养密度，是提高产量和效益的有效措施之一。鲫的放养密度一般为 200～500 尾/米$^2$。网箱饲养一般以单养方式为主，但也可以搭配一定比例的鲢、鳙、鲴等，搭配比例控制在总产量的 3%～4%。放养时必须一次放足，以免造成个体间的显著差异。

**4. 饲料投喂**　网箱饲养鲫，主要投喂半浮性或沉性配合饲料为佳。饲料的粗蛋白质含量为 30%～35%，饲料的颗粒大小要与鱼种的大小相配合，在保证营养基础上使其大小适口。鱼种入箱后第二天开始投喂，每天上午、下午各驯化 1 次，投喂时用竹棒慢慢敲击器皿发出声响，然后用手把饲料慢慢撒向网箱的中央位置。每次驯化时间不少于 40 分钟，5～7 天后可使鱼种形成条件反射，鱼种可集中吃食。开始时水温较低，每天投喂 2 次，10:00～11:00、14:00～15:00，每天投喂量为鱼体重的1%～1.5%。以后，随着水温升高和鱼体的长大，投喂次数和投喂量也逐渐增加。7～9 月为鱼类的摄食旺季，每天投喂 4 次，7:00～7:40、9:40～10:20、13:00～13:40、16:00～16:40，每天投喂量为鱼体重的 4%～7%。其他时间可调整为 3 次，每次投喂约 40 分钟，投喂量为 2%～5%。专人负责投喂，坚持“四定”投喂，并根据天气、水温和鱼的摄食情况灵活掌握投喂量。

**5. 日常管理**

（1）网箱的清洗　饲养期间应每天检查网箱1次，以防网箱破漏而发生逃鱼现象。网箱入水后，会因污泥和藻类附着而堵塞网目，影响网箱内外的水体交换，不利于鲫的生长，因而应定期予以清除。可将网衣提起直接用手洗清除，也可用喷水枪喷洗清除。

（2）干旱和洪水季节的管理　干旱季节，要防止网箱搁浅，为此，当水位下降较多时，可把网箱往深水的地方移动。洪水季节，要防止网箱被冲走，在洪水到来之前，最好将网箱移至缓流处，以避开洪水的冲击。

（3）防暴风　设置在大水面内的网箱，有时候会受到暴风引起的大波浪的袭击，而后导致发生破网、逃鱼等现象。因此，在暴风到来之前，必须检查框架和桩柱的牢固程度以及绳索的强度等，确保不出任何问题。对于大风造成的网箱变形或移位，要及时进行调整，保证网箱的有效面积和箱距在合理的范围内。

（4）日常检查　一是勤检查网箱，防止网箱破损造成逃鱼；二是每20天左右进行1次抽样称重，检查鱼的生长情况，并将抽样结果作为调整投饵量和进行分箱的依据；三是注意观察鱼的生长与摄食情况，做好记录，发现问题及时进行处理。

**6. 疾病防治**　由于网箱中鱼群比较集中，密度大，一旦发病就较易传播蔓延。因此，一定要做好疾病的防治工作。鲫易发的疾病为体表动物性病原体引起的鱼病，如烂鳃病、车轮虫病、水霉病等。除放养时鱼体用食盐水等浸洗消毒外，在鱼种运输、入箱、分箱时，小心操作避免鱼体受伤。饲养期间还应定期用氯制剂或生石灰等在网箱内用药物挂袋，及近旁水体泼洒消毒；鱼病多发季节，饲料中拌入三黄粉、内服灵等药物进行投喂。

### （三）稻田养殖

采用稻田饲养鲫时，首先要对稻田进行准备，将田埂加宽到

30 厘米左右，高度 30～40 厘米，并捶打结实，确保不塌不漏，防止大雨时溃埂跑鱼。田中开挖鱼沟和鱼坑，鱼沟多为井字形，沟深和宽各为 80 厘米左右，联通注水和排水口，在注水、排水口处安装木栏设施，如用竹篾编成的帘箔，防止注水、排水时鱼群跑出；鱼坑在田中或北面距离田埂 1 米，面积 50～100 米$^2$，深 1.5 米左右。稻田养殖可亩放养 5 厘米的夏花 200～250 尾/亩，亦可放养 50 克左右的冬片鱼种 200 尾左右，同时，可搭配放养鲢、鳙和少许草鱼。养殖过程中，应补投部分人工饲料。稻田保持水深 6～15 厘米为宜，当需要落水烤田时，排水速度不要太快，以免鱼来不及避于鱼沟和鱼坑而干死田中。当夏季气温达 35℃以上时，应换水降温或适当加深田水。稻田养鱼时要注意施肥和打农药，施用化肥一次不宜过多，农药选用高效低毒品种，采用叶、茎喷雾的方法施药。平时注意巡田，检查田埂、鱼坑四周是否有不安全的因素，如有垮、漏，应及时加固。大雨和暴雨时，检查进出水口的帘箔，防止逃鱼。

## 六、团头鲂养殖技术

### （一）池塘养殖

**1. 池塘准备**　商品鱼养殖池面积应在 5～10 亩，水深 2.0～2.5 米。池塘以长方形，东西长、南北宽为好。进排水方便并各池独立，水源水质无污染，水源充足，并符合国家渔业水质标准（GB 11607—1989）。池塘底质良好，无渗水、漏水现象。塘底平坦，淤泥厚度不超过 20 厘米。鱼种入池前 7～10 天，对池塘要全面清整、消毒。其方法是：排干池水，清除池底杂物，让池底曝晒与冰冻；挖去过深塘泥，平整池底；修补、加固塘埂，疏通注排水渠道，用浓度为 100～150 克/米$^3$ 生石灰干法清塘，或用浓度为 200～250 克/米$^3$ 生石灰带水清塘。漂白粉清塘，则采用浓度为 20 克/米$^3$ 干法清塘。放养前 1 周注水 1 米，注水口需用 60～80 目筛网过滤。每亩施入经发酵的有机肥 200～500 千克培养天然饵料，准备好增氧设备。

**2. 鱼种放养**

（1）放养时间　鱼种放养时间一般在冬季或早春，选择晴好的天气进行。

（2）放养模式　放养密度视池塘条件和养殖技术而定。主养一般每亩放养规格为100克左右的1龄鱼种1 500～2 000尾，塘中可搭养规格为250克左右的1龄白鲢鱼种100尾，规格为250克左右的1龄花鲢鱼种50尾左右，规格为100克左右的1龄鲫鱼种400尾左右，搭养鱼的比例不要超过放养总数的30%。套养一般为每亩放养50～100尾团头鲂鱼种。

也可采取"轮捕成鱼、套养鱼种"的养殖模式。即采取以团头鲂为主体鱼，合理搭配白鲢、鳙、鲫、鲤，以及适时套养夏花草鱼或者夏花团头鲂等品种的混养方式。以团头鲂为主体鱼，亩净产600～800千克的放养模式是：每亩放养各类鱼种2 200～2 440尾，其中，规格为25～40克/尾的团头鲂1 200～1 500尾，放养比例为60%左右；50～60克/尾的鲢150～300尾；50克/尾的鳙60尾；夏花鲤50～100尾；夏花鲫200尾、夏花草鱼600尾或夏花团头鲂600尾。

（3）鱼体消毒　鱼种放养前，团头鲂、白鲢、鳙等鱼种用10毫克/升漂白粉，在水温10～15℃浸洗鱼体20～30分钟；夏花草鱼种用浓度为2%～4%食盐水溶液，在水温5～20℃浸洗鱼体2～5分钟，或者用3%～5%食盐水溶液，浸浴鱼种5～10分钟。然后，将消毒后的鱼种放入塘中进行饲养，但浸浴药物不得倒入养殖水体中。

**3. 饲养管理**

（1）投饵管理　主养池塘可采用鳊专用颗粒配合饵料投喂，依据鱼体的大小选择适宜粒径的饲料进行投喂。一般150～250克团头鲂，投喂的饲料粒径为2.5毫米；250～500克团头鲂，适宜粒径为3毫米；500克以上团头鲂，适宜粒径为4毫米。

通常采用投饲机进行投喂，在养殖前期需驯化摄食颗粒饲料，采用少量投饵的方式，将投饲机投饵间距调至11～17秒/次。待驯化摄食工作完成后，逐渐加大投饵量，将投饲机投饵间距调至3～7秒/次，检查摄食情况并及时作出调整。定期检测鱼体生长情况，并适当调整投喂量。每天投喂2次（上、下午各1次），日投喂量为鱼体重的3%～4%。同时，投喂足量浮萍（紫背浮萍）和其他青料。日投饵率可参考表7-12。

表7-12　团头鲂商品鱼养殖投饲率

| 鱼体规格（克/尾） | 水温（℃） | | | | | | | | |
|---|---|---|---|---|---|---|---|---|---|
| | 16 | 18 | 20 | 22 | 24 | 26 | 28 | 30 | 32 |
| 100～200 | 1.8 | 2.0 | 2.2 | 2.4 | 2.7 | 3.0 | 3.2 | 3.5 | 3.5 |
| 200～300 | 1.5 | 1.7 | 2.0 | 2.2 | 2.4 | 2.7 | 3.0 | 3.2 | 3.3 |
| 300～600 | 1.2 | 1.4 | 1.7 | 1.9 | 2.2 | 2.5 | 2.8 | 3.0 | 3.0 |
| 600以上 | 0.8 | 1.1 | 1.3 | 1.5 | 1.7 | 1.9 | 2.0 | 2.1 | 2.2 |

“轮捕成鱼、套养鱼种”养殖模式，投饵方式以团头鲂专用配合饲料为主，适当投喂一定量的青饲料。配合饲料粗蛋白质含量要求达到30%～32%，青饲料要求新鲜、清洁、优质、无毒、适口性好，如种植黑麦草、杂交狼尾草等。

其投饲量依存塘鱼数量（不包括滤食性的鲢、鳙）和相应投饲率而定，并注意饲料适口性。如3～5月鱼体小，投饲率为3%；6～9月鱼体逐渐长大，投饲率为4%～6%；10月以后鱼体大，天气变凉，投饲率控制在2.5%以下。在整个养殖期间辅喂青饲料，11月至翌年5月辅喂黑麦草，6月至10月辅喂杂交狼尾草。

（2）水质管理　每周检测1次水质，高温季节每周2次。主要检测水温、溶解氧、pH、透明度、氨氮、亚硝酸盐等指标，并将检测结果与渔业水质标准（GB 11607—1989）相对照，如有数值与其不符则采取措施解决。池塘正常水质指标如下：溶解氧保持在 4 毫克/升以上，透明度保持在 25～40 厘米，pH 在 7～8.5，非离子氨≤0.02 毫克/升，亚硝酸盐≤0.15 毫克/升。每周加（换）水 1 次，每次注水 30～50 厘米，高温季节换水量可达 50～80 厘米。养殖期间每 20 天全池泼洒 EM 菌 1 次，以改善水质；也可每月用 1 次浓度为 20～25 克/米$^3$ 的生石灰溶解后全池泼洒，调节水质。

按照“追肥及时、少施勤施”的原则，当池水透明度超过 35 厘米时，就要及时追施少量肥料。用量：有机肥每亩每天 50～100 千克，连续 3～5 天；化肥，每亩用尿素 2.5 千克或碳酸氢铵 7.5 千克，加水溶解后泼洒全池。

（3）日常管理　一是做到“三勤”，即勤巡塘、勤捞残饵杂草、勤捞病鱼死鱼，一般每天早、中、晚巡塘 3 次，观察水质肥瘦、有无缺氧及鱼类活动情况，并采取相应措施；二是及时开机增氧，防止鱼类浮头与泛池，从夏季开始，一般每天清晨开增氧机 2～3 小时，阴雨天从下半夜开机到天亮；三是及时灌注新水，保持水质清新；四是加强鱼塘看管，防止偷鱼、钓鱼，夜间适当增加巡逻次数。

每隔 15～20 天抽查鱼的长势，算出饲料系数并对下一阶段喂养管理进行相应的调整。同时要做好有关记录，主要记载养鱼的日期、天气、放养情况、投饵施肥、鱼病防治、水质调控、捕捞销售等情况。

（4）鱼病防治　防治鱼病要坚持“全面预防、积极治疗、无病先防、有病早治、防重于治”的原则，主要做好鱼塘、鱼种、饲料台消毒和季节性鱼病防治。鱼种下塘前，鱼塘用生石灰消毒，鱼种用盐水消毒，饲料台每 10～15 天清洗 1 次，并用 300 克漂白粉加水 15 千克调匀泼洒食台。每月 1 次内服 2%大蒜素一个疗程杀菌（5～7 天）。

**4. 拉网出鱼**　一般团头鲂长到 500 克左右，便可捕捞上市。如果此前鱼池用过药，需确保已过休药期。收获时正处高温季

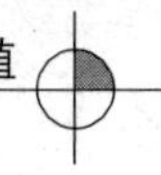

节，操作需谨慎，可采用大水位拉网，在拉网前需停食 2～3 天，以利于提高运输成活率。一般采用活水车运输。

“轮捕成鱼、套养鱼种”的养殖模式，从 9 月开始将每尾达到 0.5 千克的鲢、鳙、鲤和 0.4 千克的团头鲂以及达到苗种规格的草鱼种及时轮捕上市，适时调整池塘储存量，确保后期鱼类快速生长。

### (二) 网箱养殖

**1. 网箱设置** 网箱由箱体、框架、沉子等组成。箱体为封闭式双层单盖网套合箱。网箱网目为 3～3.5 厘米，规格为 5 米×5 米×2.5 米；也可采用小型网箱，规格为 1 米×1 米×1.2 米、1 米×2 米×1.2 米、2 米×2 米×1.2 米，底网安有密眼网衣做的饵料台。框架用直径 8～12 厘米的竹竿搭成正方形，网箱四角悬挂石质沉子，盖网撑出水面 20～50 厘米高。网箱设置处水深为 4～10 米，透明度为 160 厘米以上。工作台由泡沫塑料做浮子，网箱对称固定排列在工作台的两边，工作台两端用铁锚固定。

网箱设置在背风水域，水面开阔，远离航道，看管便利，设置为呈“一”字形排列。鱼种放养前 1 周，将网箱下水安装好。

**2. 鱼种投放** 鱼种可在 3、4 月放养，放养规格为 80 克/尾左右，放养密度在 100 尾/米$^2$ 左右，网箱中可搭配放养规格为 20 克/尾的细鳞斜颌鲴 10～15 尾/米$^2$，不仅降低了人工清洗网箱的劳动强度，而且可以增加养殖产量。要在天气晴朗时放养，称重过数，用 2%的食盐水对鱼种浸洗 20 分钟后放入网箱。

**3. 饲养管理**

（1）投饲 采用团头鲂配合颗粒饲料为主、青饲料为辅的投喂方法，鱼种入箱初期，可将青料和精料混合打浆后投喂开食，使刚入箱的鱼种在新环境中获得必要的营养，顺利通过入箱关。投喂草料时需用 0.1%漂白粉液淋洗消毒，防止箱鱼染病。日投饵量根据各箱团头鲂鱼种总重量计算，日投喂 1%～3%，随着鱼体增长逐渐增加，根据水温、天气状况适时调整。进箱前半个月进行人工驯化，量少、次多，每天投喂5次；以后水温在19℃以下，每天按2次进行投喂，时间安排在9:00、15:00；水温在20℃以上，每天投喂4次，时间安排在7:00、10:30、13:30、17:30。

（2）日常管理　确定专人投饵，每月测定1次鱼体的生长情况，做好日常记录，记录包括天气、水温、投饲量、投饵次数、鱼摄食情况等。定期清除箱内残物，检查网箱，防止鱼类逃逸。根据水位变化，及时调整网箱高度。

（3）病害防治　鱼种入箱前要做好浸种消毒工作，定期泼洒生石灰或用漂白粉挂袋，不投喂腐败变质的饲料，在鱼病流行季节应投喂药饵进行预防等。

# 第八章 病害防控技术

## 一、鱼病防控措施

鱼病的防控，应遵从预防为主的原则。原因有三个方面：一是鱼生活在水中，它们的活动情况不易察觉，一旦发病，通常都已经比较严重，给治疗带来困难；二是鱼病治疗采用的是群体治疗的办法，内服药依靠养殖鱼类主动摄入，病情严重时一般食欲会下降，即使有特效的药物也起不到治疗的作用，尚能摄食的带病鱼由于摄食能力差，往往吃不到足够的药量而影响疗效；三是体外用药一般采用全池遍洒或药浴的方法，这仅适用于小水体，而对大面积的湖泊、水库等就难以应用。所以，鱼病的防控更凸显出预防重于治疗的重要性，只有贯彻“全面预防、积极治疗”的方针，采取“无病先防、有病早治”的防治方法，才能做到减少或避免疾病的发生。

在防控措施上，首先要重视改善生态环境和加强饲养管理，努力提高鱼体抗病力，积极预防病害发生，然后要重视鱼病的准确诊断、科学合理用药，及时进行疾病治疗。鱼病的防控只有采取综合预防和治疗措施，才能收到较好的效果。提倡在鱼病预防与控制过程中，使用疫苗、免疫增强剂、微生态制剂、生物渔药、天然植物药物等进行鱼病预防。使用疫苗免疫是当今最为有效的鱼病预防技术，不仅防病效果好、持续时间长，而且可减少鱼病对环境、水产品质量安全以及人类健康的影响；免疫增强剂通过作用于非特异性免疫因子来提高养殖鱼类的抗病能力，可减少使用抗生素等化学药物带来的负面影响；微生态制剂是调控水

质和改善生态环境的有效方法，可显著提高鱼体抵抗力；生物渔药是通过某些生物的生理特点或生态习性，吞噬病原或抑制病原生长，可有效杀灭致病菌或抑制致病菌的生长；天然植物药物具有来源广泛、毒副作用小、无抗性、不易形成渔药残留等特点，在鱼病防治中应用广泛。

## （一）鱼病发生的原因

人工养殖的大宗淡水鱼，在环境条件、种群密度、饲料投喂等方面与生活在天然环境中的鱼类有显著差别，再加上养殖过程中的人为操作不当，所以养殖鱼类较之天然条件下更容易患病。养殖鱼类患病后，轻者影响其生长繁殖，重者则引起死亡，造成直接或间接的经济损失。因此，水产养殖过程中，疾病是养殖生产成败的关键因素之一。

鱼类的病害种类很多，按病原种类来分，主要有病毒性疾病、细菌性疾病、真菌性疾病和寄生虫病等四大类。了解鱼病发生的原因，是制定预防措施、作出正确诊断和提出有效治疗方法的根据。一般来说，导致鱼病发生的主要因素有内在因素和外在因素两大类。在外在因素中，又包括养殖环境、病原以及人为操作三个主要因素。

**1. 内在因素** 主要指养殖鱼类本身的健康水平和对疾病的抵抗力，包括遗传品质、鱼体免疫抵抗力、生理状况、营养水平以及年龄等方面。

（1）遗传品质

①遗传特性：养殖品种或者群体对某种疾病或病原有先天性的可遗传的敏感性，导致鱼体极易发生此种疾病。如鱼类的病毒性疾病，只感染某种特定的鱼或遗传特性相近的鱼，是因为该品种本身有病毒敏感的细胞受体所致。

②品种杂交：鱼类是比较适合通过杂交手段开展育种研究的良好材料，种属内品系的杂交可导致某些基因在新品种中纯合度提高，致病基因从隐性转变为显性，导致新品种抗病力下降，使

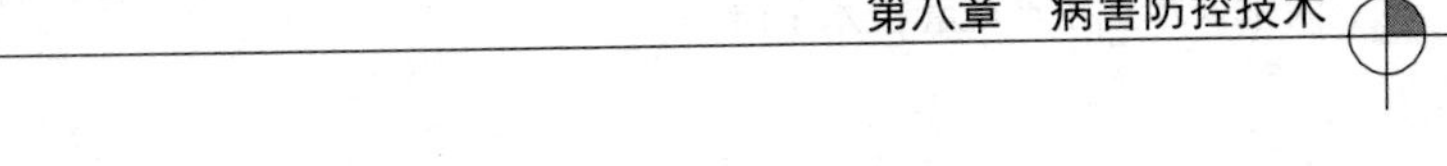


鱼体容易感染疾病。

③亲本资源退化：由于人工繁殖长期不更新亲本或近亲繁殖，导致鱼种亲本资源退化，抗病力下降，使鱼体容易感染疾病。

（2）免疫力

①体质原因：个体或者群体的体质差，免疫力低下，对各种病原体的抵御能力下降，极易感染各种病原而发病。

②机能缺失：个体或者群体的某些器官机能缺失，免疫应答反应水平低下，对各种病原体的抵御能力下降，极易感染各种病原而发病。

（3）生理状态

①特殊生长状态：某些个体或者群体处于某些特殊的生长状态（如虾蟹类的蜕壳生长阶段），防御能力低下，易遭受病原侵袭。

②生理状态差：某些个体或者群体由于生理状态不好，应激反应强烈，易发生疾病。

（4）年龄

①幼鱼阶段：个体或者群体处于稚鱼、幼鱼或鱼种生长阶段，其免疫器官尚未发育完全或免疫保护机制尚未完全建立，导致鱼体免疫力低下，容易发生各种疾病。

②退化阶段：个体或者群体处于老化阶段，其免疫器官退化，鱼体代谢机能下降，导致鱼体免疫力下降，容易感染疾病。

（5）营养条件

①营养不足：由于饵料不足，鱼体营养不够，代谢失调，体质弱，易导致疾病发生。

②营养失衡：由于营养各成分不全面或不均衡，直接导致各种营养性疾病的发生，如瘦脊病、塌鳃病、脂肪肝等。

**2. 外在因素**

（1）环境因素：养殖水域的温度、盐度、溶氧量、酸碱度、氨氮、光照等理化因素的变动，超过了鱼类所能忍受的临界限度，就能导致鱼病的发生。

①理化因素：养殖水环境水体中的各种理化因子（如温度、溶氧、pH、无机三氮等）直接影响鱼类的存活、生长和疾病的发生。当养殖环境恶化时，直接影响鱼体的代谢机能与免疫机能，导致鱼体处于亚健康状态，抵抗力下降，病原体此时极易侵入鱼体而导致疾病的发生。

物理因素包括：

温度：一般随着温度升高，病原体的繁殖速度加快，鱼病发生率呈上升趋势。以养殖鱼类常常发生的嗜水气单胞菌感染为例，当水温在13℃以下时，很少发生嗜水气单胞菌感染引起的疾病；水温在14～26℃时，该病发生机会渐多；水温在27～33℃时，很容易发生嗜水气单胞菌感染引起的疾病。在鱼类病害中，也有一些疾病常在低温时发生，如水霉菌、小瓜虫等。

透明度：透明度降低，水中有机物增加，病原体的聚集量越大，繁殖速度加快，鱼病发生率越高。水体透明度控制在20～40厘米范围内较好。

光照：光照强弱也能影响鱼病的发生。夏天光照过于强烈，使水体温度升高，极易引起疾病的发生；而在阴雨季节，鱼体长期缺乏光照，可能引起皮肤充血病。

水流：当水体长期没有流动和交换时，水体中的病原体会累积，繁殖速度加快，容易引起鱼病的发生。

化学因素包括：

溶氧量：溶氧量是养殖水体中最重要的因素之一，池水溶氧量应保持在5.0毫克/升以上，才能利于水生动物的生长。溶氧不足会影响鱼类等水生动物的摄食，溶氧充足可以使水体中有害物质无害化，降低有害物质的毒性，为水生动物营造良好的水体环境。水中溶解氧较低，会降低血红蛋白的含量，诱发出血性鱼病的发生。缺氧容易造成泛塘，甚至鱼类大批死亡。

pH：养殖水体中的 pH 范围一般是淡水 6.5～8.5，过高或过低都不利于鱼体的生长，而且容易引起疾病的发生。

氨态氮：养殖水体中的氨态氮含量一般低于 0.02 毫克/升为好，氨态氮较高会导致硝态氮升高，而硝态氮是鱼类多种出血性疾病发生的主要诱因。

②生物因素：

浮游生物：浮游植物含量过多或种群结构不合理（如蓝藻、裸藻）是水质老化的标志，这种水体鱼病的发生率较高。

中间宿主：病原中间寄主生物的数量多少，直接影响相应疾病的传播速度。

③池塘条件：

池塘大小：一般较小的池塘温度和水质变化都较大，鱼病的发生率也比大池塘要高。

有机质：底泥厚的池塘，病原体含量高，有毒有害的化学指标一般较高，因而也容易发生鱼病。同时，有机质数量过大，易使池水缺氧，水质恶化，细菌繁殖加快，鱼体易致病。

（2）病原生物因素　水生动物的病原生物，主要包括病毒、细菌、真菌、寄生虫以及敌害生物等。绝大多数水产养殖动物的疾病，是由病毒、细菌、真菌和原生动物感染所引起的。

①病毒：大宗淡水鱼类主要的病毒性疾病，有草鱼出血病、鲤春病毒血症、鲤疱疹病毒病、鲫鱼疱疹病毒病等 4 种病毒病。有报道认为，青鱼出血病的病原亦为病毒，但缺乏进一步研究。草鱼出血病、鲤春病毒血症和鲤疱疹病毒病，是危害养殖大宗淡水鱼类的重大病毒性疾病，近年暴发的鲫出血病也是由鲤疱疹病毒Ⅱ型感染引起的，已经造成严重损失。

②细菌：大宗淡水鱼类主要的细菌性疾病有鲢、鲫细菌性出血性败血症、草鱼烂鳃病、肠炎病、赤皮病以及大宗淡水鱼类的疖疮病、白皮病、打印病等 10 多种细菌性疾病。

③真菌和藻类：真菌和藻类引起的大宗淡水鱼病有水霉病、

鳃霉病等10多种疾病。

④寄生虫：寄生虫引起的鱼病有黏孢子虫病、车轮虫病、小瓜虫病、指环虫病、三代虫病、复口吸虫病、中华鳋病和锚头鳋病等20多种疾病。

（3）人为因素

①饲养管理：

饵料质量与投喂：投喂饲料的数量或饲料中所含的营养成分不能满足养殖鱼类最低营养需求时，往往导致鱼类生长缓慢或停滞，鱼体瘦弱，抗病力降低，严重时就会出现明显的疾病症状甚至死亡。营养成分中容易发生问题的是缺乏维生素、矿物质、氨基酸，其中，最容易缺乏的是维生素和必需氨基酸。腐败变质的饲料是致病的重要因素。劣质饲料不仅无法提供鱼体生长和维护健康所需要的营养，而且还会直接导致鱼体中毒和抵抗力下降，从而易受病原生物的感染，导致疾病的发生。投喂饲料没有采用定时、定量、定质、定位的原则，不仅影响养殖鱼类的正常摄食与健康生长，而且会引起鱼体抵抗力下降，易受病原生物感染而暴发疾病。

养殖密度：放养密度过大，超过水体养殖容量，水体中溶氧缺乏，水质变化剧烈，可导致鱼体营养不良，生长差，体质减弱，容易发生各种疾病。

混养比例：混养比例不合理，水体浮游生物种群发生变化，水质容易恶化，且易造成饵料利用不足，鱼类营养不良，体质变弱，容易发生和流行各种鱼病。

②水质管理：水质好坏不仅影响养殖鱼类的正常摄食生长，同时影响到养殖鱼类病害的发生，以至生存。

施肥：施肥是提高池塘鱼产量的有效措施之一。但施肥过量会导致肥料沉积，底泥和水体中的营养盐、有机物浓度升高，透明度下降，从而引起化学与生物耗氧加剧、底泥pH降低、水质恶化等一系列问题，给养殖生产带来极大的危害。因而，必须根

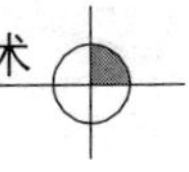

据池塘水质、鱼活动情况、天气情况等灵活掌握，实行“量少次多”的原则。施肥应以发酵好的有机肥、生物肥为主，避免大量使用化学肥料。

加注新水：加注新水能提高池塘生态系的泥水质量，增加水中的溶氧。但如果操作过于剧烈，会导致池底淤泥泛起、引起鱼体应激，易导致疾病发生。

滥用药物：水体中丰富的浮游生物和有益微生物群落，对维持水体生态环境和保持良好水质极为重要，但频繁使用外用药物、滥用药物或大剂量使用药物，会杀灭水体中浮游生物与有益菌群，导致水体生态平衡破坏，影响养殖对象的健康及对疾病的抵抗能力。

③生产操作：在施药、换水、分池、捕捞、运输和饲养管理等操作过程中，往往由于工具不适宜或操作不小心，使养殖鱼类身体与网具、工具之间摩擦或碰撞，都可能给鱼体带来不同程度的损伤。受伤处组织破损，机能丧失，或体液流失，渗透压紊乱，引起各种生理障碍以至死亡。除了这些直接危害以外，由于鱼体受伤而体质较弱，抗病力较差，伤口易受到病原微生物的侵入，造成继发性细菌病。

体表损伤：如鳞片脱落、局部皮肤擦伤、鳍条折断都属于这一类损伤，体表损伤可导致鱼体抵抗力下降，有害微生物趁机侵入，引发疾病。

创伤：鱼体创伤，使得致病微生物得以侵入鱼的血液，继而引起局部发炎、溃疡等。

内伤：鱼类在捕捞和运输过程中，容易受到压伤、碰伤，虽然体表不一定显现症状，但是内部组织或器官受损，正常生命活动受到影响，甚至发生死亡。

拉网操作：在高温季节进行大宗淡水鱼类拉网操作时，往往由于鲢体表受伤和池底淤泥的泛起，可导致细菌性暴发病的发生。经验表明，高温季节拉网操作后，每立方米水体泼洒0.5～

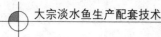

0.8克漂白粉，可以减少拉网操作导致的鲢、鲫暴发性出血病的发生。

加注新水：给池塘加注新水时，如果操作过于剧烈，会导致池底淤泥泛起以及引起鱼体应激，易导致疾病发生。

**3. 内在因素和外在因素的关系** 导致鱼病发生的原因，可以是单一病因的作用结果，也可以是几种病因混合作用的结果，并且这些病因往往有互相促进的作用。疾病的发生，通常是鱼体（内在因素）、病原与环境（外在因素）相互作用、相互影响的结果。

（1）病原 导致大宗淡水养殖鱼类疾病的病原种类很多，且无处不在，不同种类的病原对鱼体的毒力或致病力各不相同，同一种病原在鱼体不同生活时期对鱼体的致病力也不尽相同。

病原在鱼体上必须达到一定的数量时，才能使鱼体发病。从病原侵入鱼体到鱼体显示出症状的这段时间叫做潜伏期，潜伏期的长短往往随着鱼体机体条件和环境因素的影响而有所延长或缩短。病原对鱼体的危害主要有四个方面：

①引起出血：大多数细菌和病毒病原感染鱼体后，能通过血液系统转播至组织靶器官，引起体表毛细血管与内脏器官出血，导致鱼体患病乃至死亡。

②夺取营养：病原以鱼体内已消化或半消化的营养物质为营养源，致使鱼体营养不良，身体瘦弱，甚至贫血，抵抗力降低，生长发育迟缓或停止。

③分泌有害物质：有些寄生虫（如某些单殖吸虫）能分泌蛋白分解酶（proteolytic enzyme），有些寄生虫（如蛭类）的分泌物能阻止伤口血液凝固，有些病原（包括微生物和寄生虫）能分泌毒素，使鱼体受到各种毒害。

④机械损伤：有些寄生虫（如甲壳类）可用口器刺破或撕裂宿主的皮肤或鳃组织，引起宿主组织发炎、充血、溃疡或细胞增生等病理症状。有些个体较大的寄生虫，在寄生数量很多时，能

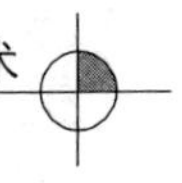

使宿主器官腔发生阻塞，引起器官的变形、萎缩、机能丧失。

（2）宿主　鱼体对病原的敏感性有强有弱。鱼体的遗传性质、免疫力、生理状态、年龄、营养条件、生活环境等，都能影响鱼体对病原的敏感性。

（3）环境条件　水域中的生物种类、种群密度、饵料、光照、水流、水温、盐度、溶氧量、酸碱度及其他水质指标，都与病原的生长、繁殖和传播等有密切的关系，也严重地影响着鱼体的生理状况和抗病力。

水质和底质影响养殖池水中的溶解氧，并直接影响鱼类的生长和生存。各种鱼类对溶解氧的需要量不同，鱼类正常生活所需的溶解氧约为4毫克/升以上。当溶解氧不足时，其摄食量下降，生长缓慢，抗病力降低，溶解氧严重不足时，出现浮头，此时如果不及时解救，溶氧量继续下降，养殖鱼类就会窒息而死，导致泛池。发生泛池时，水中的溶氧量随着鱼的种类、个体大小、体质强弱、水温、水质等的不同而有差异，一般为1毫克/升左右。患病的鱼特别是患鳃病的鱼，对缺氧的耐力特别差。

养殖水体中的有害物质，有些是由于饵料残渣和鱼粪便等有机物质腐烂分解而产生的，使池水发生自身污染。这些有害物质主要为氨和硫化氢。除了养殖水体的自身污染以外，有时外来的污染更为严重。这些外来的污染一般来自工厂、矿山、油田、码头和农田的排水。工厂和矿山的排水中大多数含有重金属离子（如汞、铅、镉、锌、镍等）或其他有毒的化学物质（如氟化物、硫化物、酚类、多氯联苯等）；油井和码头往往有石油类或其他有毒物质；农田排水中往往含有各种农药。这些有毒物质，都可能使养殖鱼类发生急性或慢性中毒。

鱼类终生生活在水中，鱼类的摄食、呼吸、排泄、生长等一切生命活动均在水中进行，水体既是它们的生长环境，又是排泄物的处理场所，存在的病原体数量较陆地环境要多。水中的各种理化因子（如溶氧、温度、pH、无机三氮等）复杂多变，病原在水中也较在空气中更易于存活、传播和扩散。这些也导致了水产鱼病发现病情难、早期诊断难、隔离难和用药难的特点。

## （二）鱼病药物预防

池塘养殖的鱼病药物预防，主要抓好药物清塘、鱼体和水体消毒、科学用药等方面的工作。清塘药物的种类很多，其中，以生石灰清塘效果最好，漂白粉次之。消毒主要包括鱼体消毒和池水消毒等方面。投放鱼种时的鱼体消毒主要目的是，杀灭可能带入养殖池塘的外来病原生物；池水消毒主要目的是杀灭病原生物，避免病原生物在鱼体上形成感染而导致疾病发生。药物预防工作特别要做好以下“五消”和投喂药饵工作。

**1. 鱼种消毒**

（1）3%～5%食盐水浸浴 5 分钟左右，杀灭寄生虫，防治水霉病、竖鳞病。

（2）10 克/米$^3$ 漂白粉溶液浸浴 20～30 分钟，杀死鱼体上的细菌，预防赤皮病、烂鳃病。

（3）8 克/米$^3$ 硫酸铜溶液浸浴 15～30 分钟，杀死鱼体上的多种寄生虫，预防寄生性鱼病。

（4）20 克/米$^3$ 高锰酸钾溶液浸浴 15～20 分钟，防治原生动物引起的鱼病。

（5）注射疫苗，草鱼放养前，每尾注射出血病毒灭活疫苗 0.2～0.5 毫升。

**2. 食场消毒**

（1）漂白粉挂篓：食场框架挂竹篓 3～6 只，每只篓装漂白粉 100 克，每天调换 1 次，3 天为一个疗程。5～9 月经常用漂白粉食场挂篓，可以防止或减少细菌性皮肤病和烂鳃病的发生。

（2）鱼病流行季节，10 天 1 次或连续 3 天为一个疗程，每次用 150～200 克漂白粉配成溶液泼洒食场消毒。

（3）硫酸铜和硫酸亚铁合剂（5∶2）挂袋。发病季节每周 1 次，食场挂袋 3 个，每袋装硫酸铜 100 克、硫酸亚铁 40 克，预

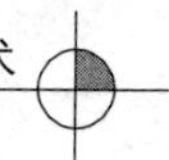

防寄生性鱼病。

（4）夏秋季节，每次用2.5～5.0千克生石灰对水溶化成浆泼洒食场，防治草鱼黏细菌、烂鳃病。

**3. 工具消毒** 将工具放入20克/米$^3$漂白粉溶液、20克/米$^3$高锰酸钾溶液或10克/米$^3$硫酸铜溶液浸洗5分钟再用。大型工具可在阳光下晒干后再用。

**4. 饵料消毒**

（1）*动物性饵料消毒* 动物性饲料需用清水洗净，或将其放入8克/米$^3$硫酸铜溶液浸洗20～30分钟后再投喂，防病效果更好。

（2）*植物性饲料消毒* 对水草等植物性饵料，用6克/米$^3$漂白粉溶液浸洗20～30分钟后再投喂。

**5. 水体消毒**

（1）用15～20千克/亩（水深1米）生石灰全池泼洒。从5月开始，每20～30天1次，有预防草鱼“四病”和改变水质的效果。

（2）用1克/米$^3$漂白粉全池泼洒，隔天1次，连续泼洒2次。从5月开始，每15～30天全池泼洒1次，防治细菌性烂鳃病、肠炎病等。

（3）用0.3～0.5克/米$^3$强氯精全池泼洒，对芽孢、病毒、真菌孢子等有较强的杀灭作用，此外，还有灭藻、除臭与净化水质的作用。

（4）用0.7克/米$^3$硫酸铜和硫酸亚铁合剂（5∶2）全池泼洒，每月1次，可防治鳃隐鞭虫、车轮虫、中华鳋等寄生虫。

（5）用0.2～0.5克/米$^3$敌百虫（90%晶体）全池泼洒，可防治寄生虫性鳃病和皮肤病。

**6. 投喂药饵** 在4月下旬至6月下旬适当投喂药饵，可重点预防草鱼“三病”（烂鳃病、赤皮病、肠炎病）。

（1）每50千克饵料中拌250克食盐和250克大蒜头，对预防草鱼肠炎病有良好效果。

（2）选择抗生素（四环素、土霉素、金霉素）或磺胺类药物，拌入饲料中制成药饵，浓度为0.1%～0.3%，防治肠炎和其他细菌性疾病。6天为一个疗程，每天投药饵1次。

**（三）用药方法及注意事项**

在大宗淡水鱼类养殖过程中，常会碰到各种各样的鱼病，选用何种用药、如何使用才能获得最佳的预防和治疗效果，一直是一个无法很好回答的问题。为了充分发挥药物防治水产养殖动物疾病的作用，现将几种常规用药方法及注意事项总结出来，仅供广大养殖户在生产中按实际情况参考选用。

**1. 全池泼洒法** 此法是将药物加水溶解兑匀后全池遍洒，是疾病防治中最常用的一种方法。此法不仅可以杀死养殖对象体表的病原体，还可以杀死池水中的病原体，但是此法无法杀死养殖对象体内的病原体，因此，常将此法和“内服法”结合使用。

注意事项：

（1）此法只适用于池塘养殖的水体，对流水养殖水体不适用。

（2）用此法时，必须要准确计算养殖水体的体积和用药量。

（3）药物要充分溶解、兑匀，避免未溶解颗粒被鱼误食而中毒死亡。

（4）盛装药物的容器最好选用木制或塑料容器，以免使用铁制容器时药物与容器发生化学反应而降低药效或生成有毒化学物质。

（5）若既要泼洒杀虫药又要泼洒杀菌药时，一般先泼杀虫药，第二天再泼杀菌药，同时要注意药物之间的颉颃作用。

（6）两种药物混合使用时，首先要确定两种药物是否能混合使用，然后应先分别溶化后再混合。以下药物不能混用：漂白粉与生石灰、硫酸铜与生石灰、敌百虫与生石灰等。

（7）施药时间一般应安排在16：00～18：00。施药后夜间

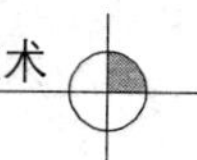

要给池塘增氧，避免因缺氧导致泛池。清晨缺氧和中午阳光直射时不能施药。

（8）池塘泼洒药物时，应从上风处开始逐步向下风泼，这样可使药物泼洒更为均匀，且避免对操作人员的伤害。

（9）药物泼洒完后1～2小时内，操作人员尽量不要离开池塘，应观察鱼体反应，一旦发现鱼严重浮头或有死鱼时，应迅速注入新水。

**2. 内服法** 内服药物可以有效杀灭鱼体内的病原体，常用于预防或治疗体内病原生物感染而引起的疾病。此外，在进行鱼体免疫刺激、代谢改良以及抗应激预防时也常采用内服法，以达到增强鱼体抗病能力的目的。

注意事项：

（1）用来配制药饵的饲料，必须要选用正常饲养时投喂的饲料或鱼喜食的饲料。

（2）药饵在水中的稳定性要好，便于鱼摄食。

（3）药物的量要计算准确。一般按摄食鱼体重计算用药量，以每千克鱼体重克或毫克计算。

（4）为使鱼体中药物保持有效浓度，投喂药饵时可首剂量加倍，有利于彻底杀灭病原，避免抗药性产生。

（5）内服药饵必须按要求连续投喂一个疗程（一般3～5天或7天）。

（6）投喂方法

①投喂药饵的前一天，投饲量应比平时减少些，以保证病鱼第二天吃进足够药饵。

②药饵要撒均匀，保证病鱼吃到足够的药饵；反之，假如药饵撒得不均匀，病鱼的摄食能力较差，往往就吃不到足够的药饵，达不到治病之目的。

③投喂药饵时，可减少饲料量至正常投喂量的70%～80%，便于所有药饵都被鱼摄食。

④投喂药饵时，最好选择风浪较小时投喂，否则因风浪大，撒在水面的药饵很快被吹到下风处，沉入水底，鱼就吃不到足够的药饵，影响治疗效果。

（7）治疗期间及刚治愈后，不要大量交换池水，也不要大量补充新水及捕捞，以免给鱼带来刺激，加重鱼的病情或引起复发。

（8）在使用内服药的同时，最好配合外用药泼洒，杀灭水中病原菌（虫），可避免病情反复。

**3. 浸浴法** 此法是将鱼集中在较小的容器或水体内，配制较高浓度的药液，在较短时间内强制给药，以杀死其体表和鳃上的病原体。此法通常在苗种放养或养殖对象转塘时使用。

注意事项：

（1）所用浸洗容器不应与药物发生化学反应。

（2）必须要根据水温和养殖对象的耐受程度等情况灵活掌握浸浴时间，一般15～20分钟。时间太短达不到杀死病原体的目的，时间太长又会对养殖对象造成伤害，影响其在以后养殖过程中的摄食和生长。

**4. 悬挂法** 又叫挂袋法、挂篓法。此法是将药物装在有孔的容器中悬挂于食物周围或网箱以及流水环境养殖的水体中，利用药物的缓慢溶解，在水体中保持一定的药物浓度，以达到消毒杀灭病原生物的目的。此法一般在疾病流行季节来到之前的预防或病情较轻时采用。

注意事项：

（1）悬挂的容器一般采用布袋、塑料编织袋或竹篓。

（2）挂篓挂袋时药物装入量不能太高，一般以200～500克为宜。

（3）如果挂篓挂袋后明显影响鱼摄食，应停止或减少药物剂量。

**5. 涂抹法** 此法是直接将药物涂抹于养殖对象的病灶处，

是一种最简单直接的治疗方法。适用于皮肤溃疡病及其他局部感染或外伤。

注意事项：采用此法治疗鱼病时，防止涂抹药物迅速在水中溶解，一般适用药膏类药物。此法对于经济价值较高的养殖动物比较适用。

**6. 注射法** 鱼病防控过程中的注射法有两种，分别是肌肉注射法和腹腔注射法。对于药物溶解度高、肌肉吸收良好的药物，一般采用肌肉注射法；对于免疫预防时注射的疫苗，一般采用腹腔注射法，疫苗通过黏膜系统吸收而进入机体。注射法具有药量准确、吸收快、疗效高、效果佳等优点。

注意事项：

（1）注射法治疗鱼病时，避免因操作不当损伤鱼体。

（2）注射时掌握进针程度，避免伤及鱼内脏组织，一般在针头端套 1/2 长度的塑料软管，可避免注射时伤及鱼体内脏器官。

## 二、鱼病诊断方法

### （一）鱼病诊断步骤

鱼病诊断是鱼病防控的首要步骤，只有先确定鱼患的是哪一种病，再进行对症治疗，才能取得良好的治疗效果。因此，鱼病的正确诊断是鱼病防治工作的一个关键环节。

**1. 现场调查** 现场调查主要目的是，调查了解养殖环境、池塘结构、水源水质状况、养殖品种规格、发病历史与死亡情况等各种现场情况，不同的养殖模式、养殖环境、养殖品种、养殖阶段、投喂方式、操作方式，鱼病发生的规律都不同。现场调查可获得第一手信息，便于对疾病发生的原因进行综合分析与判断。

**2. 水质检测** 养殖池水的酸碱度、溶解氧、氨氮、亚硝酸盐、硫化氢和水的肥瘦等与鱼病的发生关系密切，很多因素是疾病发生的重要诱因。可使用商品化的水质测定试剂盒，对养殖池水的酸碱度、溶解氧、氨氮、亚硝酸盐、硫化氢等主要化学指标进行检测。

**3. 调查饲养管理情况**

（1）调查池塘清淤、池塘修整、药物清塘以及用药情况。

（2）调查苗种的来源、规格、投放时间、密度、搭配比例等情况。

（3）调查投喂的饲料种类、日投喂次数、投喂时间、持续时间、鱼摄食情况。

（4）调查水体培肥、水体消毒、水质调控、拉网操作、增氧换水等情况。

（5）调查发病前后的用药历史，包括药物种类、剂量、次数、效果等情况。

**4. 鱼体检查诊断** 选择症状明显、濒死患病鱼作为检查对象，首先进行肉眼检查，确认患病鱼体表是否有病原体存在以及体表典型病灶部位，然后进行解剖检查，检查的部位包括鳃、内脏组织等；鳃的检查重点是鳃丝，需于洁净载玻片上制备鳃丝压片进行显微镜检查；内脏组织的解剖检查，主要包括胃、肠、肝、脾、肾、胆、鳔等器官的检查，查看内脏器官是否有病原体存在或内脏器官炎性肿大、出血或充血、腹水等症状。鱼病诊断过程中的肉眼检查与解剖检查所获得的信息，对于鱼病初步诊断有重要意义。

## （二）鱼病诊断方法

**1. 肉眼初步诊断** 肉眼检查又称目检，是诊断鱼病的主要方法之一。用肉眼找出鱼患病部位的各种特征或一些肉眼可见的病原生物，从而诊断鱼病。

对鱼体进行目检的部位和顺序是体表、鳃和内脏。具体方法为：

（1）体表 将濒死患病鱼置于洁净解剖盘中，对鱼的头、眼睛、鳞片、鳍条、肛门等仔细检查，可以发现大型病原体，如线

虫、鲺、钩介幼虫、水霉等以及细菌感染引起的赤皮、白皮、打印、疖疮及充血、出血等症状。

（2）鳃 鳃部的检查以鳃丝为重点。掰开鳃盖，用剪刀剪去鳃盖，观察鳃片的颜色是否正常，黏液是否较多，鳃丝末端是否有肿大或腐烂病灶。如是细菌性烂鳃病，则鳃丝末端腐烂；鳃霉病，则鳃片颜色比正常鱼的鳃片颜色较白，略带血红色小点；如是口丝虫、隐鞭虫、车轮虫、斜管虫、指环虫和三代虫等寄生虫行疾病，则鳃片上有较多黏液；如是中华鳋、狭腹鳋、双身虫、部分指环虫以及黏孢子虫囊等寄生虫，则常表现鳃丝肿大、鳃盖张开等病状。

（3）内脏 内脏检查，包括肝、脾、肾、肠、胃、胆、鳔等内脏组织。于鱼体一侧将腹部剪开，先观察是否有腹水和肉眼可见寄生虫，如鱼怪、线虫、黏孢子虫孢囊、舌状绦虫等。再仔细观察各个内脏的外表是否正常，随后取出内脏，逐一检查是否有充血、出血、肿大、坏死等病症。

目检主要以病状为依据。一般情况下，有经验的鱼病工作者可以通过目检结果基本判定鱼病的种类。目检时需要特别注意以下情况：即相同的症状可能是不同的疾病，如草鱼的肠道充血发红症状，有可能是草鱼出血病的肠炎型病症状，也有可能是草鱼的肠炎病，此时应综合分析养殖鱼规格、肠道肿胀、充气、腹水与肛门是否发红等症状，从而判定是否是病毒性出血病或是细菌性肠炎。这种情况如能进一步的实验室诊断，其结果将更具说服力。又如，患病草鱼体色发黑、鳍条基部充血、蛀鳍等，这些病状有可能是草鱼细菌性赤皮、疖疮、烂鳃、肠炎等病所共有，需要在目检时辅助其他症状加以区分。因此，在目检时做到仔细检查，全面分析，详细记录，可为准确诊断鱼病提供一定程度的依据，亦可为进一步的镜检与实验室诊断提供参考。此外，目检时一定要检查有典型症状的濒死鱼，死亡时间久且出现体色发白、组织糜烂、炎症消退、腐烂发臭的病死鱼不能作为目检材料。

**2. 镜检** 镜检是根据目检时所确定下来的病变部位作进一步检查。常见的鱼病只需镜检体表、鳃、肠道、眼脑等部位即可。

（1）体表 用解剖刀在患病鱼体表病灶部位刮取组织或黏液置于载玻片上，滴加蒸馏水1～2滴后盖玻片压片，置于显微镜下观察。在患病鱼体表，常可观察到车轮虫、斜管虫、鱼波豆虫、钩介幼虫、黏孢子虫以及真菌菌丝等。

（2）鳃 用剪刀剪取一小块鳃丝，置载玻片上，滴加蒸馏水1～2滴后盖玻片压片，镜检可发现指环虫、三代虫、车轮虫、隐鞭虫、黏孢子虫等病原体。

（3）肠道 用剪刀剪取一节肠道，将其内容物置载玻片上，显微镜镜检，可发现毛细线虫、艾美虫、黏孢子虫等病原体。

（4）眼 将整个眼球水晶体压在载波上镜检，如果见到双穴吸虫囊幼虫，则为双吸虫病。

（5）脑 如果鱼患有疯狂病，可将病鱼脑打开，仔细观察是否有白色的黏孢子孢囊，用镊子将此孢囊取出，放在载玻片上压碎，在镜检时可观察到孢子，即为脑内孢子虫感染。

**3. 实验室诊断技术**

（1）组织病理学诊断技术 主要是指光学显微镜进行患病鱼的组织病理学观察。进行组织病理学诊断之前，首先需将患病鱼病灶组织或内脏组织进行石蜡切片或冰冻组织切片，然后利用各种组织化学染色方法或荧光标记抗体染色方法，检查器官、组织和细胞的病理变化。通过组织病理学诊断，一般可以发现患病鱼发生的组织病理学变化，如细胞肿大、细胞核裂解、细胞或组织坏死等，从而进行鱼病诊断。在对病毒性鱼病进行组织病理学诊断时，通常可以观察到感染细胞内病毒包涵体的存在，这是诊断病毒性鱼病的重要指标之一。

（2）电子显微镜诊断技术 电子显微镜较之光学显微镜具有更大的放大倍数，可以直接观察到病原体的精细结构或细胞超微

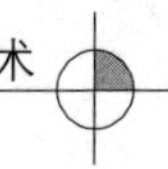

结构变化，是进行鱼类疾病尤其是鱼类病毒性疾病实验室诊断的重要方法。利用电子显微镜技术进行鱼病诊断，主要环节是电镜观察样品制备。通过对纯化的病原体进行负染色、或对患病鱼病灶组织或内脏组织或病毒感染细胞超薄切片样品染色后再进行电镜观察，可以观察到病原体的超微结构，特别是确认是否有病毒颗粒存在以及病毒的形态学特征和细胞超微结构病理变化特征，从而确定是否是病毒感染引起的疾病以及是什么病毒感染引起的疾病。许多鱼类疾病的准确诊断以及鱼类新疾病的发现，都离不开电子显微镜技术。现代电子显微镜技术并不局限于观察细胞病变、病毒的形态大小和结构等，已扩展到用于了解病毒的感染和复制机理、病毒的形态发生等。但是，由于电镜样品的制备较困难，而且对于形态特征相似的病毒则难以鉴别。所以，电子显微镜技术主要用于检测病毒的有无及初步鉴定病毒的类型，而对于种和型的鉴别必须借助于特异性更强的方法。

（3）*病原菌分离培养与鉴定* 对于细菌性病原感染引起的鱼病，在实验室内开展病原菌分离、培养与生化鉴定和分子鉴定，可以确认疾病的种类与病原。其一般程序为：采集出现典型症状的濒死患病鱼，进行体表消毒后于无菌条件下取血液样品、腹水样品或肝脏组织，进行细菌培养平板涂布接种，恒温培养至生长出优势菌落，然后对单个菌落进行生化鉴定、分子鉴定以及人工感染试验，通过鉴定结果与人工感染试验复制出的患病鱼症状，可以准确诊断鱼病或发现新疾病。

（4）*细胞培养* 通过细胞培养技术分离致病病毒，是准确诊断鱼类病毒性疾病的经典方法之一。对于疑似病毒感染引起的鱼病，采集出现典型症状的患病濒死鱼内脏组织，进行充分匀浆与冻融后，离心取上清液，超微滤膜过滤（0.22 微米孔径滤膜），接种宿主动物细胞系，恒温培养观察细胞病变效应，可准确地确定疾病病原。在进行组织来源病毒接种细胞时，一般需要盲传几代才能出现细胞病变效应。如能将出现细胞病变效应的细胞进行超薄切片电镜观察，将更加有助于确认病毒病原。在进行鱼类病毒病诊断的过程中，使用细胞培养的病毒进行人工感染试验，观察是否能在健康鱼体上复制与自然发病相同的症状，是准确诊断鱼类病毒病的重要步骤。在采用细胞培养技术分离鉴定病毒进行鱼病诊断时，如遇到缺乏宿主动物的细胞系时，可以在现存已有的细胞系上进行感染试验筛选病毒敏感细胞系；如果感染细胞培养的病毒连续传代都能出现致细胞病变效应，此时如辅助超薄切片电子显微镜观察细胞培养物中的病毒，可以确认病毒病原的存在，且使用的细胞系对该病毒敏感，是病毒病诊断的重要证据。

（5）免疫学检测技术　利用抗原抗体反应的免疫学原理进行病原或抗体检测，是实验室内采用免疫学方法诊断鱼病的重要技术。用于鱼类疾病诊断的免疫学技术很多，但多数集中在实验室诊断中，实际应用的免疫学诊断技术仍然有待进一步发展，这主要依赖一大批鱼类专用抗体的商品化以及诊断试剂盒的产业化等。目前，鱼病免疫学诊断的主要技术包括免疫凝集试验、免疫沉淀试验、补体结合试验、中和试验、酶联免疫试验（ELISA）以及荧光免疫技术等，其中，以中和试验、酶联免疫试验和荧光免疫技术应用较为广泛。

①中和试验：病毒中和试验是以特异性的标准抗血清和病毒稀释液或者以恒量的病毒中和不同稀释度的抗血清，经一段时间培育后，接种于培养细胞以测定混合液的残余感染力，据此判断是否被中和以及中和指数的大小。虽然病毒中和试验在操作上较为麻烦，判定结果的时间也比较长，但由于中和反应有严格的种、型特异性，可用中和试验对所分离的病毒进行准确的鉴定。所以，中和试验仍是病毒检测中使用最为普遍的血清学技术。

②免疫酶技术：免疫酶技术是当前广泛采用的鱼病免疫诊断技术，特别适用于快速检测。酶联免疫吸附实验（ELISA）是利用抗原或抗体能非特异性地吸附于聚苯乙烯等固相载体的表面性质，使抗原-抗体反应在固相载体表面进行，包括间接法、双抗

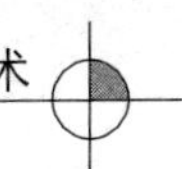

体夹心法等。许多已经制备出多克隆抗体或单克隆抗体的鱼病病原生物，特别是鱼类病毒病原，如草鱼出血病呼肠孤病毒、鲤春病毒、鲤疱疹病毒等，都能通过酶联免疫试验进行检测或诊断。

③荧光免疫技术：荧光免疫抗体是将免疫化学和血清学的特异性和敏感性与显微镜技术的直接观察特性相结合的方法，是实验室内进行鱼病诊断的重要方法。将荧光色素与某些特异性抗体以共价键基团牢固结合后，此复合物在一定的波长光的激发下可产生荧光，将此标记抗体在一定反应条件下与检测样品反应，使之与标、检测样本中相应的抗原产生结合反应，经过反复洗涤后，在荧光显微镜下进行观察，荧光的出现表明了抗体的存在及与抗体结合的相应抗原的存在。此技术的主要特点是特异性强、速度快、敏感度高，适用于病原检测、抗体检测以及组织化学染色多个方面。目前，该技术已广泛应用于细菌、病毒、真菌以及原虫等的鉴定与相应疾病的诊断。

（6）分子生物学诊断技术

①核酸杂交技术：随着分子生物学的发展，疾病诊断技术已经进入到基因组诊断的分子水平。分子杂交技术是一个 DNA 单链或 RNA 单链与另一被测 DNA 单链形成双链，以测定某一特定序列是否存在。这种方法不仅已经成为遗传学和分子生物学等基础学科的重要研究方法，而且已经应用于水产动物疾病的病原鉴定。分子杂交的种类很多，有原位杂交、打点杂交、斑点杂交、Sorthern 杂交、Northern 杂交等，但它们都是应用了核酸分子的复性动力学原理，都必须有探针的存在。探针是指特定的具有高度特异性的已知核酸片段，它能与其互补的核酸序列进行退火杂交，因此，标记的核酸探针可以用于待测核酸样品中待定基因序列的检测。核酸分子探针又可根据它们的来源和性质，分为 DNA 探针、cDNA 探针、RNA 探针及人工合成的寡聚核苷酸探针等，其诊断的原理是通过标记的病原体核酸片段制备的探针与病原体的核酸片段杂交，观察是否产生特异的杂交信号。

核酸杂交技术已用于鱼类病毒的检测和鉴定，具有高度的特异性和敏感性。Subramanian 等（1993）利用所合成的 cDNA 探针，通过核酸杂交试验检测感染细胞和组织中的水生呼肠孤病毒的 dsRNA。Lupinai 等（1993）应用制备的 RNA 探针，通过 RNA - RNA 印迹杂交法分析了19 种不同水生呼肠孤病毒的遗传特性。但是应用同位素标记核酸探针作分子杂交有放射性，操作复杂，而非放射性标记探针敏感性较差。所以，目前该技术在鱼类病毒检测方面的应用需要进一步的加强和发展。

②多聚酶链式反应（PCR 技术）：简称 PCR 技术，是在模板 DNA、引物、$Mg^{++}$ 离子和 4 种脱氧核糖核苷酸等存在的条件下，依赖于 DNA 聚合酶的酶促反应。PCR 技术的特异性，取决于引物和模板 DNA 结合的特异性，因此，引物设计与模板 DNA 的纯化至关重要。根据已经测定的病毒基因组序列，通过设计特异性引物，目前已经建立了针对草鱼出血病呼肠孤病毒、鲤春病毒以及锦鲤疱疹病毒的 PCR 检测方法，并被广泛应用。

③实时荧光定量 PCR 技术：于 1996 年由美国 Applied Biosystems 公司推出，由于该技术不仅实现了 PCR 从定性到定量的飞跃，而且与常规 PCR 相比，它具有特异性更强、有效解决 PCR 污染问题、自动化程度高等特点，目前已得到广泛应用。所谓实时荧光定量 PCR 技术，是指在 PCR 反应体系中加入荧光染料、荧光标记核酸探针或荧光标记分子信标等，利用荧光信号积累实时监测整个 PCR 进程，最后通过标准曲线对未知模板进行定量分析的方法。实时荧光定量 PCR 最大的优点是，可以对病原生物进行定量分析，尤其适用于鱼病的早期诊断与潜伏感染检测。目前，针对大宗淡水鱼的主要疾病，特别是病毒性疾病，已经建立了相应的实时荧光定量 PCR 检测技术，并得到了较为广泛的应用。但是，由于实时荧光定量 PCR 技术依赖于较为昂贵的仪器，一般的实验室装备起来尚存在困难。

④环介导等温扩增技术（LAMP）：LAMP 技术是一种体外

恒温核酸扩增技术，该技术针对靶基因（DNA、cDNA）的6个区域，设计4种特异引物，利用一种链置换DNA聚合酶（Bst DNA polymerase），在恒温（一般为65℃左右）条件下反应1小时，即可高效、快速、特异地完成靶序列的扩增反应，反应结果直接靠扩增副产物焦磷酸镁的沉淀浊度进行判断，整个反应程序不需模板热变性、长时间温度循环、凝胶电泳、紫外观察等过程。LAMP用于检测草鱼出血病呼肠孤病毒时，其灵敏度高达3pg的病毒核酸量，比常规PCR技术的灵敏度高10倍以上。由于LAMP技术不依赖于昂贵的仪器设备，并且容易组装成整套的试剂盒，故该技术特别适用于鱼病的现场诊断与快速诊断工作。

## 三、主要病害防治

### （一）青鱼肠炎病（青鱼出血性肠道败血症）

#### 1. 病原体与流行情况

（1）主要病原体　青鱼肠炎病由嗜水气单胞菌（*Aeromonas hydrophila*）感染所致。病原呈杆状，两端钝圆，单个散在或两个相连，有运动力，极端有单根鞭毛，无芽孢，无荚膜。革兰染色阴性，少数染色不均。琼脂板上培养菌落呈圆形，24小时直径为0.9～1.5毫米，48小时为2～3毫米，灰白色，半透明，表面光滑湿润，微凸，边缘整齐，不产生色素。适宜生长温度为4～40℃，32℃左右生长繁殖最快，43℃不生长，pH5.5～10时生长。嗜水气单胞菌能产生外毒素，具有溶血性、肠毒性及细胞毒性，有强烈的致病性和致死性。

（2）流行情况　对各阶段养殖的青鱼都有危害，包括当年青鱼种、大规格青鱼种（1龄和2龄青鱼种）以及青鱼成鱼，主要危害1龄和2龄青鱼种，死亡率可达到50%～90%，是青鱼养殖中比较严重的细菌性疾病。流行季节4～9月，其中有两个高峰期：5～6月主要是1～2龄青鱼发病；8～9月当年青鱼种发病。水温在25℃以上时开始流行，27～35℃为流行高峰。该病在主要青鱼养殖区域都流行，常与细菌性烂鳃病并发。在水质恶化、溶氧不足、过度投喂、饲料单一以及水温变化显著等条件下，青鱼易发生此病。

**2. 诊断**

（1）临床诊断

①病鱼离群独游，活动缓慢，徘徊于岸边，食欲减退，严重时完全停止吃食。

②病鱼体色发黑，但体表完整，腹部稍显肿大，肛门红肿，呈紫红色；轻压腹部，肛门处有黄色黏液和带血的脓汁流出。

③剖开鱼腹，可见腹腔内有积液，肠道发炎充血发红，部分出现糜烂。肠壁充血、发炎，轻者仅前肠或后肠出现红色，严重时则全肠呈紫红色（图8-1），肠内一般无食物，含有许多淡黄色的肠黏液或脓汁。

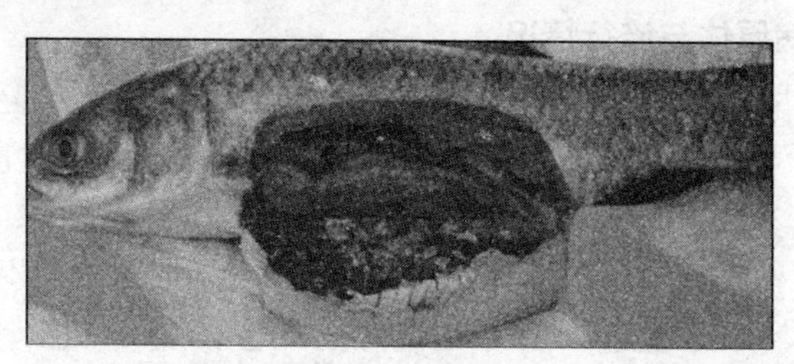

图8-1　青鱼肠炎病（示青鱼肠道出血发红）

（2）实验室诊断　病原分离培养、生化反应检验与鉴定符合嗜水气单胞菌特征。

**3. 防控措施**

（1）预防

①阻断病原：

种源：培育健康的老口鱼种，提高鱼种抗病能力。

水源：要求清新、无污染，设置进水预处理设施。进排水系统分开，减少交叉感染的机会。

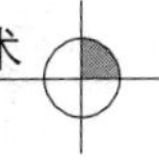

饵源：不投劣质或变质的配合饵料，遵守饲料投喂的“四定”原则；青鱼投喂时还需要补充鲜活饲料，并还应采取饵料消毒措施，以防病从口入。

②改善环境：

彻底清淤消毒：为了杜绝感染源，除了要彻底清淤外，还应对池塘进行严格消毒，可采取曝晒、翻耕和泼洒生石灰、漂白粉等方法进行池塘清淤消毒。由于养殖青鱼的池塘水一般比较深，池塘底质的消毒处理对养殖成功与否十分重要。

适当混养和轮养：减少青鱼相对密度，适当搭配其他养殖品种，可达到控制水质、改善养殖环境的目的。实践表明，在青鱼养殖池塘中搭配适当数量的鳙，可以很好地控制水质环境。另外，不同品种轮养，也可减轻单一品种连续养殖造成的环境压迫。

控制养殖密度：高密度使养殖对象出现应激反应，导致免疫力下降，以及增加相互感染机会，建议混养密度在50～150尾/亩较为适宜。

强化操作管理：养殖期间注意除了强化各个操作程序的消毒措施外，还要避免滥用药物，以保持水中微生物种群的生态平衡和水环境的稳定，提高青鱼的抗病能力。

加强水质监控：定期检测水中硫化氢、亚硝酸根离子、有毒氨、重金属离子等有害理化因子含量是否超标，避免水质恶化导致疾病暴发。适当使用改水剂或底质改良剂等微生态制剂，对青鱼养殖水质控制有良好的作用。

③药物预防：一般每月使用生石灰进行水体消毒1～2次；内服药饵以抗菌天然植物药物为主，如大青叶、黄连等，煮水拌饲料投喂，每15天1次，每次投喂2～3天。

④生态预防：施用光合细菌（PSB）、EM制剂、底质改良剂等微生态制剂，对改善水生态环境与预防青鱼肠道败血症作用明显。

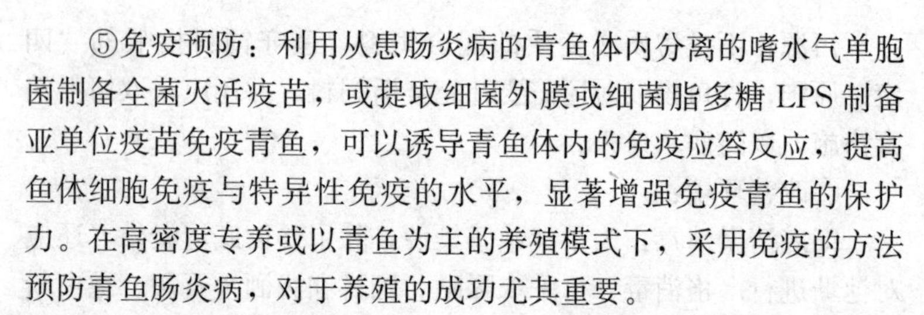

⑤免疫预防：利用从患肠炎病的青鱼体内分离的嗜水气单胞菌制备全菌灭活疫苗，或提取细菌外膜或细菌脂多糖 LPS 制备亚单位疫苗免疫青鱼，可以诱导青鱼体内的免疫应答反应，提高鱼体细胞免疫与特异性免疫的水平，显著增强免疫青鱼的保护力。在高密度专养或以青鱼为主的养殖模式下，采用免疫的方法预防青鱼肠炎病，对于养殖的成功尤其重要。

（2）治疗

①二氧化氯全池泼洒，浓度为 0.2～0.3 毫克/升，全池泼洒 1～2 次，间隔 2 天泼洒 1 次。

②内服恩诺沙星或氟苯尼考，每千克鱼体重用 50～100 毫克，拌饵投服，连用 4～6 天。

③内服大蒜头，每千克鱼体重用捣碎大蒜头 5 克，添加少许食盐，拌饵投服，连用 6 天。

## （二）草鱼出血病

### 1. 病原体与流行情况

（1）主要病原体　草鱼出血病是我国最为严重的大宗淡水鱼病毒性疾病，其病原为草鱼呼肠孤病毒（Grass carp Reoviruses，GCRV）。草鱼呼肠孤病毒为 20 面体的球形颗粒，直径为 70～80 纳米，具双层衣壳，无囊膜。病毒基因组由 11 条分节段的双链 RNA 组成。病毒对热（56℃，1 小时）、酸（pH3）、碱（pH10）处理稳定。此病毒可以在 GCO、GCK、CIK、ZC-7901、PSF 及 GCF 等草鱼细胞株内增殖，在感染细胞 2 天后出现细胞病变。1983 年从患病的草鱼中分离提纯到本病毒，鉴定为呼肠孤病毒科水生呼肠孤病毒属。在不同地区存在不同的毒株。

（2）流行情况　草鱼出血病是一种严重危害当年草鱼鱼种和 2 龄草鱼鱼种的传染性病毒性疾病，具有流行范围广、发病季节长、发病率高、死亡率高等的特点，主要危害 7～15 厘米的当年鱼种，2 龄草鱼鱼种也会患此病，死亡率超过 80%以上。每年 6

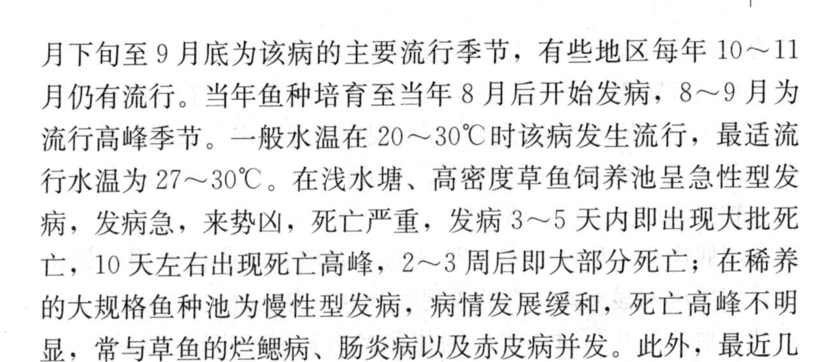

月下旬至9月底为该病的主要流行季节，有些地区每年10～11月仍有流行。当年鱼种培育至当年8月后开始发病，8～9月为流行高峰季节。一般水温在20～30℃时该病发生流行，最适流行水温为27～30℃。在浅水塘、高密度草鱼饲养池呈急性型发病，发病急，来势凶，死亡严重，发病3～5天内即出现大批死亡，10天左右出现死亡高峰，2～3周后即大部分死亡；在稀养的大规格鱼种池为慢性型发病，病情发展缓和，死亡高峰不明显，常与草鱼的烂鳃病、肠炎病以及赤皮病并发。此外，最近几年的草鱼出血病调查与检测结果还显示，草鱼出血病在大规格草鱼鱼种和成鱼中经常发生，并且已经从患病大规格草鱼体内检测出与分离到呼肠孤病毒，这可能意味着草鱼呼肠孤病毒的感染特性发生了变化。

**2. 诊断**

（1）临床诊断

①病鱼食欲减退，离群独游，活动缓慢，徘徊于岸边，严重时完全停止吃食。

②病鱼体色发黑，尤其头部、背部，在水中尤为明显，有时尾鳍边缘处可见褪色，背部两侧也会出现1条白色浅带；病鱼的口腔、上下颌、头顶部、眼眶周围、鳃盖、鳃及鳍条基部明显充血，眼球突出，肛门红肿外突；剥去皮肤，可见肌肉呈点状或块状充血、出血，严重时全身肌肉呈鲜红色而鳃常因贫血而呈灰白色。

③剖开鱼腹部检查，病鱼各器官、组织有不同程度的充血、出血现象。肠壁充血，但仍具韧性，肠内无食物，肠系膜及周围脂肪、鳔、胆囊、肝、脾、肾也有出血点或血丝；出血严重时，病鱼发生贫血，病鱼的肝、脾、肾颜色变淡。

④全身性出血是此病的重要特征，但病鱼的症状并不完全相同，出血症状有的以肌肉出血为主，有的以鳃盖体表出血为主，有的以肠道充血为主。根据病鱼所表现的症状及病理变化，可以

分为“红肌肉型”、“红鳍红鳃盖型”、“肠炎型”三种类型：

红鳍红鳃盖型：病鱼的鳃盖、鳍条、头顶、口腔、眼腔等表现明显充血，有时鳞片下也有充血现象，但肌肉充血不明显，或仅局部表现点状充血。这种类型在规格为10～15厘米的草鱼种中比较常见（图8-2，A）。

红肌肉型：病鱼外表无明显的出血现象，或仅表现轻微出血，但肌肉明显充血，有的表现为全身肌肉充血，有的表现为斑点状充血。与此同时，鳃瓣则往往严重贫血，出现“白鳃”症状。这种类型一般在较小的草鱼种，也就是在规格7～10厘米的草鱼鱼种中比较常见（图8-2，B）。

肠炎型：其特点是体表和肌肉充血现象不太明显，但肠道严重充血，肠道全部或部分呈鲜红色，肠系膜、脂肪，鳔壁有时有点状充血。这种症状在大小草鱼种中都可遇见（图8-2，C）。

以上三种类型的症状不能截然分开，有时可两种类型、甚至三种类型同时都表现出来，混杂出现。

大规格草鱼鱼种出血病症状（图8-2，D），主要表现为鳃

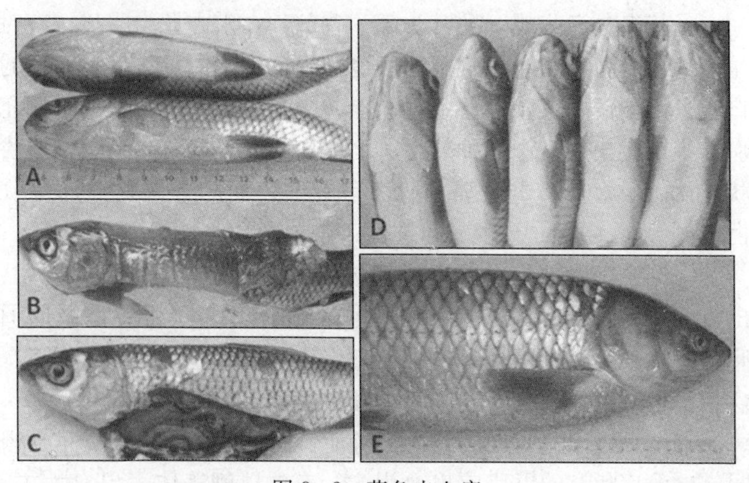


图8-2 草鱼出血病

A. 红鳍红鳃盖型 B. 红肌肉型 C. 肠炎型 D. 大规格草鱼种 E. 草鱼成鱼

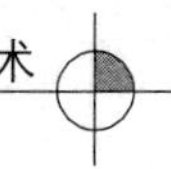

盖、眼眶周围、下颌、前胸部充血，眼球凸出；草鱼成鱼出血病症状（图 8 - 2，E），主要表现为全身性充血或出血，眼球凸出。

（2）实验室诊断

①组织病理学检查：患病鱼解剖观察或组织超薄切片电镜观察。

②细胞培养方法：通过将患病鱼内脏组织匀浆液感染草鱼细胞培养物，观察细胞病变效应、测定病毒增殖滴度、提取病毒核酸、SDS - PAGE 电泳分析。

③血清学诊断：酶联免疫吸附和酶联染色技术，可确诊此病的感染。

④分子检测：病毒核酸特异性引物的 RT - PCR 扩增反应，可以特异性地检测出病毒基因或核酸片段。

**3. 防控措施**

（1）预防

①建立亲鱼及鱼种检疫机制；水源无污染，进排水系统分开；投喂优质饲料或天然植物饲料；提倡混养、轮养和低密度养殖；加强水质监控和调节。

②使用含碘消毒剂杀灭病毒病原，如全池泼洒聚维酮碘或季铵盐络合碘等含碘制剂，剂量为 0.2～0.3 毫升/米$^3$，发病季节预防每 10～15 天泼洒 1 次，水质较肥时可以适当增加剂量。使用含氯消毒剂（漂白粉、二氯异氰脲酸钠、三氯异氰脲酸、二氧化氯以及二氯海因等）全池泼洒，彻底消毒池水，也可预防该病。在养殖期内，每半个月全池泼洒漂白粉精 0.2～0.3 毫克/升，或二氯异氰尿酸钠或三氯异氰尿酸 0.3～0.5 毫克/升，或二氧化氯 0.1～0.2 毫克/升，或二氯海因 0.2～0.3 毫克/升。

③加强饲养管理，进行生态防病，定期加注清水，泼洒生石灰。高温季节注满池水，以保持水质优良，水温稳定。投喂优质、适口饲料。食场周围定期泼洒漂白粉或漂白粉精进行消毒。

④免疫预防：用草鱼出血病疫苗进行人工免疫预防本病，具

有较好的效果。目前，主要有浸泡法和注射法两种方式进行免疫。鱼种在入池前进行免疫疫苗浸泡，或注射呼肠孤病毒细胞培养灭活疫苗、或减毒活疫苗；夏花鱼种在运输前加入3%～5%疫苗浸泡，大规格鱼种分别在2%食盐和5%～10%疫苗中浸泡5～10分钟，可使草鱼种获得免疫力，成活率达82%；采用皮下腹腔或背鳍基部肌肉注射，一般采用一次性腹腔注射，疫苗量视鱼的大小而定，一般控制在大规格鱼种腹腔注射0.2～0.5毫升/尾。免疫产生的时间随水温升高而缩短，免疫力可保持14个月。

（2）治疗

①外用消毒剂：使用含碘消毒剂如聚维酮碘或季铵盐络合碘等，全池泼洒杀灭病毒病原，剂量为0.3～0.5毫升/米$^3$，连续泼洒2～3次，间隔1天1次，第三次视疾病控制情况确定是否使用。水质较肥时，可以适当增加剂量。

②内服天然植物抗病毒复方制剂。出血病暴发时，采取内服天然植物病毒克星复方制剂5～6天有效。治疗时按每千克鱼体重1.0克计算药量，称取药物，文火煮沸10～20分钟或开水浸泡20～30分钟。冷却后均匀拌饲料制备成药饵投喂，连续投喂5～6天即可。

③植物血球凝集素（PHA）是一种非特异性的促淋巴细胞分裂素，可促进机体的细胞免疫功能，调节体液免疫功能。PHA通过口服或浸泡途径，治疗草鱼出血病的效果也比较明显。

④大黄经20倍0.3%氨水浸泡提效后，连水带渣全池遍洒，浓度为3.0毫克/升。

### （三）草鱼烂鳃病

#### 1. 病原体与流行情况

（1）主要病原体　柱状黄杆菌（*Flavobacterium columnaris*），为中等大小但形态偏长的杆菌。菌体柔软、易弯曲，菌体长为2～24微米、宽约为0.4微米，两端钝圆、无荚膜及芽孢，革兰染色阴性、无鞭毛，滑行运动。该菌在嗜纤维菌培养基

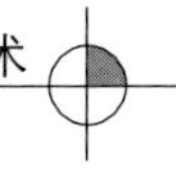

上生长良好，25℃培养48小时出现稀薄的菌落，菌落边缘不整齐、假根状、中央较厚、呈颗粒，最初与培养基的颜色相近，以后逐渐变为淡黄色，一般在培养5天后则不再生长。在嗜纤维菌培养基（液体）中25℃培养时生长旺盛，表面有一层淡黄色的菌膜。在pH6.5～7.5生长良好、pH8生长较差、pH6以下和pH8.5以上不生长；在25℃的适宜温度下生长良好、毒力强，4℃不生长，65℃经5分钟即死亡；在含7克/升以上氯化钠条件下即能抑制其生长，在厌氧条件下也能生长但生长很慢。

（2）流行情况　在春季本病流行季节以前，带菌鱼、被污染的水及塘泥是该病的主要传染源，其中，带菌鱼是最主要的传染源。本病的发生是鱼体与病原直接接触引起的，鳃受损（如被寄生虫寄生或受机械损伤等）后特别容易引发感染。在水质好、放养密度合理且鳃丝完好的情况下，则不易感染。本病主要危害草鱼和青鱼的鱼种与成鱼，水温在15℃以上开始流行；在15～30℃，水温越高，越易暴发烂鳃病，引起大量死亡，致死时间也短。水中病原菌的浓度越大，鱼的密度越高，鱼的抵抗力越小，水质越差，则越易暴发流行。该病常和传染性肠炎、出血病、赤皮病并发，流行地区广，全国各地养殖区都有此病流行，一般流行于4～10月，尤以夏季流行为多。

**2. 诊断**

（1）临床诊断

①活动情况：由于病鱼呼吸困难而浮至水面，游动缓慢，对外界刺激反应迟钝；食欲减退，鱼体消瘦；有的病鱼离群独游，不吃食。

②外部检查：病鱼体色发黑，头部乌黑，鳃上黏液增多，鳃丝肿胀，呈紫红色、淡红或灰白色，鳃小片坏死脱离，鳃丝软骨外露；鳃盖内表面皮肤充血发炎，中间部分糜烂成透明小窗，俗称“开天窗”（图8-3，A）；病变鳃丝末端形成淡黄色（图8-3，B）。

③镜检：剪取少量病灶处鳃丝或取鳃上淡黄色黏液，置载玻片上，加上2～3滴无菌水（或清水）盖上盖玻片压片，于显微镜下观察。鱼体鳃上无大量寄生虫或真菌，高倍镜下可观察到大量细长、柔软、滑行的杆菌，有些菌体一端固定，另一端呈括弧状缓慢往复摆动，有些菌体聚集成堆，从寄生的组织向外突出，形成圆柱状像仙人球或仙人柱一样的"柱子"，也有的柱子呈珊瑚以及星状。

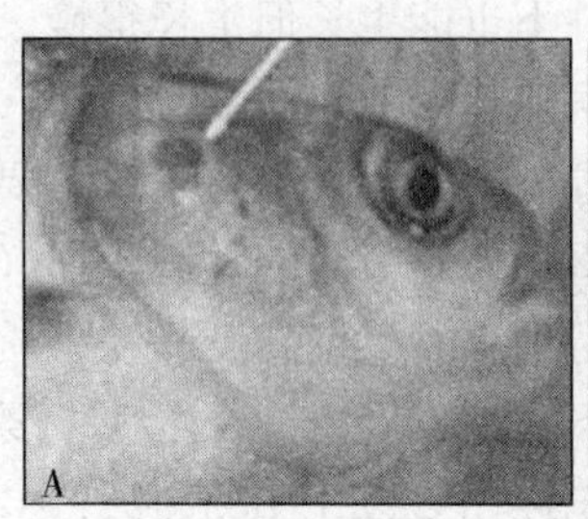

图8-3　草鱼烂鳃病

A. 患病鱼鳃盖上"开天窗"病灶　B. 患病鱼鳃丝肿大，末端腐烂

（2）实验室诊断

①菌落观察及革兰染色：取病鱼鳃丝采用平板划线的方法分离病原，尽量产生单个分散的菌落，进一步纯培养后观察菌落的形态并进行革兰染色，检验、鉴定是否符合柱状嗜纤维菌特征。

②生化检测：利用全自动细菌分析仪和细菌生化鉴定管鉴定。试验内容包括明胶液化试验、酪素水解试验、淀粉水解试验、七叶灵水解试验、几丁质分解试验、分解纤维素试验、酪氨酸水解试验、硝酸盐还原试验、靛基质试验、硫化氢试验、枸橼酸盐利用试验、过氧化氢酶试验、葡萄糖利用产气试验。

③酶免疫测定：以病毒鳃上的淡黄色黏液进行涂片，丙酮固定，加特异性抗血清反应，然后显色、脱水、透明、封片，在显微镜下见有棕色细长杆菌，即为阳性反应，可确诊为细菌性烂鳃病。

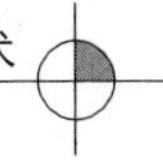

**3. 防控措施**

（1）预防

①彻底清淤，漂白粉或生石灰干法清塘，往年发生过此病的尤其必要；鱼池施肥时，应施用经过充分发酵后的粪肥。

②加强水体水质培养管理，发病季节要注意勤换水，使用增氧机调节水质，保持池塘水质肥、活、嫩、爽，池水透明度在25～30厘米为宜。

③在4～10月流行高峰季节，每10～15天全池遍洒生石灰1次消毒，使池水的pH保持在8左右（用药量视水的pH而定），一般为15～20毫克/升，可以改善水质，杀灭病原菌，有效预防草鱼烂鳃病。

④将干乌桕叶进行提效，然后连水带渣全池遍洒，浓度为3.0毫克/升。

⑤大黄经20倍0.3%氨水浸泡提效后，连水带渣全池遍洒，浓度为3.0毫克/升。

⑥在食场周围采用生石灰或漂白粉挂篓挂袋的方法，对预防草鱼烂鳃病效果明显。

（2）治疗

①鱼种下塘前用10毫克/升浓度的漂白粉水溶液、或15～20毫克/升高锰酸钾水溶液，药浴15～30分钟，或用2%～4%食盐水溶液药浴5～10分钟。

②全池遍洒生石灰对治疗草鱼烂鳃病效果显著，生石灰化水后全池泼洒，剂量为30～35毫克/升。水质恶化较为严重、pH在8.5以上的池塘，可以采用二氧化氯全池泼洒的方法治疗该病，其剂量为0.3毫克/升。全池泼洒二氧化氯时，可以视疾病的治疗情况再泼洒1次，时间间隔为2～3天，使用剂量相同。

③在全池泼洒外用药的同时，可选用天然植物抗菌药物拌饲料内服，疗效更好。

### (四) 草鱼赤皮病

#### 1. 病原体与流行情况

(1) 主要病原体　草鱼赤皮病的病原为荧光假单胞菌(*Pseudomonas fluorescens*)。该菌属假单胞菌科，是一种条件致病菌。菌体呈短杆状，两端钝圆，大小为(0.7～0.75)纳米×(0.4～0.45)纳米，可单个散在但大多数两个相连。革兰阴性菌，无芽孢，可游动，极端具1～3根鞭毛。琼脂培养基上菌落呈圆形，半透明，直径1～1.5毫米，微凸，表面光滑，边缘整齐；20小时左右开始产生绿色或黄绿色素，弥漫培养基。明胶穿刺24小时后，环状液化，72小时后层面形液化，液化部分现色素。适宜温度为25～35℃，55℃下30分钟即死亡。

(2) 流行情况　该病又称赤皮瘟，是草鱼的主要疾病之一。2～3龄草鱼易发生此病，当年鱼种也可发生，常与肠炎病、烂鳃病同时并发。传染源为被荧光假单胞菌污染的带菌鱼、水体及用具。荧光假单胞菌是条件致病菌，体表无损的健康鱼病原菌无法浸入其皮肤，只有当鱼体受到机械损伤、冻伤，或体表被寄生虫寄生而受损时，病原菌才能进入鱼体引起发病。该病在我国各养鱼地区一年四季都有流行，尤其是在捕捞、运输后及北方越冬后，最易暴发流行。

#### 2. 诊断

(1) 临床诊断

①病鱼行动迟缓，反应迟钝，离群独游，发病几天就会死亡。

②体表出血发炎，鳞片脱落，尤其是鱼体两侧及腹部最为明

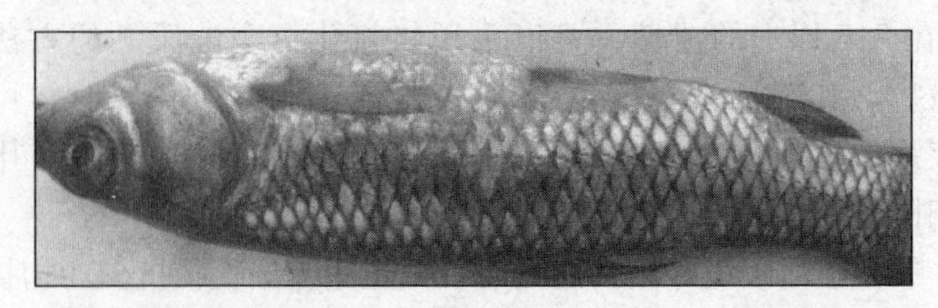

图8-4　草鱼赤皮病(示体表出血、发炎，鳞片脱落)

显（图 8-4）。

③鳍条的基部或整个鳍条充血，鳍的末端腐烂，常烂去一段，鳍条间的软组织也常被破坏，使鳍条呈扫帚状或像破烂的纸扇，俗称“蛀鳍”，在体表病灶处常继发水霉感染。

④部分鱼的上、下颌及鳃盖也充血发炎，鳃盖内表面的皮肤常被腐蚀成一圆形或不规则形的透明小圆孔，显示与细菌性烂鳃病的复合感染。

⑤严重时解剖可见肠道等处也充血发炎。

（2）实验室诊断　实验室内对病原进行分离后观察菌落形态和革兰染色检验，鉴定是否符合荧光假单胞菌特征。特别注意的是，该病原是条件致病菌，有受伤史的鱼是感染的对象；同时，还要注意将该病与疖疮病相区别。

**3. 防控措施**

（1）预防

①捕捞、运输、放养等操作过程中减少鱼体受伤，鱼种下塘前使用食盐或者消毒剂浸泡消毒，3%～4%浓度的食盐浸 5～15 分钟或 5～8 毫克/升的漂白粉溶液浸洗 20～30 分钟。

②加强水体水质培养管理，发病季节要注意勤换水，使用增氧机调节水质，保持池塘水质肥、活、嫩、爽，池水透明度在 25～30 厘米为宜。

③定期将乌桕叶扎成数小捆，放在池水中浸泡，隔天翻动 1 次。

④含氯消毒剂全池遍洒，以漂白粉（含有效氯 25%～30%）1.0 毫克/升浓度换算用量。

⑤将干乌桕叶（新鲜乌桕叶 4 千克折合 1 千克干乌桕叶）用 20 倍重量的 2%石灰水浸泡过夜，再煮沸 10 分钟进行提效，然后连水带渣全池遍洒，浓度为 3.0 毫克/升。

（2）治疗

①全池泼洒二氧化氯，剂量为 0.2～0.3 毫克/升。可视疾病

的控制情况连续泼洒2次，间隔2～3天1次。

②恩诺沙星或氟苯尼考内服：每千克鱼体重每天用药10～30毫克拌饲料内服，3～5天为一个疗程。

③磺胺嘧啶饲料投喂，第一天用量是每千克鱼用药100毫克，以后每天用药50毫克，连喂1周。方法是把磺胺嘧啶拌在适量的面糊内，然后和草料拌和，稍干后投喂草鱼。

### （五）草鱼肠炎病

#### 1. 病原体与流行情况

（1）主要病原体　草鱼肠炎病的病原菌为肠型点状单胞菌（*A. punotata* f. *instestinalis*）。该菌为革兰阴性短杆菌，多数两个相连。两端钝圆，可游动，极端具单鞭毛，无芽孢。琼脂培养基上，经24～48小时培养后菌落半透明，周围可产生褐色色素，其他培养基上可产生其他色素。适宜生长温度为25℃，60℃以上死亡。pH6～12时均能生长。水和底泥中常大量存在，也是肠道的常居菌种。

（2）流行情况　肠型点状气单胞菌为条件致病菌，在健康鱼体肠道中是一个常居菌，但是只占体内总菌的0.5%。当水体环境恶化、鱼体抵抗力下降时，该菌即在肠道内大量繁殖，从而引起疾病暴发。病原体随病鱼及带菌鱼的粪便而排到水中，污染饲料，经口感染。

草鱼从鱼种到成鱼都可感染，死亡率高，一般死亡率在50%左右，发病严重时可达到90%以上。流行季节为4～10月，常表现两个流行高峰，1龄以上的草鱼多发生在5～6月，有时提前到4月，当年草鱼种大多在7～9月发病。水温18℃以上开始流行，流行高峰为水温25～30℃。全国各养鱼区均有发生，此病常和细菌性烂鳃病、赤皮病并发。

#### 2. 诊断

（1）临床诊断

①病鱼离群独游，活动缓慢，徘徊于岸边，食欲减退，严重

时完全不吃食。

②病鱼鱼体发黑；严重时腹部肿大，两侧常有红斑；肛门红肿突出，呈紫红色；轻压腹部，肛门处有黄色黏液和带血的脓汁流出。

③剖开鱼腹，可见腹腔积水，肠壁充血、发炎，轻者仅前肠或后肠出现红色，严重时则全肠呈紫红色，肠内一般无食物，含有许多淡黄色的肠黏液或脓汁（图 8-5)。

图 8-5　草鱼肠炎病（示肠道充血发红，肠内无食物）

（2）实验室诊断

①从肝、肾、血中分离检验病原，鉴定是否符合产气单胞杆菌的特征。

②血清学诊断：其代表菌株的抗血清，可用于该病的快速诊断。

**3. 防控措施**

（1）预防

①彻底清淤，漂白粉或生石灰干法清塘；加强水质管理，发病季节要注意勤换水，使用增氧机调节水质，保持池塘水质肥、活、嫩、爽。

②严格执行“四消、四定”措施，投喂优质配合饲料是预防此病的关键。在预防草鱼肠炎病的实践中，定期给草鱼投喂一定量的青饲料，并且最好对青饲料进行消毒处理，对于预防草鱼肠炎病效果显著。

③在5～9月流行高峰季节，每隔15天用漂白粉或生石灰在食场周围泼洒消毒；或用浓度为1毫克/升的漂白粉或20～30毫克/升生石灰全池泼洒，消毒池水，可控制此病发生。发病时可用以上任一药物每天泼洒，连用3天。

④在食场周围采用生石灰或漂白粉挂篓挂袋的方法对食场进行消毒，是预防草鱼肠炎病的关键措施之一。

（2）治疗

①鱼种放养前，用8～10毫克/升浓度的漂白粉浸洗15～30分钟。

②每千克鱼体重每天用大蒜素0.02克、食盐0.5克，拌饲料分上下午2次投喂，连喂3天。

③每千克鱼体重每天用干的穿心莲20克或新鲜的穿心莲30克，打成浆，再加盐0.5克，拌饲料分上下午2次投喂，连喂3天。

④投喂恩诺沙星或氟苯尼考药饵，每千克鱼体重第一天用药10～30毫克，连喂3～4天。

⑤全池泼洒含氯消毒剂，如漂白粉、二氧化氯等，进行水体消毒以杀灭病原菌。漂白粉的剂量为1毫克/升，可连续泼洒1～2次，间隔1天1次；二氧化氯的剂量为0.3毫克/升。

### （六）淡水鱼出血性暴发病

#### 1. 病原体与流行情况

（1）主要病原体　主要淡水鱼出血性暴发病的病原为嗜水气单胞菌（*Aeromonas hydrophila*）。该病原形态呈杆状，两端钝圆，单个散在或两个相连，有运动力，极端有单根鞭毛，无芽孢，无荚孢。革兰染色阴性，少数染色不均。琼脂板上培养菌落呈圆形，24小时直径为0.9～1.5毫米，48小时为2～3毫米，灰白色，半透明，表面光滑湿润，微凸，边缘整齐，不产生色素。适宜生长温度为4～40℃，32℃左右生长繁殖最快，43℃不生长，pH5.5～10范围内生长。嗜水气单胞菌能产生外毒素，

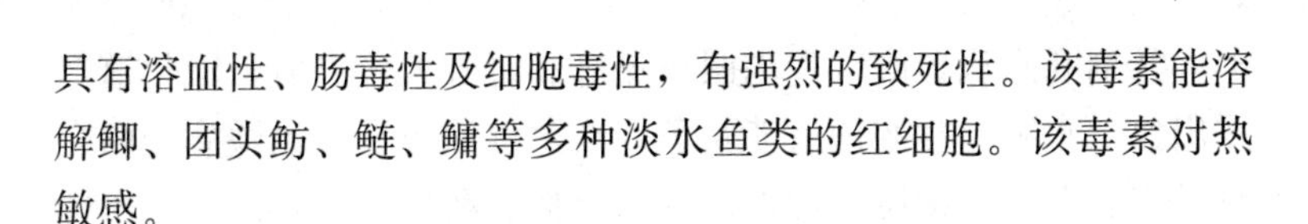

具有溶血性、肠毒性及细胞毒性，有强烈的致死性。该毒素能溶解鲫、团头鲂、鲢、鳙等多种淡水鱼类的红细胞。该毒素对热敏感。

（2）流行情况　嗜水气单胞菌可感染鲢、鳙、鲤、鲫、团头鲂、鲮、草鱼等多种淡水养殖鱼类，从夏花鱼种到成鱼均可感染。嗜水气单胞菌感染鲫、鲢等，可引起出血性暴发病。池塘老化、水质恶化、高温季节拉网操作、天气骤然变化以及不科学的施肥用药，是该病暴发的主要诱因。主要淡水鱼出血性暴发病的流行季节为3～11月，6～7月是暴发高峰季节，10月后病情缓转。流行水温为9～36℃，以28～32℃为高峰，水温持续在28℃以上以及高温季节后水温仍在25℃以上时尤为严重。各地精养池塘、网箱、网拦、水库都有发生，严重时发病率可达80%～100%，平均死亡率可达90%以上。该病是我国养鱼史上危害鱼种最多、危害鱼龄范围最大、流行地域最广、流行季节最长、危害养鱼水域类别最多、造成损失最严重的一种急性传染性鱼病。

**2. 诊断**

（1）临床诊断

①病鱼体表出血，严重时上下颌、眼眶周围、鳃盖、鳍基充血发红，皮肤有淤斑淤点（图8-6，A、B），肛门红肿外突，腹部膨大。

图8-6　淡水鱼出血性暴发病

A. 患病白鲢体表、鳃盖、鳍基发红出血　B. 患病鲫体表出血、腹部肿大

②剖开患病鱼腹部，肉眼可见肝和肾肿大、出血，消化道严重出血、水肿；腹腔内有淡黄色或红色混浊腹水；显微病变以全身各主要器官的细胞广泛性破坏、出血、溶血为特征。

③肝细胞被破坏最为严重，表现为肝细胞空泡变性，细胞破碎、消失，有的只剩下肝组织结构的网状支架。

④镜检观察，患病鱼红细胞肿胀，有的发生溶血，在脾、肝、胰、肾中均有较多的血源性色素沉着。

（2）实验室诊断　从患病鱼内脏或腹水分离、检出嗜水气单胞菌即可确诊。针对该病病原菌 16S rDNA 基因设计的特异性引物进行 PCR 扩增与序列分析，可以检测该病的病原菌。

**3. 防控措施**

（1）预防

①鱼池整场、清除过厚的淤泥，是预防本病的主要措施。冬季干塘彻底清淤，并用生石灰或漂白粉彻底消毒，以改善水体环境。

②加强卫生管理，发病鱼池用过的工具要消毒，病鱼、死鱼不要到处乱扔，以免污染水体。

③根据当地条件、饲养管理水平及防病能力，适当调整鱼种的放养密度。

④加强日常的饲养管理，科学投喂优质饲料，提高鱼体的抗病力。

⑤流行季节，每隔 15 天全池泼洒生石灰，浓度为 25～30 毫克/升，以调节水质；食场也要定期用漂白粉、漂白粉精等进行消毒。

⑥鱼种下塘前进行鱼体消毒，可用 15～20 毫克/升浓度的高锰酸钾水溶液药浴 10～30 分钟。

⑦免疫预防：鱼种放养前，可使用嗜水气单胞菌灭活疫苗浸泡或者注射免疫鱼体。

（2）治疗

①全池泼洒含氯消毒剂，如二氧化氯，按 0.3 毫克/升剂量

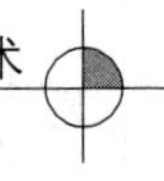

全池泼洒1～2次，间隔2～3天泼洒1次。

②内服氟苯尼考，每千克鱼体重用氟苯尼考5～15毫克制成药饵投喂，每天1次，连用3～5天。

③内服复方新诺明，每千克鱼体重第一天用量100毫克，第二天开始药量减半，拌在饲料中投喂，5天为一个疗程。

④针对鲢等类鱼，可使用恩诺沙星、氟苯尼考等药物与麸皮混合后撒入水面治疗。

⑤高温季节拉网操作后，可全池泼洒漂白粉，剂量为1毫克/升，可控制该病暴发。

⑥对于老化池塘或水质恶化池塘，可全池泼洒底质改良微生态制剂、光合细菌、芽孢杆菌等微生态制剂，可控制该病的暴发。

⑦天气气温骤然变化或全池泼洒消毒后，切记要进行池塘增氧，可控制该病的暴发。

### （七）鲤春病毒血症

#### 1. 病原体与流行情况

（1）主要病原体　鲤春病毒血症的病原为鲤弹状病毒（*Rhabdovirus carpio*）。该病毒是一种单链RNA病毒，病毒粒子呈棒状或弹状，外层包裹有囊膜。该病毒对乙醚、酸和热敏感，pH7～10稳定，56℃热处理可使病毒失活。病毒能在鲤鱼性腺、鳔原代细胞、FHM、BB、BF-2、EPC等鱼类细胞上增殖，其中在FHM和EPC上增殖最好；在FHM细胞株上增殖温度为15～30℃，适宜温度为20～22℃。病变细胞染色质颗粒化，细胞变亮变圆，最后坏死脱落。当病鱼为显性感染时，肝、肾、鳃、脾、脑中含大量病毒。

（2）流行情况　鲤春病毒血症主要危害各种规格的鲤，包括养殖的鲤成鱼。近年发现鲤春病毒可感染鲤水花，造成大量死亡。水温是鲤春病毒感染的关键，主要流行在春季水温13～20℃时，最适温度为16～17℃，不同鱼龄的鲤鱼患病后可发生大量死亡。水温 23℃时，仅幼鱼会发病死亡，成鱼则不再发病。患病鱼、病死鱼、携带病毒的鲤亲本、污染患病鱼黏液样粪便的水体是该病的主要传染源，病毒还可通过吸血昆虫、鲺、水蛭等进行传播。病毒侵入鱼体可能是通过鳃和肠，在毛细血管内皮细胞、造血组织和肾细胞内增殖，破坏了体内水盐平衡和正常的血液循环。疾病流行季节，该病在鲤鱼苗、种的发病率可达 100%，死亡率可达 50%～70%或者更高。成年鲤和鲤亲本可发生病毒血症，表现出该病的症状，但通常死亡率很低。

**2. 诊断**

（1）临床诊断

①病鱼呼吸和运动减缓，群聚于出水口，往往因失去平衡而侧游。

②病鱼体色发黑，皮肤和鳃上有大量出血斑点或斑块。

③鳃因贫血和呈淡红色或灰白色，并有出血点，眼球突出和出血，腹部肿大，肛门红肿（图 8－7）。

图 8－7　鲤春季病毒血症

A. 示眼球突出，体表有出血斑点、斑块　B. 鳔出血严重

④剖开鱼腹，可见腹腔有大量的带血腹水，肌肉出血呈红色，肠壁充血发炎，其他实质性器官肿大，颜色变淡，鱼鳔出血点最为严重，是该病的典型症状之一。

（2）实验室诊断

①取新鲜的肝、肾、脾或者鳃等病变组织做成切片，电镜下可以观察到大量的病毒颗粒。

②用 FHM 和 EPC 细胞株分离培养病毒，在 20～22℃的培养条件下，可观察到典型的细胞病变效应（CPE）。

③用鲤弹状病毒的特异性中和试验抗血清，可快速确诊该病毒病。

④用间接荧光抗体试验和酶联免疫吸附试验（ELISA），可快速确诊。

⑤用针对病毒核酸序列设计的特异性 PCR 扩引物，进行 RT-PCR 扩增反应，可以检测出病毒核酸特异性的 RT-PCR 扩增产物。

**3. 防控措施**

（1）预防

①由于鲤春病毒可以通过携带病毒的鲤亲鱼进行垂直传播，因此，建立亲鱼及鱼种检疫机制，可从根本上杜绝该病毒源的传入而预防该病的发生；选育对鲤春病毒血症有抵抗力的品种，也是预防该病发生的重要措施。

②彻底进行池塘清淤消毒，杀灭淤泥中的病毒病原。池塘清淤消毒，可以采用漂白粉或生石灰进行。

③消毒池水杀灭病毒，用含碘量 100 毫克/升的碘伏消毒，池水可杀灭病毒，养殖池塘全池泼洒含碘制剂杀灭病毒时，其剂量为 0.3～0.5 毫升/米$^3$，每 10～15 天 1 次。

④杀灭鲺和水蛭，能从传播途径上减少该病的发生。

⑤用抗病毒中草药预防，流行季节每月采取内服天然植物病毒克星复方制剂，连续投喂 3～4 天即可。

⑥采用免疫预防的方法，用病毒灭活疫苗或弱毒病毒株活疫苗进行免疫。

（2）治疗

①全池泼洒含碘制剂，可有效杀灭水体中的病原菌。泼洒聚

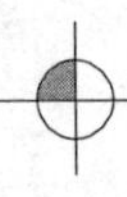


维酮碘时，其剂量为0.3～0.5毫升/米$^3$，连续泼洒2～3次，隔天1次，第三次视用药效果确定是否继续泼洒。

②内服天然植物抗病毒复方制剂。出血病暴发时采取内服天然植物病毒克星复方制剂，5～6天有效。治疗时按每千克鱼体重1.0克计算药量，称取药物，文火煮沸10～20分钟或开水浸泡20～30分钟。冷却后均匀拌饲料制备成药饵投喂，连续投喂5～6天即可。

③植物血球凝集素（PHA）是一种非特异性的促淋巴细胞分裂素，可促进机体的细胞免疫功能，调节体液免疫功能。

**（八）鲤疱疹病毒病**

**1. 病原体与流行情况**

（1）*主要病原体*　鲤疱疹病毒病的病原为鲤疱疹病毒Ⅲ型（cyprinid herpesvirus Ⅲ，CyHV-3）。病毒颗粒直径为140～160纳米，核心直径为80～100纳米，为有囊膜的DNA病毒。整个病毒粒子近似球形，核心为二十面体，呈六角形，外有一层囊膜。病毒在细胞质中组装，在出芽时获得囊膜。病毒对乙醚、pH及热不稳定。病毒可在KF-1、Koi-Fin、FHM、MCT及EPC等细胞上增殖，并引起典型细胞病变效应；被感染的细胞染色质边缘化，核内形成包涵体，约5天开始出现细胞病变，核固缩，出现空斑，并逐渐脱落，细胞病变的过程可持续10～12天。

（2）*流行情况*　养殖鲤的疱疹病毒病是由锦鲤疱疹病毒（CyHV-3）感染养殖鲤所引起，该病是一种急性、接触性传染性鱼病，是近10多年来世界范围内影响较为严重的水产病害。1996年，德国锦鲤与养殖鲤有零星发病病例，1998年该病在以色列首次发现并得到确认，死亡率高达75%～100%；同年，南非也有此病的报道；此后，该病在英国、欧洲大陆、美国及以色列等国家和地区暴发流行；印度尼西亚、日本、韩国、我国台湾省等地养殖的锦鲤，也因锦鲤疱疹病毒病而大量死亡，日本于

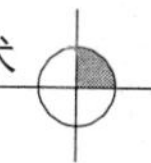

2003年10月首次证实了该病的存在，2004年我国台湾省报道流行锦鲤疱疹病毒病，2008年我国将其列为二类动物疫病。近些年，锦鲤疱疹病毒病在我国北方、中部以及南方部分省份池塘养殖的鲤中连年暴发，造成了巨大的经济损失，其病原已确认为鲤疱疹病毒Ⅲ型（CyHV-3）。

**2. 诊断**

（1）临床诊断

①病鱼因生长受到抑制而消瘦，游动迟缓，生长迟缓；脊柱常常出现畸形弯曲、骨软化、头盖骨下陷等症状，皮肤上出现出血点或苍白的块状斑与水泡。

②感染初期病鱼鳃出血并产生大量黏液或组织坏死，类似柱形黄杆菌感染鳃部引起的病变症状，不同于草鱼烂鳃病的鳃丝肿大与鳃丝末端腐烂（图8-8）。

图8-8　鲤疱疹病毒病

A. 患病鱼体表出血　B. 患病鱼鳃部并发的细菌感染

③中期时体表出现乳白色小斑点，并覆盖一层薄的白色黏液，白斑大小和数目逐渐增多、扩大和变厚，有时会融化成一片。

（2）实验室诊断

①病理组织学检查：患病鱼上皮细胞及结缔组织异常增生，细胞层次混乱，组织结构不清，大量上皮细胞增生堆积，有些上皮细胞的核内有包涵体，染色质边缘化。

②电镜观察：增生的细胞可以看到大量的疱疹病毒颗粒，病

毒在细胞质内已经获得了囊膜，核内仅有少量周边染色质。

③根据鲤疱疹病毒核酸序列设计特异性 PCR 扩增引物，可以扩增出鲤疱疹病毒基因组特异性产物，经序列测定与分析，可以确诊该病。

**3. 防控措施**

（1）预防

①建立严格的检疫机制，杜绝感染源的侵入。

②彻底清淤消毒，消除病毒病原，提倡混养、轮养和低密度养殖。

③加强综合饲养管理，加强水质监控和调节，投喂全价饲料，提高鱼体抗病能力。

④将病鱼放入含氧量高的流水中，体表蜡状增生物会逐渐脱落。

⑤疾病流行季节，全池泼洒含碘制剂，每 10～15 天 1 次，杀灭水体中的病毒病原。

⑥疾病流行季节，内服天然植物抗病毒药物预防，每 15～20 天内服天然植物病毒克星复方制剂 3～4 次有效，剂量为每千克鱼体重 0.5 克，开水浸泡 20 分钟后拌饲料投喂。

（2）治疗

①全池泼洒含碘制剂，可有效杀灭水体中的病原菌。泼洒聚维酮碘时，其剂量为 0.3～0.5 毫升/米$^3$，连续泼洒 2～3 次，隔天 1 次，第三次视用药效果确定是否继续泼洒。

②内服天然植物抗病毒复方制剂。鲤疱疹病毒病暴发时，内服天然植物病毒克星复方制剂 5～6 天有效。治疗时按每千克鱼体重 1.0 克计算药量，称取药物，文火煮沸 10～20 分钟或开水浸泡 20～30 分钟。冷却后均匀拌饲料制备成药饵投喂，连续投喂 5～6 天即可。

③因鲤疱疹病毒病暴发时，常伴随有鳃部柱形黄杆菌并发感染，在治疗时，可适量添加抗菌药物拌饲料投喂，以内服恩诺沙

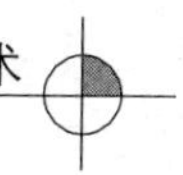

星或氟苯尼考效果最佳，其剂量为每千克鱼体用药10～30毫克制成药饵投喂，每天1次，连用3～5天。

### （九）鲫疱疹病毒病

#### 1. 病原体与流行情况

（1）主要病原体　鲫造血器官坏死症的病原为鲤疱疹病毒Ⅱ型（cyprinid herpesvirus Ⅱ，CyHV-2）。病毒颗粒直径为140～160纳米，核心直径为90～100纳米，为有囊膜的DNA病毒。整个病毒粒子近似球形，核心为二十面体，呈六角形，外有一层囊膜。病毒在细胞质中组装，在出芽时获得囊膜。病毒对乙醚、pH及热不稳定。病毒可在KF-1、Koi-Fin、FHM、MCT等细胞上增殖，并引起典型细胞病变效应；被感染的细胞染色质边缘化，核内形成包涵体，约5天开始出现细胞病变，核固缩，出现空斑，并逐渐脱落，细胞病变的过程可持续10～12天。

（2）流行情况　鲫疱疹病毒病的病原最先在患病的观赏金鱼中发现，称为“金鱼造血器官坏死病病毒（goldfish hematopoietic necrosis virus，GFHNV）”。该病原是一种感染金鱼的高致病性病毒，因其是第二个分离自鲤科鱼类的疱疹病毒，国际病毒系统分类与命名委员会将其命名为鲤疱疹病毒Ⅱ型（cyprinid herpesvirus 2，CyHV-2）。1992年秋季和1993年春季，日本西部养殖的金鱼发生疱疹病毒性造血器官坏死病，造成疾病大流行，死亡率几乎达到100%；1995年，我国台湾省东北部某金鱼孵化场因引进进口的亲本金鱼携带病毒导致繁殖的金鱼鱼苗发生暴发性疾病，死亡率高达90%，发病的症状与疱疹病毒性造血器官坏死病极为相似。1997年春季，在美国西海岸一循环水养殖的金鱼幼鱼暴发此病，死亡率高达80%以上，经证实美国西海岸发生的病例与该国中部和东海岸发生的金鱼暴发性死亡均是CyHV-2感染引起，表明该病在美国分布广泛；此后，在澳大利亚、新西兰相继有该病发生；我国大陆仅有零星CyHV-2病毒感染观赏金鱼的报道，2011 年，我国出口马来西亚的金鱼被通报检出金鱼疱疹病毒 CyHV-2。2009—2010 年，我国鲫主要养殖地区江苏盐城等地的池塘养殖鲫，发生以体表与内脏组织广泛性出血为主要症状的鲫暴发性出血病，死亡率高达 90%以上。2011—2012 年，该病在江苏省大部分地区再次大范围暴发，除了盐城外，射阳、大丰、宝应、高邮、兴化、洪泽、楚州等地也大面积发病，同时，在江西省新干县，湖北省武汉市江夏区、建始县、洪湖市等地也有零星发生。2012 年，经过现场诊断调查与实验室病原分离与鉴定研究，获得了人工感染试验、组织病理学、超薄切片电镜观察、分子诊断、病毒培养等关键性实验数据，确认近年在我国江苏大部分地区暴发的养殖鲫出血病为鲫疱疹病毒病（鲫疱疹病毒性脾肾坏死症），其病原为鲤疱疹病毒Ⅱ型（CyHV-2）。目前的调查与研究结果显示，鲫疱疹病毒病具有流行范围广、传播速度快、持续时间长、死亡率高的特点，可感染不同品种以及各种规格的养殖鲫，对我国鲫养殖业构成巨大威胁。

**2. 诊断**

（1）临床诊断

①患病鲫体表、眼眶周围、下颌部、鳃盖以及侧线鳞以下胸、腹部充血或出血，鳃盖肿胀，有明显的充血或出血症状（图 8-9，A、B）。

②患病鲫解剖后，发现肝脏充血肿大，脾脏和肾脏充血严重，肝、脾、肾器官质地易碎；肠道内无食物，充血发红，有时有少量腹水；鳔器官充血或有出血点（图 8-9，C、D）。

③患病鲫鳃组织显微镜镜检，有时可观察到车轮虫、指环虫、斜管虫、孢子虫等寄生虫病原。

（2）实验室诊断

①病理组织学检查：取患病鲫肾脏、脾脏组织进行石蜡切片或冷冻切片染色观察，可观察到细胞坏死、染色质裂解或边缘化

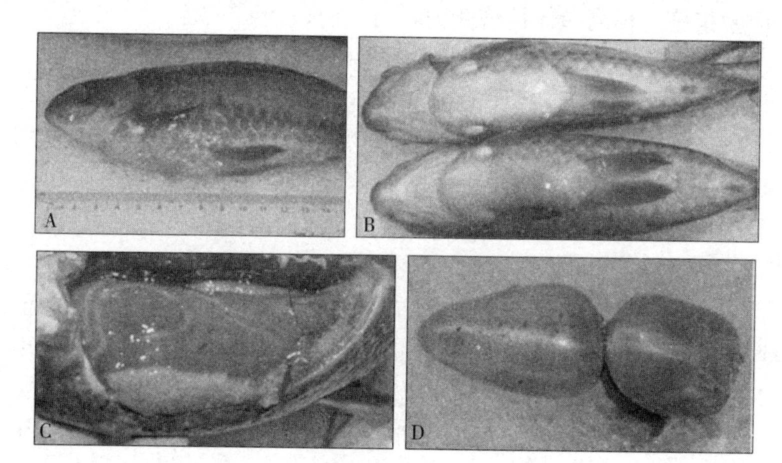

图 8－9　鲫疱疹病毒病

A. 体表出血症状　B. 胸、腹部症状　C. 内脏组织症状　D. 鳔出血

等病理现象，还可从切片组织中观察到病毒包涵体。

②电镜观察：取患病鲫肾脏、脾脏组织进行超薄切片电镜观察，可观察到大量的典型疱疹病毒样颗粒。

③细胞培养：取患病鲫肾脏、脾脏组织匀浆后超微过滤，接种锦鲤鳍条组织细胞 Koi－Fin，培养 5～7 天后细胞出现典型病变效应。

④分子检测：根据 GenBank 中公布的鲤疱疹病毒Ⅱ核酸序列设计特异性引物，可从患病鲫肾脏、脾脏等组织中扩增出特异的靶基因产物，经序列测定与比对分析，可确诊该病。

**3. 防控措施**

（1）预防

①建立严格的检疫机制，杜绝感染源的侵入，潜伏感染可能是本病重要的特征之一。

②彻底清淤消毒，消除病毒病原，提倡混养、轮养和低密度养殖。

③加强综合饲养管理，投喂全价饲料，调节好水质，加强抗

应激措施，提高鱼体抗病能力，可预防该病。

④疾病流行季节，全池泼洒含碘制剂，每10～15天1次，杀灭水体中的病毒病原。

⑤疾病流行季节，内服天然植物抗病毒药物预防，每15～20天内服天然植物病毒克星复方制剂3～4次，可有效预防该病。剂量为每千克鱼体重0.5克，开水浸泡20分钟后拌饲料投喂。

（2）治疗

①全池泼洒含碘制剂，可有效杀灭水体中的病毒。泼洒聚维酮碘时，其剂量为0.3～0.5毫升/米$^3$，连续泼洒2～3次，隔天1次，第3次视用药效果确定是否继续泼洒。

②内服天然植物抗病毒复方制剂。鲫疱疹病毒病暴发时，内服天然植物病毒克星复方制剂5～6天有效。治疗时按每千克鱼体重1.0克计算药量，称取药物，文火煮沸10～20分钟或开水浸泡20～30分钟。冷却后均匀拌饲料制备成药饵投喂，连续投喂5～6天即可。

③因鲫疱疹病毒病暴发时，有时并发寄生虫或细菌感染，因此，治疗该病时需要检查是否有寄生虫感染以及是否需要采取杀虫措施。如发现该病并发细菌感染，可适量添加抗菌药物拌饲料投喂，以内服恩诺沙星或氟苯尼考效果最佳，其剂量为每千克鱼体重用药10～30毫克制成药饵投喂，每天1次，连用3～5天。

## （十）淡水鱼孢子虫病

### 1. 病原体与流行情况

（1）主要病原体　黏孢子虫（*Myxcosporidia*），属黏体门（Myxozoa）、黏孢子纲（Myxosporea）。这一类寄生虫种类很多，海水、淡水鱼类中都可以寄生，寄生部位包括鱼的皮肤、鳃、鳍和体内的肝、胆囊、脾、肾、消化道、肌肉、神经等器官组织。每一孢子有2～7块几丁质壳片，多数为2片；有些种类的壳上有条纹、褶皱或尾状突起；第1孢子有1～7个球形、梨形、瓶形的极囊，多数为2个极囊；极囊以外充满胞质，有的种

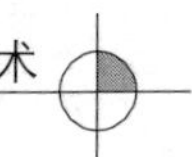

类在胞质里还有 1 个嗜碘泡（图 8-10，A）。

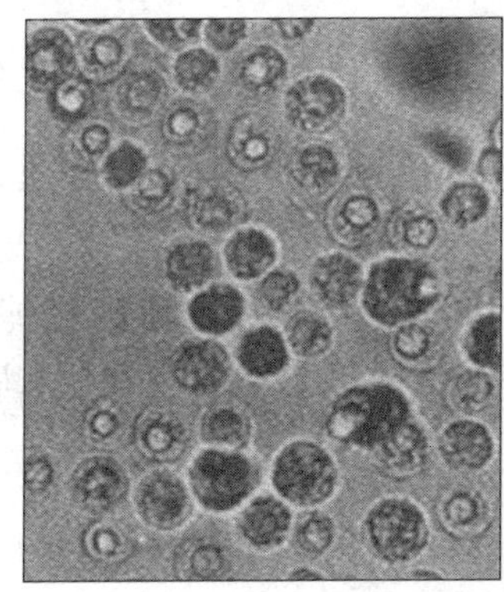
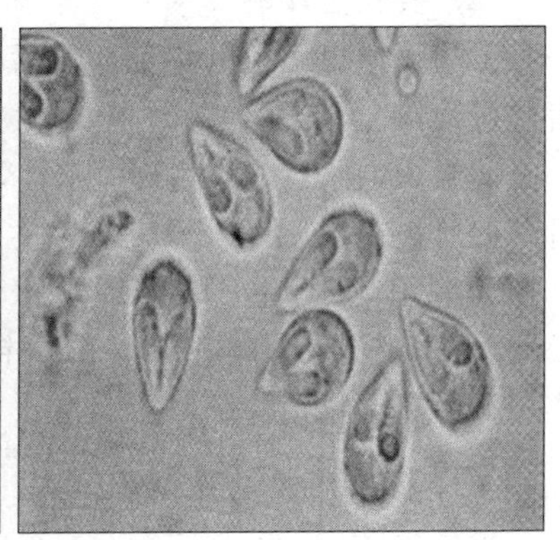

图 8-10　不同放大倍数下的黏孢子虫

（2）流行情况　黏孢子虫病没有明显的季节性，一年四季都会发生，常以 5～9 月症状更为明显。各种虫体广泛寄生于多种鱼类。寄生在淡水鱼中危害较大的黏孢子虫，有鲢鱼碘泡虫、野鲤碘泡虫、鲫碘泡虫等。黏孢子虫的生活史必须经过分裂生殖和配子形成两个阶段，宿主的感染是通过孢子。黏孢子虫的种类多、分布广、生活史复杂，随着集约化养殖水平的提高，其危害也越来越大。

**2. 诊断**

（1）临床诊断

①鱼体变黑，身体瘦弱，头大尾小，尾部上翘，脊柱弯曲变形。

②病鱼在水中离群独游打转，有的跳出水面，又钻入泥中，如此反复，有的侧向一边游泳打转，失去平衡能力，变得十分疯狂焦躁。

③解剖检查，肉眼可见组织器官中的白色包囊，如鳃、肌肉和内脏组织等。

④显微镜压片检查：取出肉眼可见的胞囊，将胞囊压成薄

片，用显微镜进行观察，可观察到孢子虫（图 8－10，B）。

（2）实验室诊断

①酶消化患病鱼的头部，然后用 55%葡萄糖溶液离心沉淀后进行镜检。

②组织匀浆后，加生理盐水拌匀，用浮游生物连续沉淀器进行沉淀后再镜检。

③组织匀浆后，加生理盐水拌匀，用 100 目筛网过滤，1 000～1 500 转/分离心 10～15 分钟，多次反复加入生理盐水后离心，取沉淀物镜检。

**3. 防控措施**

（1）预防

①应对苗种进行严格的检疫，发现有孢子或营养体的存在应重新选择鱼种，防止带入病原。

②鱼苗放养前对池塘进行彻底清淤，每亩水面采用 150 千克的生石灰，以杀灭池中可能存在的孢子。

③投喂经熟化后的鲜活小杂鱼、虾，以免携带入病原体。

④发现患病鱼、病死鱼，应及时捞出，深埋或高温处理或高浓度药物消毒处理，不能随便乱扔。

⑤对有发病史的池塘或养殖水体，每月全池泼洒敌百虫 1～2 次，浓度为 0.2～0.3 毫克/升。

（2）治疗

①病鱼池用“孢虫净”全塘泼洒。

②选用含苦楝、五倍子和皂棘合剂煎汁泼洒。

③每千克鱼体投喂阿维菌素 0.05 克，连投 3～4 天。

④寄生在肠道内的黏孢子虫病，用晶体敌百虫或盐酸左旋咪唑等拌饲投喂，同时全池泼洒晶体敌百虫，可减轻病情。

## （十一）淡水鱼车轮虫病

### 1. 病原体与流行情况

（1）主要病原体　车轮虫（*Trichodina*）和小车轮虫（*Tri-*

chodinella）属的一些种类。属纤毛门、寡膜纲（Oligohyneno-phora）、缘毛目（Peritrichida）、车轮虫科（Trichodinidae）。能寄生于各种鱼类的体表和鳃上。我国常见种类有显著车轮虫（*T. nobilis*）、杜氏车轮虫（*T. domerguei*）、东方车轮虫（*T. orientalis*）、卵形车轮虫（*T. ovaliformis*）、微小车轮虫（*T. minuta*）、球形车轮虫（*T. bulbosa*）、日本车轮虫（*T. japonica*）、亚卓车轮虫（*T. jadranica*）和小袖车轮虫（*T. murmanica*）等。

侧面看虫体呈1个毡帽状，反面看呈圆碟形，运动的时候像车轮一样转动（图8-11）。有一大一小2个核。大核马蹄状，围绕前腔；小核在大核的一端，球形或短棒状。用反口面的附着盘附着在鱼的体表或鳃丝上，来回滑动，有时离开宿主在水中自由游泳。游动时用反口面像车轮一样转动，所以取名车轮虫。

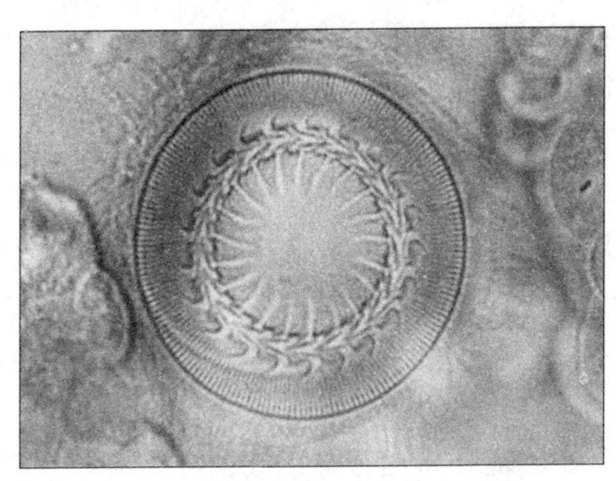

图8-11 车轮虫

纵二分裂和接合生殖。分裂后的2个子体各承受母体的一半齿环和一半辐线环，旧齿环不久就消失，在旧齿环的内侧再长出新齿环；旧辐线仍保留，并从每2条旧辐线之间再长出1条新辐线，这样齿体和辐线的数目就与母体相同了。接合生殖是2个等大或不等大的虫体，1个虫体的反口面接到另1个虫体的口面上。

（2）流行情况　可寄生在多种淡水鱼的鳃、鼻孔、膀胱、输尿管及体表上。主要危害鱼苗和鱼种，严重感染时可引起病鱼大量死亡，成鱼寄生后危害不严重。全国各养殖区一年四季均可发生，主要流行于 4～7 月，以夏、秋季为流行盛季，适宜水温 20～28℃。环境良好的健康鱼体上车轮虫存在的数量很少，环境不良时，如水质恶化、放养密度过大，或鱼体发生其他疾病、身体衰弱时，则车轮虫往往大量繁殖，易暴发病害。该病可通过接触、水媒、水生动物、操作工具等转播。

**2. 诊断**

（1）临床诊断

①病鱼体色发黑发暗，失去光泽，摄食困难，甚至停止吃食。

②鱼群聚于池边环游不止，呈“跑马”症状；由于鳃上皮增生，妨碍呼吸使得病鱼呼吸困难。

③大量寄生时，在寄生处来回滑行，刺激病鱼大量分泌黏液而在寄生处黏液增多，形成黏液层。

（2）实验室诊断

①从病鱼鳃或鳃丝、体表处刮取少许黏液，置于载片上，加 1 滴水制成封片。在显微镜下可以看到虫体，并且数量较多时可诊断为车轮虫病；少量虫体附着时是常见的，不能认为是车轮虫病。

②种类鉴定：需用蛋白银染色或银浸法染色鉴定。

**3. 防控措施**

（1）预防

①鱼池及水体用生石灰或者漂白粉消毒。

②加强水体水质培养管理。

③鱼种放养前，使用 8～10 毫克/升铜铁合剂、2%～4%食盐药浴 10～30 分钟。

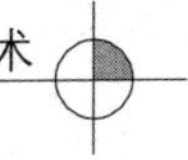

（2）治疗

①全池泼洒 1.2～1.5 毫克/升铜铁合剂。

②全池泼洒 25～30 毫升/米$^3$ 福尔马林，隔天再用 1 次。

③全池浸泡 50 毫克/升楝树叶。

## （十二）淡水鱼小瓜虫病

### 1. 病原体与流行情况

（1）主要病原体　淡水鱼小瓜虫病的病原为小瓜虫（*Ichthyophthirius* spp.）。小瓜虫病亦称白点病（white spot disease）。生活史经过成虫期、幼虫期及包囊期。成虫卵形，周身布满排列有序的纤毛，在近前端腹面有胞口，体内可见许多伸缩泡，胞内细胞核一大一小，大核马蹄形，小核圆球形，小核位于大核马蹄形的凹洼（图 8－11，A）。寄生在鱼体上时进行不等分的分裂生殖，一般分裂 3～4 次后就不分裂了。主要生殖方法是成虫离开寄主后在水中游动一段时间，分泌一层无色透明的膜形成包囊，再沉到水底或其他体物上，进行 9～10 次分裂，一般能形成 300～500 个幼虫。

（2）流行情况　主要危害各种淡水鱼类，全国各地均有流行，对宿主无选择，也没有年龄限制，但对鱼种危害最大。初冬、春末为流行盛季，温度在 15～25℃时为流行高峰，水温在 10℃以下或者 26℃以上时较少发生。但在水质恶劣、养殖密度高、鱼体抵抗力低的时候，冬季及盛夏也可能发生。生活史中无需中间宿主，靠胞囊及其幼虫传播。新孵出的幼虫侵袭力较强，然后随着时间的推延而逐渐减弱；水温在 15～20℃时侵袭力最强。

### 2. 诊断

（1）临床诊断

①病鱼体色发黑，消瘦，游动异常，呼吸异常。

②鱼体体表、鳃和鳍条布满无数白色小点，所以也叫白点病。

③病情严重时，躯干、头、鳍、鳃、口腔等处都布满小白

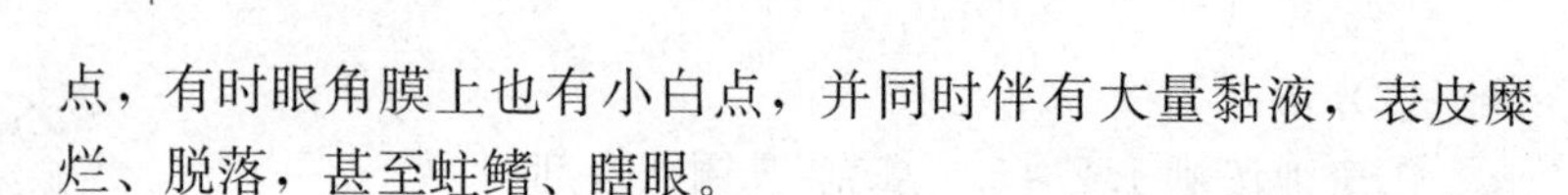


点，有时眼角膜上也有小白点，并同时伴有大量黏液，表皮糜烂、脱落，甚至蛀鳍、瞎眼。

（2）实验室诊断　鱼体表出现小白点的疾病很多，除小瓜虫病外，还有黏孢子虫病、打粉病等多种病，所以最好是用显微镜进行检查是否符合小瓜虫的特征（图 8-12），不能仅凭肉眼看到鱼体表有很多小白点就诊断为小瓜虫病。

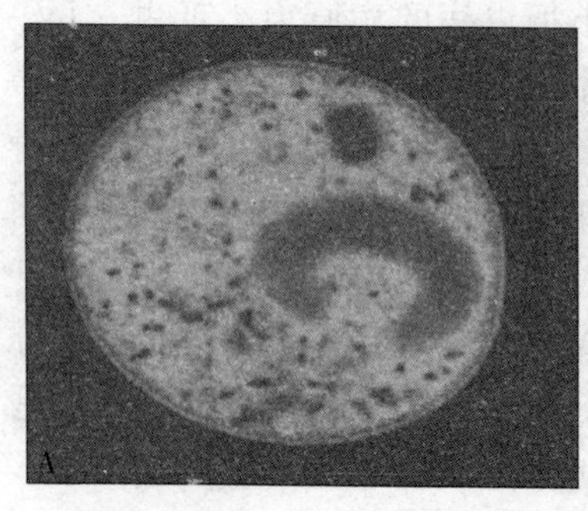


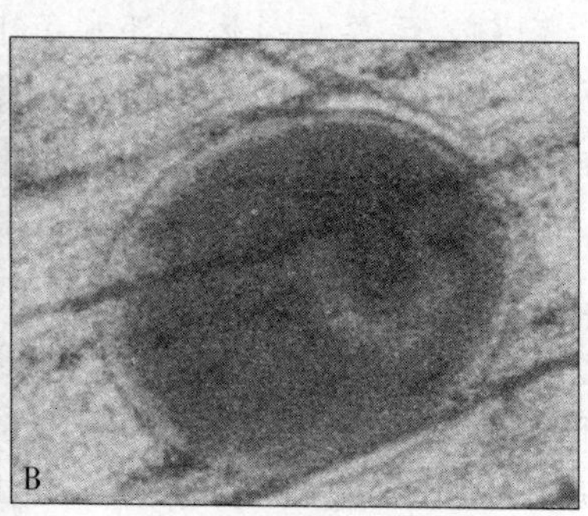


图 8-12　小瓜虫

A. 小瓜虫马蹄形核　B. 鳍条上寄生的小瓜虫

**3. 防控措施**

（1）预防

①合理施肥，培养水体浮游动植物，生石灰彻底清塘。

②当鱼的抵抗力强时，即使小瓜虫寄生上去后，也不会爆发该病，所以加强饲养管理，保持良好环境，增强鱼体抵抗力，是预防小瓜虫病的关键措施之一。

③清除池底过多淤泥，水泥池壁要进行洗刷，并用生石灰清塘消毒。

④鱼下塘前抽样检查，如发现有小瓜虫寄生，应立即采用 20～30 毫升/米$^3$ 福尔马林药浴 5～10 分钟。

（2）治疗

①鱼病塘选用含大黄、五倍子与辣椒粉合剂药物煎汁泼洒有一定疗效。

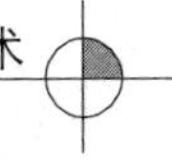

②全池泼洒福尔马林 10～25 毫升/米$^3$，换水肥塘。

③全池遍洒亚甲基蓝，使池水成 2 毫克/升浓度，连续数次。

④对寄生斑点叉尾鮰的小瓜虫病，可以全池遍洒硫酸铜 0.4 毫克/升，每天 1 次，连续泼洒 2～3 次。

### （十三）淡水鱼指环虫病

#### 1. 病原体与流行情况

（1）主要病原体　指环虫（*Dactylogyrus* spp.）属指环虫目（*Dactylogyridea*）、指环虫科（*Dactylogyridae*）。虫体扁平，呈长圆形，前端有 2 个头器，头部背面有 4 个眼点。有一前一后 2 个固着器，但以体后端腹面的圆形后固着器为主要固着器官，其中央有 2 个锚状物。广泛寄生于鲤科鱼类鳃、皮肤和鳍，生长、繁殖的适宜温度为 20～25℃。

指环虫属种众多，致病种类主要有：页形指环虫（*D. lamellatus*），寄生于草鱼鳃、皮肤和鳍；鳙指环虫（*D. aristichthys*），寄生于鳙鳃；小鞘指环虫（*D. vaginulatus*），寄生于鲢鳃上，为较大型的指环虫；坏鳃指环虫（*D. vastator*），寄生于鲤、鲫、金鱼的鳃丝。

指环虫均为卵生，卵大而少，呈卵圆形，一端有柄状极丝。温度与卵的发育速率和卵的发育率都有着密切关系，温暖季节虫体不能产卵、孵化。幼虫身上有 5 簇纤毛、4 个眼点和小钩。当在水中遇到适当的宿主时即附着上去，随后纤毛退去，发育成为成虫。

（2）流行情况　全国各地区都有发生，危害 900 多种淡水鱼类，是水产病害中的常见多发病。对寄主有严格的选择性，主要危害鲢、鳙和草鱼，靠虫卵及幼虫传播，大量寄生时可使苗种大批死亡。多流行于春末、夏初，适宜水温 20～25℃时，不少种类指环虫能引起鱼类严重的疾病，造成重大经济损失。

#### 2. 诊断

（1）临床诊断

①病鱼轻度感染时，主要是鳃丝组织的完整性受到破坏，引起鳃丝局部的机械性损伤，从而引起鳃瓣缺损、出血、坏死和组织增生。

②病鱼中度感染时，虫体寄生的鳃丝颜色苍白，寄生处局部发生贫血，部分鳃丝血管充血，出现轻微肿胀，形成一块由数层呼吸上皮组成的细胞板，严重影响鳃丝的呼吸功能，造成窒息死亡。

③病鱼重度感染时，对鳃丝的损害范围扩大，即全鳃性的。肉眼观察，病鱼鳃丝黏液显著增多，全部呈苍白色，鳃部明显浮肿，鳃瓣表面分布着许多由大量虫体密集而成的白色斑点，虫体寄生处发生大量细胞浸润，同时鳃丝上皮细胞大面积严重增生、肥大，呼吸上皮与毛细血管发生严重脱离，出现如鳃丝肿胀、融合等炎症或坏死、解体等严重的病理变化，造成鱼类死亡。

（2）实验室诊断　取病鱼的鳃做成压片，显微镜下检查指环虫：头部背面有 4 个黑色眼点，呈方形排列，口位于前端腹面眼点附近呈管状或漏斗状，虫体后端可见一圆盘状的后吸盘，盘的中央有 1 对大锚钩；当发现有大量指环虫寄生（每片鳃上有 50 个以上虫体或在低倍镜下每个视野有 5～10 个虫体）时，可确定为指环虫病。

**3. 防控措施**

（1）预防

①放养前用生石灰对蓄水池和养殖池进行彻底清塘消毒。

②甲苯咪唑药物预防，尽量选择指环虫病刚开始发生时使用，虫体数量不多，亚成体指环虫比成虫对药物敏感度高、易杀灭，可有效减少并发症的发生。

③鱼种放养前，用 20 毫克/升的高锰酸钾液浸洗 15～30 分钟，杀死鱼种上寄生的指环虫。

④养殖期间加强水体培养，每天抽样，及时镜检。

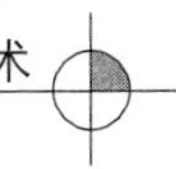

（2）治疗

①全池泼洒0.5～1.0毫克/升甲苯咪唑，施药后保持5天不换水，保证药物的效果。

②全池泼洒0.1～0.2毫克/升指环速灭，可一次性杀灭虫体。

③全池遍洒90%晶体敌百虫，使池水达0.2～0.3毫克/升的浓度，或2.5%敌百虫粉剂1～2毫克/升浓度或者百虫面碱合剂（1∶0.6）0.1～0.24毫克/升的浓度全池遍洒。

## （十四）淡水鱼斜管虫病

### 1. 病原体与流行情况

（1）主要病原体　斜管虫（*Chilodonella*）。虫体呈卵圆形，腹面平坦，背面隆起，前端薄、后端厚。腹面有1个胞口，成漏斗状的口管，末端弯转处为胞咽。具有两型核，管营养的大核是多倍体，呈椭圆形位于虫体后部；管生殖的小核是二倍体，呈球形，在大核的一侧或后面。前、后端各有1个伸缩泡（图8-13）。

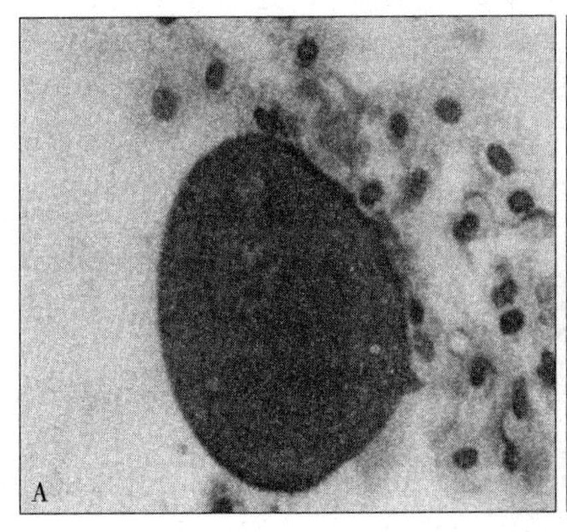


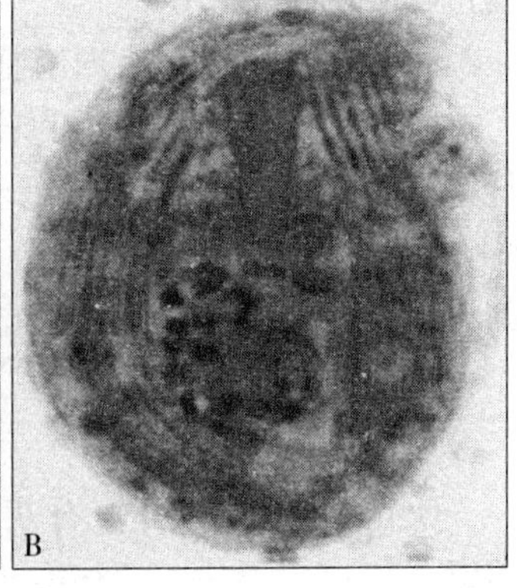


图8-13　斜管虫的染色样本

无性分裂为横二分裂，有性生殖为独特的接合生殖。环境良好时分裂繁殖，原来的口管消失，重新长出新口管。适宜繁殖温度为12～18℃，最适繁殖温度为15℃，当水温低至2℃时还能繁殖。环境恶劣时形成胞囊，当环境好转时再开始繁殖。

（2）流行情况　对温水性及冷水性淡水鱼都可造成危害，主要危害鲤、草鱼、鲢等多种鱼类的鱼苗及鱼种。我国各养鱼地区都有发生，是一种常见多发病。每年3～4月和11～12月是此病的流行季节。适宜斜管虫繁殖的水温为8～25℃，最适繁殖水温为5～12℃。在水质恶劣、鱼体抵抗力弱时，越冬池中的亲鱼也发生死亡，能引起鱼大量死亡，是北方地区越冬后严重的疾病之一。

**2. 诊断**

（1）临床诊断

①鱼体瘦弱发黑，游动迟钝，鱼苗游动无力，在水中侧游、打转。

②体色发暗、发红，即鱼体表、鳍、鳃部有充血现象。

③因为虫体大量寄生在病鱼的鳃和皮肤，会引起这些地方产生大量的黏液，体表组织损伤，形成苍白色或淡蓝色的黏液层，病鱼呼吸困难。

④鱼苗患病时，有时有拖泥症状。

（2）实验室诊断　因为该病的病原体较小，必须用显微镜进行检查。取病鱼的尾鳍和鳃丝镜检，发现大量活动的椭圆形虫体，在显微镜下视野内达10个以上，虫体符合斜管虫形态特征即可确诊。

**3. 防控措施**

（1）预防

①苗种放养前用生石灰对蓄水池和养殖池进行彻底清塘消毒。

②苗种孵化及暂养用水需进行消毒，苗种用7毫克/升的铜铁合剂浸泡10～20分钟后再下塘。

③饵料鱼投放前，用7毫克/升硫酸铜消毒10～20分钟，避

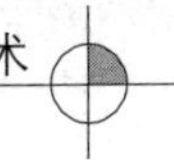

免带入病原。

④鱼苗、鱼种培育阶段加强水体培养，每天抽样，及时镜检。

⑤越冬前对鱼体进行消毒，杀灭鱼体上的病原体，再进行育肥；尽量缩短越冬期的停食时间。

（2）治疗

①8毫克/升的铜铁合剂浸洗患病鱼体10～20分钟。

②患病鱼的池塘用10～25毫克/升醛制剂全池泼洒，可一次性杀灭虫体，同时增氧或换水。

③患病鱼的池塘用0.1～0.2毫克/升斜管纤灭制剂全池泼洒，可一次性杀灭虫体。

④水温在10℃以下时，全池泼洒硫酸铜及高锰酸钾合剂（5∶2），使池水成0.3～0.4毫克/升浓度。

# 第九章 水产品加工

## 一、大宗淡水鱼加工特性与品质

**1. 大宗淡水鱼特点**　青鱼、草鱼、鲢、鳙、鲤、鲫和团头鲂7种大宗淡水鱼的鱼体，种类较多，大小差异变化大，整体存在鱼刺多、出肉率低，有些还有土腥味等问题，这些特点决定了淡水鱼加工难度大，加工技术要求高，加工过程较复杂。

鱼体通常由头、躯干、尾和鳍等四部分组成。根据可食用程度，可将淡水鱼的组织分为可食用部分和不可食用部分。在淡水鱼组织中，鱼肉一般占鱼体质量的40%～50%，鱼头、鱼骨、鱼皮和鱼鳞约占鱼体质量的30%～40%，鱼内脏和鳃占鱼体质量的18%～20%。肌肉部分是淡水鱼中最重要的可食用和被加工部分。

淡水鱼肌肉的基本化学组分，通常包括水分、蛋白质、脂肪、碳水化合物、灰分和维生素等，由于受种类、季节、洄游、产卵、鱼龄等因素的影响，其含量变动范围较大。在同一种类中，也因个体部位、性别、成长、季节、生息水域和饲料等多种因素的不同，其化学成分的含量而有所差异。表9-1列出了7种主要淡水鱼肌肉的组分含量（粗蛋白是以凯氏定氮为计，粗脂肪以乙醚萃取为计）。

**表9-1　大宗淡水鱼类肌肉组分含量（%）**

| 淡水鱼种类 | 水分 | 粗蛋白 | 粗脂肪 | 糖类 | 灰分 |
|---|---|---|---|---|---|
| 青鱼 | 79.46 | 18.85 | 0.91 | 微量 | 1.13 |

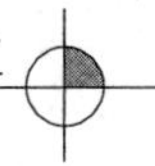

（续）

| 淡水鱼种类 | 水分 | 粗蛋白 | 粗脂肪 | 糖类 | 灰分 |
|---|---|---|---|---|---|
| 草鱼 | 78.45 | 18.11 | 2.37 | 微量 | 1.19 |
| 鲢 | 79.71 | 18.30 | 0.87 | 微量 | 1.37 |
| 鳙 | 79.41 | 17.86 | 1.40 | 微量 | 1.25 |
| 鲫 | 77.18 | 17.62 | 3.85 | 0.10 | 1.01 |
| 鲤 | 78.16 | 16.11 | 4.88 | 0.20 | 0.97 |
| 团头鲂 | 78.21 | 18.73 | 1.53 | 微量 | 1.17 |

淡水鱼肌肉中粗蛋白含量一般在15%～22%，与脂肪相比，种间变化较小。按蛋白质的溶解性，通常可将鱼肉中的蛋白质分为水溶性蛋白、盐溶性蛋白和水不溶性蛋白等三大类，即可溶于水和稀盐溶液（Ⅰ＝0.05～0.15）的肌浆蛋白、可溶于中性盐溶液（Ⅰ≥0.5）中的肌原纤维蛋白和不溶于水和盐溶液的肌基质蛋白。淡水鱼肌肉蛋白质中，肌原纤维蛋白占60%～70%，肌浆蛋白占20%～35%，基质蛋白占2%～5%。与陆生动物肌肉相比，鱼肉中的肌原纤维蛋白含量高，而肌基质蛋白含量低，因此，鱼肉组织比陆生动物肌肉柔嫩。鱼肉蛋白质的营养价值不仅取决于肌肉蛋白质的含量，还与肌肉蛋白质的氨基酸组成有密切关系。表9-2列出了7种淡水鱼肌肉蛋白质的氨基酸组成。从表9-2中可知，淡水鱼肌肉中氨基酸总含量为71.07%～92.64%（以干基计），必需氨基酸所占比例为27.65%～37.47%。

**表9-2 大宗淡水鱼肌肉氨基酸组成含量**（%以干基计）

| 氨基酸种类 | 青鱼 | 草鱼 | 鲢 | 鳙 | 团头鲂 | 鲫 | 鲤 |
|---|---|---|---|---|---|---|---|
| 天门冬氨酸 | 10.52 | 9.16 | 9.96 | 9.63 | 9.21 | 7.89 | 7.50 |
| 苏氨酸* | 4.10 | 3.35 | 3.92 | 3.82 | 4.02 | 3.39 | 3.23 |
| 丝氨酸 | 3.65 | 3.43 | 3.54 | 3.52 | 3.35 | 3.05 | 2.91 |

（续）

| 氨基酸种类 | 青鱼 | 草鱼 | 鲢 | 鳙 | 团头鲂 | 鲫 | 鲤 |
| --- | --- | --- | --- | --- | --- | --- | --- |
| 谷氨酸 | 15.58 | 14.30 | 15.57 | 14.67 | 14.98 | 12.49 | 12.10 |
| 甘氨酸 | 4.97 | 4.32 | 4.56 | 4.51 | 5.16 | 4.26 | 3.80 |
| 丙氨酸 | 5.59 | 4.91 | 5.44 | 5.26 | 7.87 | 4.69 | 5.13 |
| 胱氨酸 | 0.35 | 0.47 | 0.45 | 0.48 | 0.70 | 0.72 | 0.57 |
| 缬氨酸* | 4.79 | 4.04 | 4.60 | 4.41 | 4.30 | 3.83 | 3.01 |
| 蛋氨酸* | 2.90 | 2.36 | 2.43 | 2.52 | 1.45 | 2.13 | 1.87 |
| 异亮氨酸* | 5.02 | 4.09 | 4.68 | 4.38 | 4.03 | 3.51 | 3.10 |
| 亮氨酸* | 8.36 | 7.21 | 7.92 | 7.57 | 8.22 | 6.04 | 6.25 |
| 酪氨酸 | 3.51 | 3.08 | 3.16 | 3.22 | 2.38 | 2.53 | 2.44 |
| 苯丙氨酸* | 4.23 | 3.62 | 4.11 | 4.00 | 3.70 | 3.30 | 3.07 |
| 赖氨酸* | 8.08 | 6.89 | 7.88 | 7.67 | 7.40 | 6.72 | 7.14 |
| 组氨酸 | 2.49 | 2.16 | 2.24 | 2.18 | 1.60 | 2.07 | 2.06 |
| 精氨酸 | 5.49 | 4.73 | 5.36 | 5.16 | 5.34 | 4.47 | 4.29 |
| 脯氨酸 | 3.00 | 2.77 | 2.98 | 2.72 | 3.38 | 2.57 | 2.63 |
| 必需氨基酸之和 | 37.48 | 31.56 | 35.54 | 34.37 | 33.12 | 28.92 | 27.67 |
| 总和 | 92.63 | 80.89 | 88.80 | 85.72 | 87.09 | 73.66 | 71.10 |

注：带*者为必需氨基酸。

脂肪是由甘油和脂肪酸组成的三酰甘油酯，不同鱼类脂肪所含有的脂肪酸种类和含量不一样，脂肪的性质和特点主要取决于脂肪酸。自然界有 40 多种脂肪酸，一般由 4 个到 24 个碳原子组成，脂肪酸分饱和脂肪酸、单不饱和脂肪酸、多不饱和脂肪酸三大类，鱼肉中的脂肪酸大多是 C14～C22 的偶数直链状脂肪酸，有饱和和不饱和脂肪酸之分，不饱和的包括含 1 个双键或含 2～6 个双键的多不饱和脂肪酸。不饱和脂肪酸的双键多为顺式结构、且多不饱和脂肪酸均具有共轭双键结构。

表9-3中列出了7种淡水鱼肌肉脂肪中的脂肪酸组成。从表9-3中可以看出，淡水鱼肌肉中含有20.2%～29.8%的饱和脂肪酸和64.7%～79.9%的不饱和脂肪酸，其中，多不饱和脂肪酸含量为28.5%～54.0%。7种淡水鱼肌肉中的二十碳五烯酸（C20∶5，EPA）和二十二碳六烯酸（C22∶6，DHA）含量在1.4%～26.9%，其中，以鲢和鳙为最高，其含量在14.2%～26.9%。由此可见，淡水鱼也是EPA和DHA的重要来源。

**表9-3　7种淡水鱼肌肉中脂肪酸的质量分数（%）**

| 脂肪酸种类 | 鲢 | 鲤 | 草鱼 | 青鱼 | 鲫 | 鳙 | 鳊 |
|---|---|---|---|---|---|---|---|
| 14∶0 | 1.9 | 1.4 | 1.6 | 1.9 | 1.5 | 1.8 | 2.6 |
| 15∶0 | 0.9 | 0.3 | 0.4 | 0.4 | 0.4 | — | — |
| 16∶0 | 22.1 | 17.6 | 14.4 | 18.2 | 15.9 | 18.5 | 16.7 |
| 17∶0 | 0.3 | 0.7 | 0.6 | — | — | 0.5 | 0.2 |
| 18∶0 | 4.6 | 4.0 | 3.2 | 4.1 | 2.9 | 4.0 | 5.6 |
| 16∶1n-7 | 5.0 | 6.2 | 6.2 | 5.2 | 7.9 | 4.8 | 6.5 |
| 18∶1n-9 | 11.3 | 37.0 | 24.1 | 29.7 | 31.4 | 21.8 | 34.3 |
| 20∶1n-9 | — | 4.2 | — | — | 3.4 | 2.2 | 2.3 |
| 18∶2n-6 | 2.8 | 18.2 | 23.1 | 20.9 | 18.4 | 9.8 | 13.5 |
| 20∶2n-6 | 1.4 | 1.8 | 2.3 | 1.6 | 2.1 | — | — |
| 20∶3n-6 | 1.0 | 1.0 | 1.6 | 1.4 | 1.2 | 0.5 | 0.7 |
| 20∶4n-6 | 6.6 | 0.8 | 2.8 | 2.2 | 2.3 | 6.4 | 0.7 |
| 22∶3n-6 | 3.5 | — | — | 0.8 | — | — | — |
| 22∶4n-6 | 3.3 | 0.5 | 0.4 |  | 0.7 | 0.3 | 2.2 |
| 18∶3n-3 | 3.1 | 2.6 | 13.6 | 10.3 | 3.8 | 2.4 | 1.9 |
| 20∶3n-3 | — | 1.1 | — | — | — | — | — |
| 20∶4n-3 | — | — | 1.3 | 1.2 | 1.4 | — | 0.7 |

（续）

| 脂肪酸种类 | 鲢 | 鲤 | 草鱼 | 青鱼 | 鲫 | 鳙 | 鳊 |
|---|---|---|---|---|---|---|---|
| 20：5n-3 | 12.5 | 1.5 | 2.7 | 1.1 | 2.6 | 7.2 | 1.6 |
| 22：4n-3 | 5.4 | — | 0.3 | 0.7 | 0.5 | — | — |
| 22：5n-3 | — | 0.2 | — | — | 0.5 | 2.3 | 3.1 |
| 22：6n-3 | 14.4 | 0.8 | 1.5 | 0.3 | 2.7 | 7.0 | 6.2 |
| n-6 | 18.6 | 22.3 | 30.2 | 26.9 | 24.7 | — | 17.1 |
| n-3 | 35.4 | 6.2 | 19.4 | 13.6 | 11.5 | — | 13.5 |
| 不饱和脂肪酸 | 70.3 | 75.9 | 79.9 | 75.4 | 78.9 | 64.7 | 73.7 |
| 多不饱和脂肪酸 | 54 | 28.5 | 49.6 | 40.5 | 36.2 | 35.9 | 30.6 |
| EPA+DHA | 26.9 | 2.3 | 4.2 | 1.4 | 5.3 | 14.2 | 7.8 |
| 饱和脂肪酸 | 29.8 | 24.0 | 20.2 | 24.6 | 20.7 | 24.8 | 25.1 |

鱼类肌肉中糖类的含量较少，最常见的糖类是糖原和黏多糖。尽管含量一般都在1%以下，但对煮熟后鱼肉的滋味有明显影响。鱼类致死方式影响其肌肉中的糖原含量，活杀时其含量为0.3%～1.0%，但如挣扎疲劳致死的鱼类，因体内糖原的大量消耗而使其含量降低。黏多糖是鱼类中含量较多的另一种多糖，广泛分布于鱼类的软骨、皮中，一般与蛋白质结合形成糖蛋白质，具有生物活性，如抑菌、抗肿瘤、免疫调节、抗凝血、促进组织修复及止血作用等。

鱼体中的矿物质是以化合物和盐溶液的形式存在，其种类很多，主要有钾、钠、钙、磷、铁、锌、铜、硒、碘、氟等人体需要的常量和微量元素，含量一般较畜肉高。鱼肉中钙的含量为60～1 500毫克/千克；铁含量约为5～30毫克/千克；锌的平均含量为11毫克/千克。由此可见，鱼体是人类重要的矿物质供给源。

鱼类的可食部分含有多种人体营养所需的维生素，包括脂溶性维生素A、维生素D、维生素E和水溶性B族维生素和维生素C等，其含量分布依鱼种和部位而异。维生素A和维生素D一般在鱼类肝脏中含量多，维生素$A_1$（视黄醇）淡水鱼中较少；而维生素$A_2$（3，4-脱氢视黄醇）多存在于淡水鱼中。维生素D是水产品中另一类重要的维生素，也主要存在于鱼类肝脏中，在肌肉中含量少。鱼类肌肉中维生素E含量多在0.005～0.01毫克/克范围内。维生素$B_1$又称硫胺素，多数鱼类肌肉中维生素$B_1$含量在0.001～0.004毫克/克范围，鲫等少数鱼类肌肉中维生素$B_1$含量高达0.004～0.009毫克/克。鱼体中维生素$B_2$含量在0.001 5～0.004 9毫克/克，鱼肉中维生素$B_5$为0.01～0.029毫克/克，在普通肉中的含量要高于暗色肉和肝脏。吡哆醇、吡哆醛、吡哆胺及其磷酸酯统称为维生素$B_6$，鱼类中大多是吡哆胺，肝脏中$B_6$含量高于肌肉。维生素C又称抗坏血酸。鲤肌肉和肝脏中维生素C含量低，一般在0.016～0.076毫克/克；但在卵巢和脑中，维生素C的含量高达0.167～0.536毫克/克。

**2. 淡水鱼肉的加工特性**

（1）*持水性* 鱼肉的持水性，是指肌肉保持其原有水分和添加水分的能力，通常用系水力、肉汁损失和蒸煮损失等表征鱼肉持水性的大小。鱼肉蛋白质是一种亲水性的大分子胶体，当蛋白质处在其等电点以上的pH环境时，蛋白质分子带净负电荷，分子之间相互排斥，形成空间可使水分子被吸引进入，在蛋白质分子周围形成水分子膜。改变体系的pH、离子类型和离子强度，会改变肌原纤维蛋白的净电荷性质和数量，从而改变鱼肉的保水性。水分子与蛋白质的相互作用，不仅影响肉的保水性，而且影响肌肉蛋白质的溶解性，而溶解性又会影响蛋白质的凝胶特性、乳化特性和发泡特性等加工特性。保水性是鱼类肌肉品质的重要评价指标之一。

（2）*凝胶特性* 鱼肉经擂溃或搅打，使肌原纤维蛋白质大量溶出，在加热、酶交联、酸化、高压处理和生物发酵等条件下，其中蛋白质会发生变性和聚集形成凝胶蛋白，加热形成凝胶是鱼糜凝胶制品生产的主要方式。加热形成凝胶主要经过三个阶段：凝胶化、凝胶劣化和鱼糕化。通过谷氨酸与赖氨酸形成的共价键、二硫键、离子键、氢键和疏水相互作用等化学作用力，形成连续的三维网络结构，水分、脂肪则被化学结合或吸持在该三维网络结构中，从而形成鱼糜制品的凝胶组织结构。鱼肌肉蛋白也可在谷氨酰胺转氨酶的作用下发生分子间交联。蛋白质的凝胶特性，是鱼肉蛋白质的一个重要加工特性，是影响鱼糜制品品质的重要指标。

鱼肉蛋白质的凝胶形成能力，决定了鱼糜制品的凝胶强度、质构特性、感官特性和保水性。影响淡水鱼糜凝胶特性的因素，包括原料鱼的种类、新鲜度、年龄、季节以及加工过程中的漂洗方法、擂溃条件、加热方式、环境 pH、离子强度等。在鱼糜制品生产上，一般低温长时间凝胶化使制品的凝胶强度比高温短时的凝胶化效果要好，但时间太长，因此在生产中常采用二段凝胶化，以增加制品的凝胶强度。一般采用将鱼糜在 50℃以下的某一凝胶化温度段放置一定时间后，再加热使其迅速通过 60℃左右的温度带，并在 70℃以上的温度使碱性蛋白酶迅速失活，形成弹性凝胶结构。

鱼肉蛋白的凝胶形成能因鱼种而异，凝胶形成能是判断原料鱼是否适合做鱼糜制品的重要特征。各鱼种的凝胶形成能差异性，主要依存于 30～40℃鱼糜的凝胶化速度（凝胶化难易度）和 50～70℃温度域的凝胶劣化速度（凝胶劣化难易度）的不同。根据其难易度的不同，可将其分为 4 种类型：①难凝胶化、难凝胶劣化的类型；②难凝胶化、易凝胶劣化的类型；③易凝胶化、易凝胶劣化的类型；④易凝胶化、难凝胶劣化的类型。由表 9-4 中不同淡水鱼肉的凝胶形成特性差异较大，鲤、草鱼属于极难凝胶化、难凝胶劣化鱼种；鲢、鳙属于极难凝胶化、易凝胶劣化鱼种。在相同处理条件下，淡水鱼糜凝胶强度的大小顺序为：鳊>鳙>鲢>鲤>草鱼>青鱼>鲫。

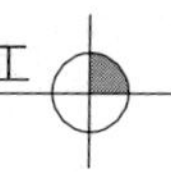

表 9-4　淡水鱼的凝胶化和凝胶劣化特性

| 鱼种 | 凝胶化特性 | | | 凝胶劣化特性 | |
|---|---|---|---|---|---|
| | 指数 1（30℃） | 指数 2（40℃） | 难易度 | 指数 | 难易度 |
| 鲢 | 1 | 1.5 | 极难凝胶化 | 0.68 | 易凝胶劣化 |
| 鳙 | — | 0.9 | 极难凝胶化 | 0.64 | 易凝胶劣化 |
| 草鱼 | 0.05 | 0.7 | 极难凝胶化 | 0.01 | 难凝胶劣化 |
| 罗非鱼 | 0 | 8 | 极难凝胶化 | 0.83 | 极易凝胶劣化 |
| 鲤 | 4.0 | 49 | 难凝胶化 | 0.16 | 难凝胶劣化 |
| 鲫 | 3.0 | 101 | 难凝胶化 | 0.97 | 极易凝胶劣化 |

注：凝胶化指数，是用 30℃或 40℃加热 120 分钟的凝胶强度与 60℃加热 20 分钟的凝胶强度之比来表示。

（3）加热变性　加热是导致鱼肉蛋白质变性的最重要的因素，随着温度上升，鱼肉肌肉纤维组织结构发生显著的变化。由一个有序状态变为无序状态，分子内相互作用被破坏，多肽链展开，从而使蛋白质变性，蛋白溶解度降低，水溶性蛋白和盐溶性蛋白组分减少，不溶性蛋白组分增加，引起肌肉收缩失水和蛋白质的热凝固。实际生产过程中，如果鱼肉蛋白热变性控制不当，会严重影响产品的质量和出品率。评价鱼肉蛋白质热变性程度的指标，主要有溶解度、ATPase 活性、巯基数、疏水性等。

影响鱼肉蛋白热变性的因素，包括原料鱼的种类、栖息环境、新鲜度以及鱼肉加工过程中的处理方法、环境 pH、离子强度等。一般而言，鱼类栖息水域温度越高，蛋白质的热稳定性越好。淡水鱼的栖息水域温度高于海水鱼，淡水鱼肉蛋白质的热稳定性也较好，相对于海水鱼而言难凝胶化。淡水鱼肉蛋白的热稳定性因鱼种而异，鲫蛋白质热稳定性最好，草鱼、青鱼、鲢、鳙蛋白质热稳定性依次降低。鱼肉在生产加工过程中，包括冷冻、加热、漂洗、腌制以及添加各种物料等，都会对鱼肉蛋白质的热稳定性产生影响。在鱼肉中添加阴离子多糖（如果胶酸盐、海藻糖、羧甲基纤维素等），使蛋白质更加不稳定，变性温度降低5℃左右，变性峰加宽约2～3℃，变性热焓降低20%。但添加20%蔗糖时，蛋白的变性温度向高温方向移动2℃左右，随着其浓度的加大，稳定作用越强，这种保护作用与糖类对蛋白质邻近水结构的影响作用有关。由于各种蛋白质等电点不同，pH对鱼肉蛋白质热稳定性的影响也不一样。但总的来讲，蛋白质的变性温度随pH升高而变大。鱼肉漂洗温度对鱼肉蛋白热稳定性也有显著影响，鱼肉经5～25℃的不同水温漂洗后，鱼肉肌原纤维$Ca^{2+}$－ATPase活性随漂洗水温上升而降低，并且在水温高于15℃时加速下降。

（4）冷冻变性　鱼肉在冻结过程中由于细胞内冰晶的形成产生很高的内压，导致肌原纤维蛋白质发生变性，鱼肉蛋白凝胶形成能和弹性都会有不同程度的下降，称为蛋白质冷冻变性。淡水鱼肉的肌原纤维蛋白组织比较脆弱，直接进行冻结贮藏时，极易发生蛋白质冷冻变性。评价鱼肉蛋白质冷冻变性程度的指标与蛋白热变性类似，主要有溶解度、ATPase活性、巯基数、疏水性等。

鱼肉冷冻变性程度与原料鱼的种类、新鲜度、冻结速度、冻藏温度、pH以及解冻方法等因素密切相关。在冻结和冻藏中，肌原纤维蛋白质冷冻变性的速度和凝胶强度下降的速度随鱼种不同而不同（表9-5）。淡水鱼肉在冻藏过程中$Ca^{2+}$-ATP酶活性都有明显下降，其中鳙下降得最多，其次是鲢，鲫最少。鲢、鳙属于耐冻性差的鱼种，在冻藏过程中会产生严重的蛋白质变性，这与不同鱼种肌球蛋白和肌动蛋白的特异性有关，也与这些鱼类栖息环境、水域的温度有很强的相关性。原料鱼的鲜度越好，蛋白质冷冻变性的速度就越慢；反之，处于解硬以后的鱼进行冻结就容易产生变性，这与鲜度降低后pH下降有关，在偏酸性条件下冻结，肌原纤维蛋白质容易变性。冻结速度的快慢对鱼肉中形

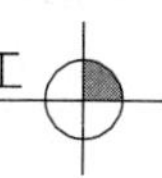

成冰晶状态有很大的影响，但冻结速度比冻藏温度对蛋白质变性的影响小。冻藏温度是影响鱼肉蛋白冷冻变性的最重要的因素，冻藏温度越低，鱼肌肉蛋白质的变性速冻越慢。解冻条件如解冻方法、冷冻一解冻循环次数，是影响鱼糜蛋白冷冻变性的另一重要因素。一般来说，随冷冻-解冻循环次数增加，鱼肉肌原纤维蛋白的变性程度增大。

**表 9-5　淡水鱼肉在冻藏过程中 $Ca^{2+}$-ATPase 活性变化**（微摩尔磷/分钟，5 克鱼肉）

| 鱼种 | 冻结条件 | 冻藏条件 | 冻结前酶活 | 冻藏后酶活 | ATP 酶性残留率(%) |
|---|---|---|---|---|---|
| 鲢 | －20℃20 小时 | －20℃2 个月 | 180 | 24 | 13.5 |
| 鳙 | －20℃20 小时 | －20℃2 个月 | 195 | 47 | 24 |
| 鳊 | －20℃20 小时 | －20℃2 个月 | 170 | 70 | 42 |
| 鲫 | －20℃20 小时 | －20℃2 个月 | 170 | 140 | 81 |

蛋白质冷冻变性导致蛋白凝胶形成能力降低，持水性下降，造成鱼糜制品品质下降。目前，防止蛋白变性的方法主要有添加糖类、氨基酸、羧酸和复合磷酸盐等。在实际生产中，防止蛋白质冷冻变性主要是使用糖类，为使这种作用达到最佳效果，往往还要再添加复合食品磷酸盐。

**3. 产品质量要求**　我国对水产品生产规范和质量要求作出了相应的规定，分别制定了相关产品的质量标准，并建立了以国家标准、行业标准为主体，地方和企业标准相衔接、相配套的水产品标准体系。为了确保淡水鱼加工产品的质量，淡水鱼加工生产企业应具备基本的生产和卫生条件，在淡水鱼加工、贮藏和运输过程中要按照国家相关的标准和规范执行操作，加工产品也必须符合相关产品的标准要求。目前，在水产标准体系中关于海水鱼的标准较多，但淡水鱼的标准较少（表 9-6、表 9-7、表 9-8）。

**表 9-6　淡水鱼加工企业要求参考标准**

| 标准代号 | 标准名称 |
| --- | --- |
| GB/T 27304—2008 | 食品安全管理体系水产品加工企业要求 |

**表 9-7　淡水鱼操作规范参考标准**

| 标准代号 | 标准名称 |
| --- | --- |
| GB/T 20941—2007 | 水产食品加工企业良好操作规范 |
| GB/Z 21702—2008 | 出口水产品质量安全控制规范 |
| GB/T 21291—2007 | 鱼糜加工机械安全卫生技术条件 |
| GB2760—2007 | 食品添加剂使用卫生标准 |
| NY/T 1256—2006 | 冷冻水产品辐照杀菌工艺 |
| SC/T 6027—2007 | 食品加工机械（鱼类）剥皮、去皮、去膜机械的安全和卫生要求 |
| SC/T 3009—1999 | 水产品加工质量管理规范 |
| SC/T 3005—1988 | 水产品冻结操作技术规程 |
| SC/T 3006—1988 | 冻鱼贮藏操作技术规程 |
| SC/T 3003—1988 | 渔获物装卸操作技术规程 |
| SC/T 3004—1988 | 鲤鱼操作技术规程 |
| SC/T 3037—2006 | 冻罗非鱼片加工技术规范 |
| SC/T 3038—2006 | 咸鱼加工技术规范 |
| SC/T 6041—2007 | 水产品保鲜储运设备安全技术条件 |
| SC 9007—1987 | 塑料保温鱼箱的技术、卫生要求 |
| SC/T 9020—2006 | 水产品低温冷藏设备和低温运输设备技术条件 |

**表 9-8　淡水鱼加工产品参考标准**

| 标准代号 | 标准名称 |
| --- | --- |
| GB/T 18109—2011 | 冻鱼 |
| SC/T 3116—2006 | 冻淡水鱼片 |

（续）

| 标准代号 | 标准名称 |
| --- | --- |
| GB 10132—2005 | 鱼糜制品卫生标准 |
| SC/T 3701—2003 | 冻鱼糜制品 |
| GB 10144—2005 | 动物性水产干制品卫生标准 |
| SC/T 3203—2001 | 调味鱼干 |
| NY/T 2109—2011 | 绿色食品　鱼类休闲食品 |
| GB 16565－2003 | 油炸小食品卫生标准 |
| GB/T 23968—2009 | 肉松 |
| GB 14939—2005 | 鱼类罐头卫生标准 |
| NY/T 1328—2007 | 绿色食品　鱼罐头 |
| QB 1375—91 | 熏鱼罐头 |
| GB 10138—2005 | 盐渍鱼 |
| GB/T 19164—2003 | 鱼粉 |

## 二、大宗淡水鱼加工技术

### （一）冷冻加工

冷冻是水产品最常用的保藏方法之一，冻藏是将鱼类冷冻后在－18℃以下冻藏的保藏方法，常见的方法有空气冻结、接触冻结、浸渍冻结、沸腾液体冻结。将淡水鱼加工成鱼片、鱼段、鱼排，速冻成小包装冷冻食品，已成为目前水产品加工业中广泛采用的方法之一。冷冻淡水鱼片的原料，可用鲜活青鱼、草鱼、鲤、鲢、鳙等。

**1. 工艺流程**　原料鱼→淋洗→前处理→剥皮→剖片→整形→冻前检验→浸液→称量装盘→速冻→托盘→镀冰衣→冷藏。

**2. 操作要点**

（1）原料选择　体形完整，体表有光泽。眼球饱满，角膜透明，肌肉弹性好。

（2）淋洗　采用清水喷淋冲洗，洗涤水温控制在20℃以下。

（3）前处理　将鱼去磷、去头、去内脏，然后用20℃以下的清水充分漂洗干净后沥干水。

（4）剥皮　可使用剥皮机或人工剥皮，但要掌握好刀片的刃口，刀片太锋利易被割断，太钝则鱼皮剥不下来。刀片的刃口一定要掌握好，否则会影响鱼品的质量和出品率。

（5）剖片　可使用剖片机或人工剖片，根据原料鱼规格，采用合适的剖片方法。

（6）整形　切去鱼片上的残存鱼鳍，除去鱼片中的骨刺、黑膜、鱼皮、血痕等杂物，整形时要注意产品出品率。

（7）冻前检验　将鱼片进行灯光检查，挑出寄生虫，常见的寄生虫有线虫、绦虫和孢子虫等3种。

（8）浸液　将鱼片在3%左右多聚磷酸盐复合溶液中漂洗3秒钟，漂洗液温度控制在5℃左右，漂洗后的鱼片要充分沥干水。

（9）称量装盘　按鱼体大小规格称量后分别装盘，每盘重量根据销售对象而定，一般为0.5～2千克，称量时要掌握一定的让水量。

（10）速冻　装好盘的鱼要及时进行快速冻结，待鱼体中心温度降至－18℃以下即可出冻托盘。

（11）脱盘　将鱼盘置10～20℃的清水中浸几秒钟后，将鱼块从鱼盘中取出。

（12）镀冰衣　将托盘的冻鱼块在0～4℃的水中进行镀冰衣，浸水时间为5～8秒，要求冰衣均匀。

（13）冷藏　将冷冻后的鱼装箱后送入－18℃以下冻藏库冻藏，保持库温稳定。

**3. 产品质量控制参考标准**

操作规范参考标准：《GB/T 27304—2008　食品安全管理体系水产品加工企业要求》；《GB/T 20941—2007　水产食品加工

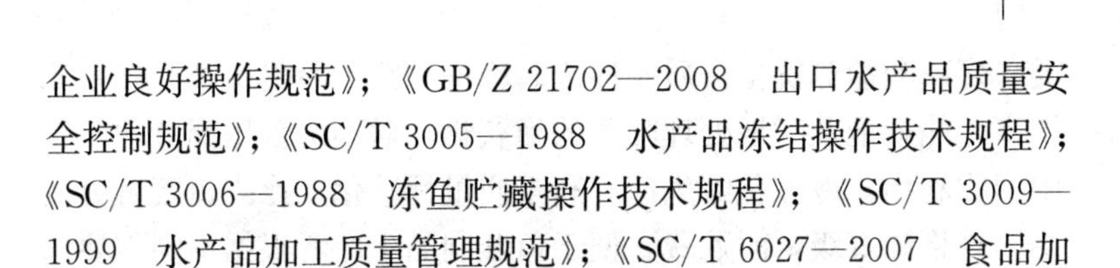

企业良好操作规范》；《GB/Z 21702—2008　出口水产品质量安全控制规范》；《SC/T 3005—1988　水产品冻结操作技术规程》；《SC/T 3006—1988　冻鱼贮藏操作技术规程》；《SC/T 3009—1999　水产品加工质量管理规范》；《SC/T 6027—2007　食品加工机械（鱼类）剥皮、去皮、去膜机械的安全和卫生要求》。

产品质量参考标准：《GB/T 18109—2011　冻鱼》；《SC/T 3116—2006　冻淡水鱼片》。

### （二）鱼糜及其制品加工

目前在鱼制品加工中，国内外发展较快的是鱼糜类制品，在国内已形成一定的产业化规模，产品主要有鱼卷、鱼糕、鱼丸、冷冻鱼糜等。鱼糜制品具有高蛋白、低脂肪、口感嫩爽等特点，产量逐年增加。目前，市场上鱼糜制品的生产原料多采用海水鱼，随着人口的持续增加和耕地面积的不断减少，人口与资源的矛盾更加尖锐和突出，特别是在我国海洋资源日益匮乏、近海环境污染加重，国家实施休渔期、海洋捕捞量零增长政策以来，海水鱼类产量趋于稳定，采用淡水鱼为原料开发高品质的冷冻鱼糜及鱼糜制品，成为未来鱼糜产业发展的一个重要方向。

鱼糜制品的种类繁多，采用不同的加热方法、成型方法、添加剂种类及用量，可以生产出各类鱼糜制品。根据加热方法，可以分为蒸煮制品、焙烤制品、油煎制品、油炸制品、水煮制品等；根据形状不同，有串状制品、板状制品、卷状制品和其他形状的制品；依据添加剂的使用情况，可分为无淀粉制品、添加淀粉制品、添加蛋黄制品、添加蔬菜制品和其他制品。

鱼糜制品种类虽然很多，但其基本的工艺过程是相同的，原料鱼经过采肉、漂洗、精滤后，添加食盐及其他辅料，再通过擂溃、成型、加热后即为制品。也可用冷冻鱼糜为原料，解冻后经擂溃、成型、加热制成具有一定弹性的鱼糜制品。

**1. 冷冻鱼糜**　又称生鱼糜，是生产各类鱼糜制品的原料。它主要是通过漂洗工序除去色素、水溶性蛋白质等，并添加糖类、多磷酸盐等抗蛋白质变性剂后冷冻贮藏。冷冻鱼糜原料来源丰富，能就地及时地处理旺季的渔获物，对不可食用部分便于集中回收利用，冷冻鱼糜生产有利于质量标准化。冷冻鱼糜可分成不同规格和等级，耐贮藏，便于鱼糜制品生产者根据不同需要选购、搭配使用。

冷冻鱼糜按是否添加食盐，分为无盐鱼糜和加盐鱼糜两类，目前，市场上的冷冻鱼糜主要是无盐鱼糜。冷冻鱼糜提高了原料的保藏性能，但不能直接食用。

（1）工艺流程　原料处理→采肉→漂洗→脱水→精滤→斩拌→冻结。

（2）操作要点

①原料处理：将原料鱼用洗鱼机或人工冲洗，然后去鳞、去头、去内脏，洗涤去除残留内脏、血液及腹腔黑膜等，清洗用水必须控制在10℃以下。生产冷冻鱼糜时，原料鱼的鲜度是其质量保证的最重要的条件之一。尽可能使用处于僵硬期鲜度的原料鱼，处理前必须用冰或冰水冷却保鲜。

②采肉：采用冲压式或滚筒式采肉机采肉，通常采2～3次。一般仅第一次采的肉用于生产冷冻鱼糜；第二次采肉会带一些碎骨屑和鱼皮，不宜做冷冻鱼糜。

③漂洗：漂洗可以除去鱼肉中的有色物质、气味、脂肪、残余的皮及内脏碎屑、血液、水溶性蛋白质、无机盐类等。用5～10倍于鱼肉的水量，慢速搅拌5～8分钟，再静置10多分钟使鱼肉沉降，倾去上面的漂液，如此重复漂洗2～3次，以使鱼糜色白和弹性强。新鲜原料以不换水为好，多脂红色鱼肉需用清水、碱性盐水（0.15％碳酸氢钠溶液和0.1％食盐溶液混合）、0.1％食盐水依次交替进行漂洗。

④脱水：采用回转筛预脱水后，再经螺旋压榨脱水机脱水的方法，使鱼肉的水分含量控制在80％左右。在漂洗过程中，鱼肉逐渐吸水膨胀，造成脱水困难，一般在最后一次漂洗水中添加

0.3%左右的食盐将离子强度调到2%～5%，使鱼肉水和性降低，以利于脱水。

⑤精滤：精滤的目的是除去细碎的皮、骨等杂质。滤出鱼肉的网眼孔径为1.5毫米。由于漂洗脱水后的鱼肉水分少、肉质较硬，机器在运行中易于与鱼肉摩擦生热，降低精滤效能，故须经常在冰槽中加入冰块降温，最好是保持在10℃以下。对于白身鱼肉，经漂洗脱水后，需用高速精滤分级机分级，分级机的网眼孔径0.5～0.8毫米。

⑥斩拌：精滤后的鱼糜，常添加4%～5%的砂糖或山梨醇，并添加0.2%的多聚磷酸盐。然后用斩拌机斩拌混合均匀。如需制成加盐鱼糜，则可在混入其他辅料时，混入2%～2.5%的食盐。

⑦冻结：将斩拌好的鱼糜，用包装机包装成6～8毫米厚的长方块，每袋10千克，包装后尽快送去速冻。采用平板速冻机进行速冻，冷冻温度－35℃，时间3～4小时，使鱼糜中心温度达到－20℃。冷冻后的鱼糜置于冷库中冻藏，库温－20℃，维持库温稳定。

(3) 产品质量控制参考标准

操作规范参考标准：《GB/T 27304—2008　食品安全管理体系水产品加工企业要求》；《GB/T 20941—2007　水产食品加工企业良好操作规范》；《GB/Z 21702—2008　出口水产品质量安全控制规范》；《GB/T 21291—2007　鱼糜加工机械安全卫生技术条件》；《SC/T 3005—1988　水产品冻结操作技术规程》；《SC/T 3009—1999　水产品加工质量管理规范》。

产品质量参考标准：《GB 10132—2005　鱼糜制品卫生标准》；《SC/T 3701—2003　冻鱼糜制品》。

**2. 鱼圆**　又称鱼丸，是我国传统的、最具代表性的鱼糜制品，深受人们喜爱。根据加热方式，可分为水发（水煮）鱼圆和油炸鱼圆，一般作配菜或煮汤食用。水发鱼圆色泽较白，富有弹性，并具有鱼肉原有的鲜味。因此，对原料及淀粉的要求较高。

(1) 工艺流程

冷冻鱼糜→半解冻
↓
原料鱼→前处理→漂洗→采肉→精滤（或绞碎）→擂溃（或斩拌）→调味→成型→加热→冷却→包装。

(2) 参考配方

①水发鱼圆：鱼肉 20 千克，黄酒 2 千克，精盐 0.6～0.8 千克，味精 0.03 千克，砂糖 0.2 千克，淀粉 5～7 千克，清水适量。

②油炸鱼圆：鱼肉 45 千克，精盐 1 千克，淀粉 75 千克，白酒 0.25 千克，味精 0.075 千克，胡椒粉 0.03 千克，葱 1 千克，姜 1 千克，清水约 12.5 千克。

(3) 操作要点

①擂溃、调味：对于无盐的冷冻鱼糜，先进行空擂，以进一步磨碎鱼肉组织，使其温度上升到 0℃以上，然后加入 2%～3% 的食盐继续擂溃（盐擂）20～30 分钟，使肌原纤维陆续溶解成黏稠的溶胶体。然后添加其他辅料继续擂溃，混合均匀。擂溃时间不可太长，防止鱼糜升温，引起变性，影响凝胶强度。

②成型：工业化生产采用鱼丸成型机成型，成型后放入冷清水中收缩定型。

③加热：水煮鱼圆通常采用分段加热，先将鱼丸加热到 40℃保温 20 分钟，然后再使鱼丸中心温度升到 75℃熟化。油炸鱼丸通常先低温油炸再高温油炸。采用自动油炸锅，则第一次油温 120～150℃，鱼丸中心温度达到 60℃；第二次油温 160～180℃，鱼丸中心温度 75～80℃。为节约用油，也可先水煮熟后再油炸。

④冷却：熟化后的鱼圆，采用水冷或风冷快速冷却。

⑤包装：冷却后，剔除不成型、炸焦、不熟等不合格品进行

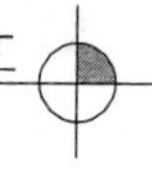

包装。

⑥保藏：采用冷藏或冻藏。

采用原料鱼时，前处理、漂洗、采肉、精滤等前段参见冷冻鱼糜加工。

（4）产品质量控制参考标准

操作规范参考标准：《GB/T 27304—2008 食品安全管理体系水产品加工企业要求》；《GB/T 20941—2007 水产食品加工企业良好操作规范》；《GB/Z 21702—2008 出口水产品质量安全控制规范》；《GB/T 21291—2007 鱼糜加工机械安全卫生技术条件》；《SC/T 3005—1988 水产品冻结操作技术规程》；《SC/T 3009—1999 水产品加工质量管理规范》。

产品质量参考标准：《GB 10132—2005 鱼糜制品卫生标准》；《SC/T 3701—2003 冻鱼糜制品》。

**3. 鱼糕** 鱼糕属于较高级的鱼糜制品，其弹性、色泽的要求较高，因此，作为鱼糕生产用的原料应是新鲜，脂含量少，肉质鲜美。尽量不用褐色肉，而弹性强的白色鱼肉配比应适当增多，如选用冷冻鱼糜，则应使用中高档等级的产品。

鱼糕的品种可以按制作时所用配料、成型方式、加热方式以及产地等加以区分，如单色鱼糕、双色鱼糕、三色鱼糕；方块形、叶片形鱼糕；板蒸、焙烤以及油炸鱼糕；小田原、大阪、新鸿鱼糕（蒲）等，花色品种繁多，且各具特色。

（1）工艺流程

原料鱼→去头、去内脏→洗涤→采肉→漂洗→脱水→精滤→解冻←冷冻鱼糜

↓

擂溃→调配→铺板成型→内包装→蒸煮→冷却→外包装→装箱→冷藏。

（2）参考配方

①鱼肉 50 千克，精盐 1.5 千克，味精 0.5 千克，砂糖 1.5

千克，淀粉7.5千克，黄酒1.5千克，姜汁1.4千克，蛋清、清水适量。

②冷冻鱼糜50千克，精盐2.4千克，味精1千克，砂糖0.75千克，马铃薯淀粉2.5千克，黄酒1.0千克，蛋清1.5千克，姜汁、清水适量。

(3) 操作要点

①前处理：鱼糕的加工过程在擂溃之前，处理工艺与冷冻鱼糜的一般制造工艺基本相同，只是漂洗的工艺更为重要，不可忽视（对于弹性强、色泽白、呈味好的鱼种也可不漂洗）。

②擂溃：与鱼糜制品一般制造工艺基本相同。对于弹性强、色泽白的鱼种也可不漂洗。擂溃方法分为空擂、盐擂和拌擂。先空擂5分钟使鱼肉肌纤维组织破坏，然后加盐盐擂20分钟，使盐溶性蛋白质溶出，形成一定黏性，再加其他辅料拌擂均匀即可。

③成型：小规模生产常用手工成型，工业化生产采用机械成型，如日本的K3B三色板成型机，每小时可铺900块。由螺旋输送机将鱼糜按鱼糕形状挤出，连续铺在板上，再等间距切开。

④加热：鱼糕加热有焙烤和蒸煮两种。焙烤是将鱼糕放在传送带上，以20～30秒通过隧道式远红外焙烤机，使表面有光泽，然后再烘烤熟制。一般蒸煮较为普遍，通常采用连续式蒸煮器，我国生产的均为蒸煮鱼糕，95～100℃加热45分钟，使鱼糕中心温度达到75℃以上。最好的加热方式是先45～50℃保温20～30分钟，再迅速升温至90～100℃蒸煮30分钟，这样会大大提高鱼糕弹性。

⑤冷却：鱼糕蒸煮后立即放入10℃冷水中冷却，使鱼糕吸收加热时失去的水分，防止因干燥产生皱皮和褐变。冷却后的鱼糕中心温度仍很高，通常要放在冷却室内继续自然冷却。冷却室空气要经过净化处理。

⑥包装与贮藏：冷却后的鱼糕，用自动包装机包装后装入木

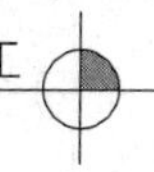

箱，放入0～4℃保鲜冷库中贮藏。一般鱼糕在常温下可保存5天，在冷库中可放20～30天。

(4) 产品质量控制参考标准

操作规范参考标准：《GB/T 27304—2008 食品安全管理体系水产品加工企业要求》；《GB/T 20941—2007 水产食品加工企业良好操作规范》；《GB/Z 21702—2008 出口水产品质量安全控制规范》；《GB/T 21291—2007 鱼糜加工机械安全卫生技术条件》；《SC/T 3009—1999 水产品加工质量管理规范》。

产品质量参考标准：《GB 10132—2005 鱼糜制品卫生标准》。

**4. 鱼饼** 鱼饼是我国尤其东南沿海一带如浙江等地深受消费者喜爱的传统食品，是以新鲜鱼或冷冻鱼糜为主原料，配以独特的调味品经加热凝固形成的弹性胶凝鱼糜食品，其肉质鲜嫩、鲜而不腥、韧脆适度、低脂肪，营养丰富，是家庭、酒店、旅游及馈赠亲友的佳品。

(1) 工艺流程

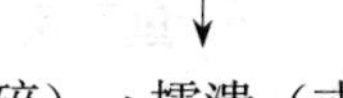


原料鱼→前处理→漂洗→采肉→精滤（或绞碎）→擂溃（或斩拌）→调味→成型→油炸→预冷→包装→贮藏。

(2) 参考配方 鱼糜60千克，淀粉8千克，蛋清5千克，大豆蛋白5千克，白糖0.75千克，姜0.6千克，葱1千克，食盐0.8千克，味精0.5千克，葱1.2千克，磷酸氢二钠0.05千克，清水适量。

(3) 操作要点

①擂溃、调味：对于无盐的冷冻鱼糜，先进行空擂，以进一步磨碎鱼肉组织，使其温度上升到0℃以上，然后加入2%～3%的食盐继续擂溃（盐擂）20～30分钟，使肌原纤维陆续溶解成黏稠的溶胶体。然后添加其他辅料继续擂溃，混合均匀。擂溃时

间不可太长，防止鱼糜升温，引起变性，影响凝胶强度。

②成型：工业化生产采用鱼饼成型机成型。

③油炸：鱼饼可先低温油炸再高温油炸。采用自动油炸锅，则第一次油温 110～150℃，中心温度达到 60℃；第二次油温 150～190℃，鱼饼中心温度 75～80℃。

④预冷：油炸后的鱼饼快速冷却至 5℃以下。

⑤包装：冷却后，剔除不成型、炸焦等不合格品进行包装。

⑥贮藏：采用冷藏或冻藏。

采用原料鱼时，前处理、漂洗、采肉、精滤等前段参见冷冻鱼糜加工。

（4）产品质量控制参考标准

操作规范参考标准：《GB/T 27304—2008　食品安全管理体系水产品加工企业要求》；《GB/T 20941—2007　水产食品加工企业良好操作规范》；《GB/Z 21702—2008　出口水产品质量安全控制规范》；《GB/T 21291—2007　鱼糜加工机械安全卫生技术条件》；《SC/T 3009—1999　水产品加工质量管理规范》。

产品质量参考标准：《GB 10132—2005　鱼糜制品卫生标准》。

**5. 鱼豆腐**　鱼豆腐也属于高级的鱼糜制品，其味道鲜美，营养丰富，是消费者普遍喜爱的鱼糜制品。

（1）工艺流程

冷冻鱼糜→半解冻
↓
原料鱼→前处理→漂洗→采肉→精滤（或绞碎）→擂溃（或斩拌）→调味→成型→油炸→预冷→包装→冻结贮藏。

（2）参考配方　鱼糜 50 千克，肥肉 5 千克，淀粉 12 千克，植物蛋白 2 千克，鸡蛋清 7 千克，乳化粉 0.16 千克，食盐 2 千克，味精 0.8 千克，砂糖 1 千克，水 30 千克，磷酸盐 0.05 千克。

（3）操作要点

①擂溃、调味：对于无盐的冷冻鱼糜，先进行空擂，以进一

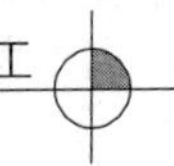

步磨碎鱼肉组织，使其温度上升到0℃以上，然后加入2%～3%的食盐继续擂溃（盐擂）20～30分钟，使肌原纤维陆续溶解成黏稠的溶胶体。然后添加其他辅料继续擂溃，混合均匀。

②蒸煮成型：工业化生产采用蒸煮成型机成型。

③油炸：采用自动油炸锅进行油炸，油温140～150℃，表面炸成黄色即可。

④预冷：油炸后的鱼饼快速冷却至5℃以下。

⑤冻结、贮藏：将冷却后的鱼豆腐包装后尽快送去速冻。采用平板速冻机进行速冻，冷冻温度－35℃，时间3～4小时，使鱼糜中心温度达到－20℃。冷冻后的鱼豆腐置于冷库中冻藏，库温－20℃，维持库温稳定。

采用原料鱼时，前处理、漂洗、采肉、精滤等前段操作参见冷冻鱼糜加工。

（4）产品质量控制参考标准

操作规范参考标准：《GB/T 27304—2008　食品安全管理体系水产品加工企业要求》；《GB/T 20941—2007　水产食品加工企业良好操作规范》；《GB/Z 21702—2008　出口水产品质量安全控制规范》；《GB/T 21291—2007　鱼糜加工机械安全卫生技术条件》；《SC/T 3009—1999　水产品加工质量管理规范》。

产品质量参考标准：《GB 10132—2005　鱼糜制品卫生标准》；《SC/T 3701—2003　冻鱼糜制品》。

**6. 鱼肉肠**　鱼肉肠是仿制畜肉火腿肠的产品，但其工艺有所发展，体现了水产品的特色。

（1）工艺流程

原料鱼→去头、去内脏→洗涤→采肉→漂洗→脱水→精滤→解冻←冷冻鱼糜

↓

擂溃→调配→灌肠→加热→冷却→外包装。

（2）参考配方　鱼肉 40 千克，猪肉（瘦）4 千克，猪肥膘 3 千克，精盐 0.9 千克，味精 0.08 千克，白胡椒粉 0.025 千克，砂糖 12 千克，淀粉 24 千克，黄酒 2.5 千克，生姜汁 0.75 千克。

（3）操作要点

①原辅料的选择：可以新鲜鱼或冷冻鱼糜为原料。

②擂溃与添加调味料：鱼香肠制品的擂溃方法与鱼糕大体相同。一般是绞肉后直接擂溃，而且空磨时间较短。在擂溃的后期，按配方加入各种调味辅料，起到改进外观、增加风味的作用。

③灌肠：采用灌肠机进行定量充填，肠衣一般常使用中号或小号的塑料肠衣。

④加热：鱼糜灌肠后，需进行蒸煮熟制，这也是杀菌的过程。一般在稍低的水温下锅，并在较高水温（95～100℃）中煮 50～60 分钟。

⑤冷却：鱼香肠煮熟后应立即冷却。首先检查并除去爆破的和扎口泄漏的，然后放在洁净的冷水中冷却至 20℃以下。

⑥展皱：塑料肠衣冷却以后，因热胀冷缩会产生很多皱纹。解决皱纹的方法是，将它没入 98℃的水中浸泡 10～20 秒，立即取出，自然冷却后再包装。

⑦包装、冷藏：冷却后的鱼肉肠装入箱子后，放入 0～4℃保鲜冷库中贮藏。一般鱼糕在常温下可保存 5 天，在冷库中可放 20～30 天。

（4）产品质量控制参考标准

操作规范参考标准：《GB/T 27304—2008　食品安全管理体系水产品加工企业要求》；《GB/T 20941—2007　水产食品加工企业良好操作规范》；《GB/Z 21702—2008　出口水产品质量安全控制规范》；《GB/T 21291—2007　鱼糜加工机械安全卫生技术条件》；《SC/T 3009—1999　水产品加工质量管理规范》。

产品质量参考标准：《GB 10132—2005　鱼糜制品卫生标准》。

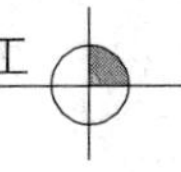

### （三）干制品加工

干制是一种传统的水产品保藏方法，水产干制品的优点是保藏期长、重量轻、体积小，便于贮藏运输。但是干燥会导致蛋白质变性和脂肪氧化酸败，严重影响产品的风味口感。为了弥补这些缺点，现已采用轻干（轻度脱水）、生干、冷冻干燥以及调味加工等方法，以提高产品的质量。常用的干燥方法有热风干燥、真空干燥、冷冻干燥和微波干燥等，工艺上根据不同产品类型和产品品质要求，可选择不同的干燥方法或是几种干燥方法的组合。

**1. 鱼干片**

（1）工艺流程　原料→预处理→剖片→脱腥→调味→摊片→烘干→回潮→烤熟、拉松→冷却→包装→成品。

（2）操作要点

①原料预处理：将原料鱼去头、去鳞、去内脏，用尖刀自鱼体上部沿脊椎骨向下剖开，然后用清水冲洗干净。

②剖片：沿与鱼骨成45°～60°角度，将鱼肉切成大小适宜的鱼片。

③脱腥：将鱼片置于10℃的茶叶脱腥液中脱腥处理2小时，沥干。

④调味：将脱腥后的鱼片放入由一定比例的食盐、蔗糖、味精、白酒、食醋、五香粉辣椒、花椒及山梨醇等配制的调味液中浸渍，每隔15～20分钟翻拌1次，时间约1～1.5小时，使调味料充分均匀地渗入鱼肉中。调味液的配方，可根据鱼的不同品种及产品的不同口味进行调整。

⑤摊片：调味后的鱼均匀摊在烘车内，尽量少留间隙多摊鱼片，厚度要合适均匀。

⑥烘干：将装好鱼片的烘车及时推入烘道（烘箱），烘道初温30～35℃（以不高于35℃为宜），逐步升温，待鱼半干（约6小时）推出烘道外吸潮，待鱼片水分均匀后，再推入烘道，温度

控制在40～45℃，烘干约10小时。

⑦回潮：将烘干后的生鱼片在水中浸泡1～2秒钟，使鱼片均匀渗湿，使产品在后续烘烤时不被烤焦。

⑧烤熟、拉松：将鱼片烘干后送入烘烤机烘烤，温度140～150℃，时间5～8分钟，然后趁热碾压拉松，碾压沿着肉纤维的垂直方向进行，使鱼片的肌肉纤维组织疏松均匀，外形美观。

⑨包装：采用聚乙烯或聚丙烯复合薄膜塑料袋真空或充气包装。

（3）产品质量控制参考标准

操作规范参考标准：《GB/T 27304—2008　食品安全管理体系水产品加工企业要求》；《GB/T 20941—2007　水产食品加工企业良好操作规范》；《GB/Z 21702—2008　出口水产品质量安全控制规范》；《SC/T 3009—1999　水产品加工质量管理规范》；《SC/T 6027—2007　食品加工机械（鱼类）剥皮、去皮、去膜机械的安全和卫生要求》。

产品质量参考标准：《GB 10144—2005　动物性水产干制品卫生标准》；《SC/T 3203—2001　调味鱼干》；《NY/T 2109—2011　绿色食品　鱼类休闲食品》。

**2. 油炸香脆鱼片**

（1）工艺流程　原料→预处理→切片→腌制调味→油炸→脱油→包装→成品。

（2）操作要点

①原料预处理：将原料鱼去头、去鳞、去内脏，用尖刀自鱼体上部沿脊椎骨向下剖开，然后用清水冲洗干净。

②切片：沿与鱼骨成45°～60°角度，将鱼肉切成大小适宜的鱼片。

③腌制调味：将鱼片放入由一定比例的食盐、蔗糖、味精、白酒、五香粉、辣椒、花椒等配制的腌制液中腌制，腌制时间

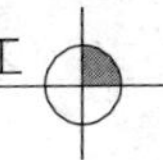

2.5～3.5小时，使调味料充分均匀地渗入鱼肉中。腌制液的配方，可根据鱼的不同品种及产品的不同口味进行调整。

④油炸：采用二次阶段油炸方法，先在95～100℃油中油炸2～5分钟，然后在125～130℃油炸1～3分钟。两次油炸初始温度较低，鱼肉内部水分能方便地从鱼肉内部转移到鱼肉外部，最终离开鱼体，高温油炸时，鱼表面水分能较好地离开鱼体，失重较明显，避免了一次油炸鱼片变焦、脱皮的问题。

⑤脱油：将油炸完成的鱼片在脱油机中脱油。

⑥包装：采用铝箔复合袋真空或充气包装。

（3）产品质量控制参考标准

操作规范参考标准：《GB/T 27304—2008　食品安全管理体系水产品加工企业要求》；《GB/T 20941—2007　水产食品加工企业良好操作规范》；《GB/Z 21702—2008　出口水产品质量安全控制规范》；《SC/T 3009—1999　水产品加工质量管理规范》。

产品质量参考标准：《GB 16565—2003　油炸小食品卫生标准》；《GB 10144—2005　动物性水产干制品卫生标准》；《NY/T 2109—2011　绿色食品　鱼类休闲食品》。

**3. 鱼肉粒**

（1）工艺流程　原料→预处理→蒸煮→取肉→添加辅料→斩拌→炒制→成型→烘干→冷却→包装→成品。

（2）操作要点

①原料预处理：将原料鱼去头、去鳞、去内脏，用清水清洗干净后切成一定大小的鱼块。

②蒸煮：将鱼肉放入蒸煮机中蒸煮，蒸煮温度一般为90～100℃，蒸煮时间10～20分钟。

③取肉：将煮熟的鱼趁热手工去除鱼皮，冷却后剔除鱼骨刺等，然后将鱼肉顺肌纤维拆碎，沥干水。

④添加辅料：将一定量麦芽糊精、白砂糖、食盐、味精等辅料用少量水溶解后与鱼肉充分混合。

⑤斩拌：将煮好的鱼肉与辅料在斩拌机中混合均匀。

⑥炒制：将与辅料充分混合后的鱼肉置于炒锅中用文火小心炒制，拌炒时间为8～15分钟。

⑦成型：将炒制完成后的鱼肉在模具中挤压成型。

⑧烘干：采用组合干燥方式，35.0～40千瓦微波干燥8～13分钟，然后用80～85℃热风干燥15～20分钟。干燥完成后鱼肉粒水分含量为15%～20%。

⑨冷却、包装：冷却至室温后采用聚乙烯或聚丙烯复合薄膜塑料袋真空或充气包装。

（3）产品质量控制参考标准

操作规范参考标准：《GB/T 27304—2008 食品安全管理体系水产品加工企业要求》；《GB/T 20941—2007 水产食品加工企业良好操作规范》；《GB/Z 21702—2008 出口水产品质量安全控制规范》；《SC/T 3009—1999 水产品加工质量管理规范》。

产品质量参考标准：《GB 10144—2005 动物性水产干制品卫生标准》；《NY/T 2109—2011 绿色食品 鱼类休闲食品》。

**4. 鱼肉松**

（1）工艺流程 原料鱼→预处理→脱腥→蒸煮→采肉→炒松调味→擦松→过筛→包装→成品。

（2）操作要点

①原料处理：原料鱼去头、去鳞、去内脏，然后用清水冲洗干净。

②脱腥：将鱼体放入0.5%冰醋酸和3%氯化钠浸泡液中浸泡1小时后，用清水漂洗至中性。溶液的温度要保持10℃以下。

③蒸煮：将脱腥后的鱼肉沥干后放入蒸锅内，同时加入姜、盐、料酒等调味料，用蒸汽蒸煮15～30分钟（视鱼种类、大小不同而异），使鱼肉易于与骨刺、鱼皮分离。

④采肉：将煮熟的鱼趁热手工去除鱼皮，冷却后剔除鱼骨刺等，然后将鱼肉顺肌纤维拆碎，沥干水。

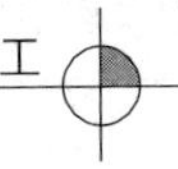

⑤炒松调味：将撕碎的鱼肉放入炒松机中用文火炒至半干，加入盐、糖、味精等调味料，继续炒至鱼肉纤维松散，并呈微黄色为止。

⑥擦松：将炒好的肉松立即送入擦松机内进行擦松至蓬松的纤维状，根据肌肉类型确定擦松时间。

⑦过筛：用振荡筛去除小骨刺等杂物。

⑧包装贮藏：产品用聚乙烯塑料袋充气包装或马口铁罐包装，室温贮藏。

（3）产品质量控制参考标准

操作规范参考标准：《GB/T 27304—2008　食品安全管理体系水产品加工企业要求》；《GB/T 20941—2007　水产食品加工企业良好操作规范》；《GB/Z 21702—2008　出口水产品质量安全控制规范》；《SC/T 3009—1999　水产品加工质量管理规范》；《SC/T 6027—2007　食品加工机械（鱼类）剥皮、去皮、去膜机械的安全和卫生要求》。

产品质量参考标准：《GB/T 23968—2009　肉松》；《NY/T 2109—2011　绿色食品　鱼类休闲食品》。

### （四）罐头制品加工

淡水鱼罐头制品，是将淡水鱼产品经过预处理后装入密封容器中，再经加热杀菌、冷却后的产品。淡水鱼罐头制品具有较长的保藏性、较好的口味，便于携带、食用方便等优点，是深受消费者欢迎的产品。常见的淡水鱼罐头主要有红烧鲤鱼、葱烧鲤鱼、荷包鲫鱼、咖喱鱼片及熏鱼罐头等。

#### 1. 红烧鲤鱼罐头

（1）工艺流程　原料处理→盐渍→油炸→调味→装罐→排气密封→杀菌冷却→成品。

（2）操作要点

①原料处理：将原料鱼去鳞、去头尾、去鳍、剖腹去内脏，然后清洗干净，横切成 5～6 厘米长的鱼块。

②盐渍：将鱼块按大小分级，并分别浸没于3%的盐水中，鱼块与盐水之比为1∶1，盐渍时间5～10分钟，捞出沥干。

③油炸：将盐渍后的鱼块投入180～210℃的油锅中，鱼块与油之比为1∶10，油炸时间为3～6分钟，炸至鱼块呈金黄色。

④调味液配制：将香辛料放入夹层锅内微沸30分钟，过滤去渣后，再加入糖、盐等其他配料煮沸溶解后过滤，最后加入味精，用开水调至总量为110千克调味液备用。

调味液参考配方（千克）：水88，砂糖6，精盐3.5，味精0.045，琼脂0.36，花椒0.05，五香粉0.08，鲜姜0.5，洋葱1.5，酱油10。

⑤装罐：采用860号罐，净含量为256克，装鱼肉150克，鱼块不多于3块且竖装排列整齐，加麻油0.45克，调味液106克，调味液温度保持在80℃以上。

⑥排气及密封：热排气，罐头中心温度达80℃以上；抽气密封，真空度0.046～0.053兆帕。

⑦杀菌及冷却：杀菌公式为15-90-15分钟/116℃，反压冷却。杀菌后冷却至40℃左右，取出擦罐入库。

（3）产品质量控制参考标准

操作规范参考标准：《GB/T 27304—2008　食品安全管理体系水产品加工企业要求》；《GB/T 20941—2007　水产食品加工企业良好操作规范》；《GB/Z 21702—2008　出口水产品质量安全控制规范》。

产品质量参考标准：《GB 14939—2005　鱼类罐头卫生标准》；《NY/T 1328—2007　绿色食品　鱼罐头》。

**2. 葱烤鲫鱼罐头**

（1）工艺流程　原料处理→盐渍→油炸→调味→装罐→排气、密封→杀菌冷却→成品。

（2）操作要点

①原料处理：选用鲜活鲤或鲫作原料，清洗后去鳞、去头

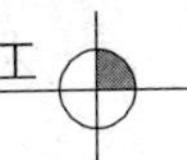

尾、去鳍、去内脏，用清水洗净腹腔内的黑膜及污物，大鱼切段。

②盐渍：将鱼块按大小分级，并分别浸没于3%的盐水中，鱼块与盐水之比为1∶1，盐渍时间5～10分钟，捞出沥干。

③油炸：将鱼体投入170～190℃的油中，油炸至鱼体呈棕红色上浮时翻动，防止其焦煳和黏结，捞出沥油。

④调味

调味液配制：将生姜洗净切碎，加水加盐至微沸约20分钟，捞出姜渣，加入其他配料，拌匀再煮沸过滤，备用。

调味液配方（千克）：清水28，酱油10，砂糖6，精盐4，味精0.3，生姜2，五香粉0.1。

熟大葱的制备：将大葱和洋葱去外皮和青叶，大葱纵切后，再横切成4～5厘米的葱段；洋葱切成丝。1千克葱加60克精制植物油，在锅内炒熟，防止焦煳或有生油味。

⑤装罐：采用602号罐，净含量为312克。容器经清洗消毒后，装炸鱼235克，加熟大葱30克；或装炸鱼215克，加熟洋葱50克；鱼段大小均匀，最后加入调味液47克，调味液温度保持80℃以上。

⑥排气及密封：抽气密封，真空度0.046～0.053兆帕。

⑦杀菌及冷却：杀菌公式为30－90－30分钟/115℃，反压冷却，杀菌后冷却至40℃左右，取出擦罐入库。

（3）产品质量控制参考标准

操作规范参考标准：《GB/T 27304—2008　食品安全管理体系水产品加工企业要求》；《GB/T 20941—2007　水产食品加工企业良好操作规范》；《GB/Z 21702—2008　出口水产品质量安全控制规范》。

产品质量参考标准：《GB 14939—2005　鱼类罐头卫生标准》；《NY/T 1328—2007　绿色食品　鱼罐头》。

**3. 熏鱼罐头**

（1）工艺流程　原料处理→油炸→调味→装罐→油浸调味→排气密封→杀菌→冷却→成品→检查→包装贮藏。

（2）操作要点

①原料处理：将新鲜鱼洗去黏液，冷冻鱼需先解冻，去鳞、去头、去尾及鳍，去内脏，在流动水中洗净腹腔内黑膜及血污。割下腹肉，切成2～3块，其余部分切成15毫米厚的鱼片。大型鱼宜横切，小型鱼宜斜切，每块约重70～80克。尾部斜切成2～3块。每10千克鱼块加80克黄酒，充分拌匀。

②油炸：将鱼块投入180℃左右的热油中，油炸2～3分钟，至鱼肉呈茶黄色为准。

③调味：炸好的鱼块，滤油后趁热浸入调味液中1分钟，取出滤去余液，调味后的鱼块约增重20%。调味液的配制：先将青葱1.5千克、生姜1千克、桂皮0.4千克、花椒0.18千克、陈皮0.18千克、茴香0.15千克、月桂叶0.12千克和水10千克加热煮沸，制成总量为7.5千克的香料水，再加入酱油40千克、砂糖25千克、精盐1.24千克、甘草粉0.5千克、丁香粉0.037千克、胡椒粉0.03千克，煮沸溶解，出锅前加入黄酒40千克、味精0.2千克，充分混合，调至110克，过滤备用。

④装罐、油浸调味：每罐装鱼块190克、调味油8克，合计198克，罐内装4～7块鱼，搭配均匀，排列整齐，尾肉及腹肉夹在罐中央。调味油的配制：先将青葱4千克、生姜1千克、桂皮0.4千克、茴香0.3千克、陈皮0.8千克、月桂叶0.12千克、花椒0.2千克，加水煮沸1小时，至水近干，加入精制油42千克，炖煮至香味浓郁出锅，过滤备用。

⑤排气及密封：热排气，罐头中心温度达80℃以上；抽气密封，真空度0.046～0.053兆帕。

⑥杀菌及冷却：杀菌公式为15－65－15分钟/118℃，反压冷却。杀菌后冷却至40℃左右，取出擦罐入库。

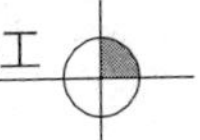

（3）产品质量控制参考标准

操作规范参考标准：《GB/T 27304—2008　食品安全管理体系水产品加工企业要求》；《GB/T 20941—2007　水产食品加工企业良好操作规范》；《GB/Z 21702—2008　出口水产品质量安全控制规范》。

产品质量参考标准：《GB 14939—2005　鱼类罐头卫生标准》；《QB 1375—91　熏鱼罐头》；《NY/T 1328—2007　绿色食品　鱼罐头》。

**4. 茄汁鱼罐头**

（1）工艺流程

香料水配制→茄汁配制
↓
原料处理→盐渍→生装脱水→装罐→排气密封→杀菌冷却→成品。

（2）操作要点

①原料处理：选用鲜活鱼或冻鱼作原料，清洗后去鳞、去头尾、去鳍、去内脏，用清水洗净腹腔内的黑膜及污物，切成鱼段，段长依罐形而定。去脊骨或不去脊骨。

②盐渍：将鱼体浸没于10°～15°波美度盐水中盐渍10分钟左右（盐水：鱼＝1：1）。

③茄汁配制：番茄酱（20%）50千克、砂糖8.7千克、精盐7.7千克、味精1千克、精制植物油19.5千克、香料水13.1千克，配成总量100千克。将香料水倒入夹层锅，然后加入糖、盐、味精等配料，再把预先混合好的番茄酱和植物油加入，加热至90℃备用。

香料水配制：月桂叶35克、胡椒75克、洋葱3千克、丁香75克、元荽子35克、水14千克，得香料水13千克。将香辛料与水一同在锅内加热煮沸，并保持微沸30～60分钟，用开水调至规定总量，过滤备用。

④脱水：将生鱼块装罐，注满1°波美度盐水，经25～30分钟/95～100℃蒸煮脱水后，倒罐沥净汤汁，及时加茄汁。

罐号604，净重198克，鱼肉185～195克（脱水后145～155克），茄汁43～53克。

⑤排气及密封：热排气，罐头中心温度达80℃以上；抽气密封，真空度0.046～0.053兆帕。

⑥杀菌及冷却：净重198克，杀菌式（排气）：15～65分钟-反压冷却/115℃，杀菌后冷至40℃左右，取出擦罐入库。

（3）产品质量控制参考标准

操作规范参考标准：《GB/T 27304—2008　食品安全管理体系水产品加工企业要求》；《GB/T 20941—2007　水产食品加工企业良好操作规范》；《GB/Z 21702—2008　出口水产品质量安全控制规范》。

产品质量参考标准：《GB 14939—2005　鱼类罐头卫生标准》；《NY/T 1328—2007　绿色食品　鱼罐头》。

### （五）腌制发酵制品加工

水产品腌制品加工，是具有悠久历史的加工保藏方法之一，也是我国20世纪50～60年代水产品保藏的主要手段。淡水鱼腌制品，主要包括盐腌制品、糟腌制品和发酵腌制品，盐腌制品主要用食盐和其他腌制剂对鱼原料进行腌制；糟盐制品是以鱼类等为原料，在食盐腌制的基础上，使用酒酿、酒糟和酒类进行腌制而成的产品，也称糟醉制品或糟渍制品；发酵腌制品为盐渍过程中自然发酵熟成或盐渍时，直接添加各种促进发酵与增加风味的辅助材料加工而成的制品。

**1. 腌鱼干**　腌鱼干是淡水鱼加工的一个主要产品，其工艺简单、保藏性好，多以青鱼、草鱼等淡水鱼为原料，盐腌后晒制而成。

（1）工艺流程　原料鱼→预处理→清洗→腌渍→干燥→包装→成品。

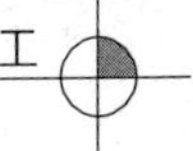

（2）操作要点

①原料预处理：选择新鲜原料鱼，用清水洗净鱼体上的黏液和污物，按照鱼类大小分别采用背剖、腹剖和腹边剖三种形式。剖割后，去掉内脏。

②清洗：将去除内脏的鱼体用清水洗去内面的污物、黏液。

③腌渍：根据鱼体大小确定用盐数量，一般采用15%～30%的盐进行拌盐腌渍，冬、春季偏少，夏、秋季节偏多。按层鱼层盐的方法将其平码在腌池内，上面加顶盐，并加上相当鱼重5%的压石，用盐时使鱼体各部位都有均匀的一薄盐层，相互之间没有黏着。拌盐后在鱼池中腌4～10天。

④干燥：出池后用水清洗掉鱼体上的黏液、盐粒和脱落的鳞片，沥去水分，用细竹片将两扇鱼体和两鳃撑开，然后用细绳或铁丝穿在鱼的额骨上，吊挂起来或摆晒于干净晒场上。为防中午烈日曝晒，应以席片遮盖并经常翻动，直至晒干。

⑤包装、贮藏：要求密封避光、不漏气，并进行真空或充氮包装，防止高度不饱和脂肪酸的脂肪氧化。

（3）产品质量控制参考标准

操作规范参考标准：《GB/T 27304—2008 食品安全管理体系水产品加工企业要求》；《GB/T 20941—2007 水产食品加工企业良好操作规范》；《GB/Z 21702—2008 出口水产品质量安全控制规范》；《SC/T 3009—1999 水产品加工质量管理规范》；《SC/T 3038—2006 咸鱼加工技术规范》。

产品质量参考标准：《GB 10138—2005 盐渍鱼》。

**2. 醉鱼干** 醉鱼，又称糟鱼，是我国江苏、浙江等地的传统风味淡水鱼产品。具有口感鲜嫩、香味醇厚、色泽明亮等特点，且富含氨基酸、矿物质等营养物质，有较高的附加值，深受消费者欢迎，是淡水鱼加工的一种有效途径。

（1）工艺流程 原料鱼→预处理→清洗→腌制→清洗→干燥→切段→调味（醉制）→计量包装→真空封口→杀菌→成品。

（2）操作要点

①原料预处理：新鲜鱼去鳞后，从尾鳍沿背鳍剖开至鱼头处，使鱼肚皮处连着，去头，把整个鱼身摊开，注意在操作过程中不要弄破胆汁，以免使鱼肉产生苦味，仔细去除全部内脏、黑膜等，在鱼身厚处用刀划割几下以便入味，然后用流动清水漂洗干净。

②腌制：经漂洗干净的鱼体，沥干水分，以鱼体重量15%～20%的盐分进行腌制，一般采用腌池腌制，腌制时间为12小时以上。腌制时，应根据鱼体大小、地方的食用习惯等适当调整用盐量及腌制时间。腌制完成后用流动清水漂洗干净。

③干燥：采用烘房烘干或隧道式烘道干燥，一般干燥后鱼体水分控制在35%～50%。

④切段：将干燥脱水后的鱼干，按照包装规格进行切段。

⑤调味：以酒糟、食糖、香辛料等为主要配料与鱼段拌匀，放于调味槽中，表面加盖或覆盖塑料薄膜以减少酒精等挥发，此过程一般约需一昼夜。

⑥称量包装：根据产品规格重新进行切块，精确称量后采用真空包装，真空度0.046～0.053兆帕，包装要求形状完整。

⑦杀菌冷却：杀菌公式为10－20－10分钟/121℃，反压冷却。杀菌后冷却至40℃左右，取出入库。

（3）产品质量控制参考标准　操作规范参考标准：《GB/T 27304—2008　食品安全管理体系水产品加工企业要求》；《GB/T 20941—2007　水产食品加工企业良好操作规范》；《GB/Z 21702—2008　出口水产品质量安全控制规范》；《SC/T 3009—1999　水产品加工质量管理规范》。

**3. 香糟鱼**

（1）工艺流程

原料处理→盐渍→干燥→切块→真空渗透→糟渍→包装→杀菌→成品。

↑（糟渍）

大米→熟制→加酒曲→酿制

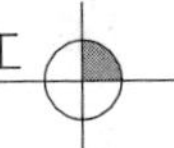

（2）操作要点

①原料预处理：新鲜鱼经去头、去内脏、去鳞，将鱼体刨开，仔细去除全部内脏、黑膜等，较大的鱼需剔除脊骨，然后用流动清水漂洗干净。

②盐渍：经漂洗干净的鱼体，沥干水分，加入由一定比例的食盐、糖，适量八角、桂皮、生姜等配制成的腌制液，用盐量可根据加工时的温度和产品要求而定。在6～15℃下，腌制6～10小时，取出，沥干。

③脱水干燥：采用真空-热风联用干燥，温度45℃，干燥时间2～3小时，真空度0.085兆帕，干燥至水分30%以下。

④切块：将干燥脱水后的鱼体切割成长2～3厘米、宽1～1.5厘米的小块。

⑤真空渗透：将米酒酿糟过滤，得酒酿与酒糟，将鱼块与酒酿混合，在真空渗透机中进行真空渗透。

⑥糟制：将真空渗透后的鱼块与酒糟、味精、白糖、香辛料等混合均匀，低温糟制一段时间，发酵成熟。

⑦包装杀菌：将糟制成熟的鱼块装入蒸煮袋中，真空封口，高温杀菌15-20-15分钟/116℃。

（3）产品质量控制参考标准　操作规范参考标准：《GB/T 27304—2008　食品安全管理体系水产品加工企业要求》；《GB/T 20941—2007　水产食品加工企业良好操作规范》；《GB/Z 21702—2008　出口水产品质量安全控制规范》；《SC/T 3009—1999　水产品加工质量管理规范》。

**（六）淡水鱼加工副产物综合利用技术**

我国水域辽阔，鱼类资源十分丰富，淡水鱼养殖量跃居世界第一位。淡水鱼类在加工的过程中，必然会产生大量的下脚料（包括鱼头、骨、皮、鳞、鳍、尾、胆、内脏及其残留鱼肉），其重量占原料鱼的40%～55%。如果不进行有效处理，不仅会污染环境，而且会浪费大量的营养物质。充分利用这些成分，不仅可提高鱼类加工的附加值，同时可减少环境污染，获得良好的经济效益。

目前，我国对淡水鱼加工副产物的有效利用率还很低，利用途径主要包括：①加工成饲料鱼粉；②鱼头、鱼骨加工成鱼骨糊、鱼骨粉；③从鱼内脏中提取鱼油，提炼EPA、DHA制品；④从鱼鳞、鱼皮中提取胶原蛋白；⑤酸贮液体鱼蛋白的生产。

**1. 鱼粉** 鱼粉生产在水产加工产业中占有重要位置。据统计，生产鱼粉的原料占世界渔获物的1/3左右。鱼粉具有生物学价值高、钙磷含量高、微量元素和B族维生素含量丰富、易于消化吸收等特点，是一种优质蛋白质饲料。全世界的鱼粉生产国主要有秘鲁、智利、日本、丹麦、美国、前苏联、挪威等，其中，秘鲁与智利的出口量约占总贸易量的70%。中国鱼粉产量不高，主要生产地在山东省、浙江省，其次为河北、天津、福建、广西等省市。

目前生产鱼粉的原料多为海水鱼，淡水鱼粉所占比例还很少。随着淡水鱼养殖产量的快速增长，以淡水鱼为原料生产鱼粉、鱼蛋白粉等产品，不仅可以有效解决淡水鱼易腐败难储藏的问题，还可一定程度上扩大鱼粉市场供给，并为人们提供优质蛋白质产品，具有广阔的市场前景。

鱼粉的工业生产方法，主要有干榨法和湿榨法两种。干榨法设备、工艺简单，成本低廉，但由于原料直接进行高温且长时间的干燥，油脂的氧化比较严重，鱼粉颜色较深，蛋白质消化率下降，并易产生酸败味，鱼粉质量较差。目前，世界上渔业较发达的国家主要采用先进的湿法全鱼粉生产工艺进行鱼粉生产。湿榨法生产中由于在干燥前除去了大部分油脂，避免了干燥过程中油脂的氧化，鱼粉质量较好，但生产设备投资费用较大。实际生产过程中一般要根据原料鱼种、产品质量要求和投资能力的大小等因素，来确定选择鱼粉生产工艺。

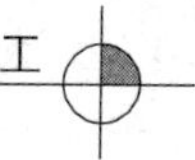

（1）干压榨法生产鱼粉

①工艺流程：原料→切碎→蒸干→粗筛→压榨→粉碎→筛析→包装→成品。

　　　　　　　　　　　　　　　　↓

成品鱼油←炼制←粗鱼油

②操作要点：

切碎：将原料送入切碎机中切成小块（小杂鱼不必切碎）。

蒸干：将切碎的原料通过螺旋输送器送至具有蒸汽夹层的蒸干机中进行蒸煮和干燥，蒸汽压力控制在 400～700 千帕，时间一般需要 3.5～4 小时。在蒸干过程中，蒸干机中心轴上的搅拌器不停地搅拌，使鱼粉受热均匀，以防干焦。

粗筛：蒸干后的鱼粉通过 3 目的粗筛，以除去可能没有打碎的骨骼和机械类杂物。

压榨：将粗筛鱼粉预热到 100℃，以降低油的黏度，提高出油率，然后输送到螺旋压榨机压榨。压榨液经油水分离机得到的粗油进一步精制得到成品油。

粉碎：将脱脂后的鱼粉经磁性分离器除去金属等杂质后，用粉碎机粉碎至所要求的粒度。

筛析、称量：粉碎鱼粉通过 16 目的筛析机后经自动秤进行称量。

包装、贮藏：产品用铝箔袋包装，置于通风、阴凉、干燥的仓库中室温贮藏。

（2）湿压榨法生产鱼粉

①工艺流程：原料→切碎→蒸煮→压榨→撕碎→干燥→粉碎→筛析→包装→成品。

　　　　　　　　　　↓　　　　↑

压榨液→分离→沉淀

②操作要点：

切碎：将原料送入切碎机中切成小块（小杂鱼不必切碎）。

蒸煮：将切碎的原料通过螺旋输送器送至蒸煮器中。蒸煮的时间和温度依鱼种和新鲜度而定，蒸煮温度一般为 80～90℃，蒸煮时间为 20～25 分钟，多脂鱼和变质程度大的鱼，蒸煮温度要高些，时间长些。

压榨：蒸煮后的原料由螺旋输送机送入螺旋压榨机进行压榨，使油和水与肌肉分离。压榨液经倾析器分离，将沉淀送至干燥机中与撕碎的压榨饼一起干燥。液态经油水分离机得到的粗油进一步精制得到成品油。

撕碎：将压榨饼送至撕碎机中撕碎，以增加对热的接触面，提高干燥效率。

干燥：将压榨饼送至干燥机中进行干燥，干燥温度一般为 65～75℃，干燥时间为 30～40 分钟。在干燥过程中，干燥轴上的搅拌器不断旋转搅拌，使鱼粉受热均匀，以防干焦。

粉碎：干燥后的粗鱼粉经磁性分离器除去金属等杂质后用粉碎机粉碎至所要求的粒度。

脱脂后的鱼粉用粉碎机粉碎至所要求的粒度。

筛析：粉碎鱼粉通过 16 目的筛析机后经自动秤进行称量。

包装、贮藏：产品用铝箔袋包装，置于通风、阴凉、干燥处室温贮藏。

（3）产品质量控制参考标准

操作规范参考标准：《GB/T27304—2008　食品安全管理体系水产品加工企业要求》；《GB/T20941—2007　水产食品加工企业良好操作规范》；《GB/Z 21702—2008　出口水产品质量安全控制规范》。

产品质量参考标准：《GB/T 19164—2003　鱼粉》。

**2. 鱼鳞的综合利用**　鱼鳞占鱼体重量 1%～5%，含有丰富的蛋白质、卵磷脂和各种矿物质，其中有机物占 41%～55%，钙盐为 38%～46%；主要由蛋白质和羟基磷灰石组成，其中蛋白质占鱼鳞总重的 70%，主要为胶原蛋白和鱼鳞角蛋白，鱼鳞中的钙离子主要以羟基磷灰石的形式存在。

（1）提取鱼鳞胶原蛋白　鱼鳞胶原蛋白的提取方法，主要有酸法、碱法、酶法和热水提取法等。鱼鳞胶原蛋白作为食品添加

剂应用于食品工业中。

①未变性胶原蛋白提取工艺：

工艺流程：鱼鳞→清洗→酸处理→碱处理→清洗→缓冲溶液抽提→分离→提纯→干燥→成品。

操作要点：将原料鱼鳞清洗干净，放入1.5%稀盐酸溶液中浸泡，去除鱼鳞中的无机离子，酸处理完成后用水冲洗，放入弱碱液中浸泡，浸泡时间10天左右，中间需要更换碱液2～3次，捞出后用清水洗涤至中性。预处理结束的鱼鳞用不同浸提液浸提（得到不同类型的胶原蛋白），目前常用的提取剂有0.5摩尔/升乙酸、0.5摩尔/升乙酸-乙酸钠（1∶1的体积混合）、0.45摩尔/升NaCl溶液。浸提完成后加入氯化钠在低温下盐析，得到胶原蛋白沉淀，再将沉淀重新溶解在0.5摩尔/升的醋酸中，加入氯化钠重新进行盐析，将沉淀用醋酸溶解后进行透析，5℃下于0.02摩尔/升磷酸氢二钠溶液中透析3天，再用蒸馏水透析，最后将样品进行冷冻干燥。

在鱼鳞中，胶原蛋白是与鱼鳞硬蛋白复合在一起的，经过酸浸提得到的胶原蛋白提取率较低，目前常采用外加酶的方法来提高得率。胃蛋白酶可以使胶原蛋白在酸溶液中的溶解性增加，既可以增加胶原的提取率又不会破坏胶原的结构，可以代替长时间的碱液处理，经过胃蛋白酶处理后胶原蛋白的提取率可以增加1～2倍。

②变性胶原蛋白提取工艺：

工艺流程：鱼鳞原料→清洗→酸处理→碱处理→清洗→加热提取→浓缩→凝固→切片→干燥→成品。

操作要点：前处理与未变性胶原的提取方法相同，不同的是在提取过程中直接采用加热提取，胶原蛋白的三螺旋结构在热力作用下解体，生成单链的结构，使胶原蛋白的溶解性大大增强。加热提取的胶原蛋白再经过真空浓缩、干燥、粉碎等工艺得到产品。在加工过程中，原料的种类、预处理的温度、时间、处理液

的浓度、提取以及干燥方法等因素都会对最终产品的黏度、分子量分布等质量产生重要的影响，在加工过程中应该严格控制。

**3. 鱼内脏中提取鱼油** 鱼下脚料中，鱼内脏中含有极为丰富的营养成分，如脂溶性维生素 A、维生素 D、维生素 E。草鱼、鳊、鲤、鲢、鳙的内脏约占全鱼的10%左右，而一般内脏含油脂量高达 30%～50%，可用于制取鱼油。研究表明，鱼油中多元不饱和脂肪酸尤其是二十碳五烯酸（EPA）、二十二碳六烯酸（DHA）含量丰富，且具有降低胆固醇、预防动脉硬化、预防老年痴呆症、改善大脑学习机能和预防视力下降等生理功能。因此，鱼油有很高的营养和医疗保健作用，被广泛应用到保健品、饲料、药品中，具有很好的开发利用前景。

鱼油的提取方法，主要有蒸煮法、淡碱水解法、酶法提取和超临界流体萃取法等。鱼油提取工艺的发展过程在于提高鱼油提取率，而尽量减少加工过程产生的杂质对环境的污染。

（1）*蒸煮法* 在蒸煮加热的情况下，使内脏组织的细胞破坏，从而使鱼油分离出来。

工艺流程：鱼内脏→组织捣碎→加水→充氮气→蒸煮→分离→鱼油。

（2）*淡碱水解法* 提取鱼油工艺是，利用淡的碱液将鱼蛋白质组织分解，破坏蛋白质和鱼油的结合关系，从而能够充分地分离鱼油。与其他提取鱼油的工艺进行比较，此法制得的鱼油质量好，价格低廉。我国的鱼油厂普遍采用淡碱水解法生产鱼油。

工艺流程：鱼内脏→组织捣碎→加水→用 NaOH 调 pH 至 8.0→水解→离心分离→鱼油。

（3）*酶法提取* 利用蛋白酶对蛋白质的水解，破坏蛋白质和脂肪的结合关系，从而释放出油脂。该方法作用条件温和，产油质量高，同时可以充分利用蛋白酶水解产生的酶解液。

工艺流程：鱼内脏→去鱼胆→剪碎鱼肠→组织捣碎→称重→添加酶制剂及水→酶解→调 pH 灭酶→有机溶剂萃取→分离→脱

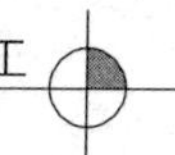

水→浓缩回收有机溶剂→鱼油。

**4. 鱼皮提取胶原蛋白** 鱼皮是食品工业、医药及化工生产的重要原料。每100克鱼皮含蛋白质67.1克，脂肪0.5克，糖类11.1克，并含有钙、磷、铁等多种矿物质和维生素。从鱼皮中提取胶原蛋白，不仅可以提高鱼类加工业的附加值，也为胶原蛋白的生产开发一种新型的原料资源。

鱼皮胶原蛋白的提取方法，主要分为：热水浸提、酸法浸提、碱法浸提与酶法浸提等四种。酸提取法，是利用一定浓度的酸溶液提取胶原蛋白，主要采用低离子浓度酸性条件破坏分子间的离子键等，使纤维膨胀、溶解。采用酸法提取的胶原蛋白，通常称为酸溶性胶原蛋白（ASC）。酸提取法主要是将没有交联的胶原蛋白分子完全溶解出来。作为提取介质使用的酸，主要包括盐酸、醋酸、柠檬酸和甲酸等。碱提取法，是利用碱在一定的外界环境条件下提取胶原蛋白。在碱性条件下处理，易造成胶原蛋白的肽键水解，有时会产生有毒物质，甚至具有致癌、致畸和致突变作用。下面主要介绍酶法提取鱼皮胶原蛋白工艺：

（1）工艺流程：原料处理→酶解→盐析→干燥→成品。

（2）操作要点

①鱼皮预处理：鱼皮解冻洗净，切成块状，脱脂，用2.5% NaCl溶液处理10小时，离心，去除废液，得到预处理后的碎鱼皮，作为胶原提取的原料。

②酶解：将碎鱼皮与去离子水按料液比（1∶10）混合，匀浆15分钟，加入1%的胃蛋白酶，调pH至2.0～3.0，5℃酶解6小时后过滤，并在4℃、8 000转/分条件下离心20分钟，取上清液。

③盐析：用0.4%的NaOH溶液调上清液pH至7.0，缓慢加入固体（$NH_4$）$_2SO_4$，使其终浓度达到1.5摩尔/升，在10分钟内加完，连续搅拌至固体完全溶解，静置10～12小时。盐析完成后低温离心取沉淀，将沉淀用0.5摩尔/升醋酸溶液洗脱下

来，低温保存。

④干燥：将弱酸溶解后的提取液冷冻干燥，即可得到鱼皮胶原蛋白。

**5. 鱼头、鱼骨的综合利用技术** 在淡水鱼类的加工中，鱼头和鱼骨占的比例较大，占整条鱼的37%左右。所以充分利用鱼头和骨，能大大降低淡水鱼加工成本。鱼头、鱼骨可以加工成鱼骨粉、鱼骨糊、复合氨基酸钙等功能性食品。利用鱼头较好的风味，经过蒸煮、酶解、反应、过滤等工艺做成风味物质，可以直接作为调味料使用，也可以添加到酱油、鸡精中做成复合调味品。鱼骨粉主要作饲料添加剂之用，还可添加到鱼香肠等鱼糜制品中，既降低成本，又强化营养。

# 参考文献


安云庆．1998. 免疫学基础［M］．北京：北京科学技术出版社．

白遗胜，等．2008. 淡水养殖500问（第二版）［M］．北京：金盾出版社．

柏振康．2006. 草鱼、青鱼肠炎病防治方法［J］．科学养鱼，12：54－55.

蔡春芳．1997. 鱼类对糖利用的研究进展［J］．上海水产大学学报，6（2）：116－123.

柴鹏，李吉方，吴蒙蒙，等．2007. 饥饿和再投喂对锦鲤幼鱼几种消化酶活性的影响［J］．水利渔业，27（4）：12－14.

陈德根．2000. 营养不良与鱼病发生［J］．四川农业科技，7：21.

邓利，张波，谢小军．1999. 南方鲇继饥饿后的恢复生长［J］．水生生物学报，23（2）：167－173.

邓尚贵，夏杏洲，杨萍，等．2001. 青鳞鱼骨粉的食用营养价值及应用的研究［J］．农业工程学报，17：102－106.

冯东岳．2010. 美国水产养殖用药规定简介［J］．中国水产，7：77－78.

付世建，谢小军，张文兵，等．2001. 南方鲇的营养学研究：Ⅲ. 饲料脂肪对蛋白质的节约效应［J］．水生生物学报，25（1）：70－75.

付义龙，戴银根．2012. 彭泽鲫健康养殖技术（中）［J］．科学养鱼，6：19－21.

傅燕凤，沈月新，杨承刚，等．2004. 淡水鱼鱼皮胶原蛋白的提取［J］．上海水产大学学报，2：146－150.

高平，陈昌福．2007. 浅谈水产养殖动物疾病防治中的安全用药问题［J］．饲料工业，28（6）：60－62.

戈贤平，赵永锋．2012. 大宗淡水鱼安全生产技术指南［M］．北京：中国农业出版社．

戈贤平．2010. 大宗淡水鱼高效养殖百问百答［M］．北京：中国农业出版社．

郭圆圆，孔保华．2011．冷冻贮藏引起的鱼肉蛋白质变性及物理化学特性的变化［J］．食品科学，32（7）：335－340．
国家质量监督检验检疫总局译．2000．水生动物疾病诊断手册［M］．北京：中国农业出版社．
G. M. Hall 著，夏文水等译．2002．水产品加工技术［M］．北京：中国轻工业出版社．
韩勃，宋理平．2010．饲料淀粉水平对淡水黑鲷生长和消化酶活性的影响［J］．上海海洋大学学报，19（2）：207－213．
侯永清．2001．水产动物营养与饲料配方［M］．武汉：湖北科学技术出版社．
黄文林．2002．分子病毒学［M］．北京：人民卫生出版社．
黄志斌，刘志军，廖国礼，等．2009．水产养殖动物疾病防控与安全用药［J］．广东饲料，18（8）：43－46．
蒋广震，刘文斌，梁丹妮，等．2012．饲料低蛋白、高脂肪和高消化能对斑点叉尾鮰（*Ictalurus punctatus*）1龄鱼生长、体组成的影响［J］．水产学报，36（1）：143－151．
蒋广震，刘文斌，王煜衡，等．2010．饲料中蛋白脂肪比对斑点叉尾鮰幼鱼生长、消化酶活性及肌肉成分的影响［J］．水产学报，34（7）：145－152．
李爱杰．1994．水产动物营养与饲料学［M］．北京：中国农业出版社．
李登来．2004．水产动物疾病学［M］．北京：中国农业出版社．
李海洋，程云生．2010．大宗淡水鱼类疫病预防综合措施［J］．畜牧与饲料科学，4：90－91．
李军，闵正沛，徐伯亥，等．2007．草鱼肠型点状气单胞菌的分离和鉴定［J］．水利渔业，2（27）：107－108．
李乃胜，薛长湖，等．2010．中国海洋水产品现代加工技术与质量安全［M］．北京：海洋出版社．
李思发．1998．中国淡水主要养殖鱼类种质研究［M］．上海：上海科学出版社出版．
李卓佳，张庆，陈康德．1999．复合微生物在水产池塘养殖中的应用［J］．饲料研究，1：5－8．
梁睿．2007．青鱼细菌性败血症的病态特征与防治［J］．畜牧兽医科技信息，10：92.
林洪.2010. 水产品安全性［M］.2版.北京：中国轻工业出版社.
凌熙和.2001. 淡水健康养殖技术手册［M］. 北京：中国农业出版社.
罗永康.2001.7种淡水鱼肌肉和内脏脂肪酸组成的分析［J］. 中国农业大学学报，6（4）：108-111.
刘红英.2006. 水产品加工与贮藏［M］. 北京：化学工业出版社.
刘焕亮，黄樟翰.2008. 中国水产养殖学［M］. 北京：科学出版社.
刘焕亮.2002. 关于中国水产养殖动物对营养物质需求量的研究［J］. 大连水产学院学报，17（3）：187-195.
刘鲲.2006. 高温季节鱼病增多的原因与对策［J］. 渔业经济研究，2：42-43.
刘丽波，李桂峰.2006. 饲料卫生与安全对水产动物健康的影响［J］. 海洋与渔业，6：8-9.
刘梅珍，石文雷，朱晨炜，等.1992. 饲料中脂肪的含量对团头鲂鱼种生长的影响［J］. 水产学报，16（4）：330-336.
刘梅珍，石文雷，朱晨炜，等.1992. 饲料中脂肪的含量对团头鲂鱼种生长的影响［J］. 水产学报，16（4）：330-336.
刘文国.2010. 草鱼细菌性烂鳃病病原菌的分离鉴定［J］. 贵州农业科学，9：134-135.
孟庆武，张秀梅，张沛东，等.2006. 饥饿对凡纳滨对虾仔虾摄食行为和消化酶活力的影响［J］. 海洋水产研究，27（5）：44-50.
农业部《渔药手册》编辑委员会.1998. 渔药手册［M］. 北京：中国科学技术出版社.
潘囧华，张建英.1990. 鱼类寄生虫学［M］. 北京：科学出版社.
彭增起，刘承初，邓尚贵.2010. 水产品加工学［M］. 北京：中国轻工业出版社.
普家勇.2006. 淡水鱼调味鱼干片加工技术［J］. 渔业致富指南，1：52-53.
祁兴普，夏文水.2007. 白鲢鱼肉粒干燥工艺的研究［J］. 食品工业科技，28（2）：166-170.
钱曦，王桂芹，周洪琪，等.2007. 饲料蛋白水平及豆粕替代鱼粉比例对翘嘴红鲌消化酶活性的影响［J］. 动物营养学报，19（2）：182-187.

钱雪桥，崔奕波，解绶启，等 . 2002. 养殖鱼类饲料蛋白需要量的研究进展 [J] . 水生生物学报，26 (4)：410 - 416.

钱云霞 . 2002. 饥饿对养殖鲈蛋白酶活力的影响 [J] . 水产科学，21 (3)：6 - 7.

区又君，刘泽伟 . 2007. 饥饿和再投喂对千年笛鲷幼鱼消化酶活性的影响 [J] . 海洋学报，29 (1)：86 - 91.

全国水产技术推广总站编 . 2011. 2010 水产新品种推广指南 [M] . 北京：中国农业出版社 .

权可艳 . 2012. 福瑞鲤苗种培育及无公害养殖技术（三） [J] . 科学养鱼，4：18 - 19.

权可艳 . 2012. 福瑞鲤苗种培育及无公害养殖技术（四） [J] . 科学养鱼，5：17 - 19.

邵庆均，苏小凤，许梓荣，等 . 2004. 饲料蛋白水平对宝石鲈生长和体组成影响研究 [J] . 水生生物学报，28 (4)：367 - 373.

申屠青春，董双林，张兆琪，等 . 1999. 池塘养殖生态系水质调控技术研究综述 [J] . 水利渔业，6 (19)：39 - 42.

孙翰昌，杨帆 . 2008. 草鱼肠炎病病原菌的分离鉴定 [J] . 湖北农业科学，7：824 - 825.

孙建中，刘家玉 . 1982. 青鱼出血病、肠炎病及其免疫 [J] . 淡水渔业，5：23 - 25.

孙丽，夏文水 . 2010. 蒸煮对金枪鱼肉及其蛋白质热变性的影响 [J] . 食品与机械，26 (1)：22 - 25.

唐文联 . 2007. 鱼病的发现与诊断 [J] . 专业户，6：31 - 32.

唐秀玉 . 2006. 鱼类池塘养殖水质管理技术 [J] . 渔业致富指南，6：16 -17.

田飞焱、何俊强、王璐，等 . 2012. 金鱼疱疹病毒性造血器官坏死症研究进展 [J] . 中国动物检疫，29 (4)：78 - 80.

童军 . 1992. 水产养殖中病原生物的耐药性及其防止对策 [J] . 水产养殖，2：22 - 24.

汪开毓 . 2000. 鱼病防治手册 [M] . 四川：四川科学技术出版社 .

汪为均 . 2005. 鱼病发生的原因和预防措施 [J] . 中国水产，11：58 - 59.

汪之和 . 2002. 水产品加工与利用 [M] . 北京：化学工业出版社 .

王成章，王恬．2003. 饲料学［M］．北京：中国农业出版社．
王贵英，曾可为，高银爱，等．2005. 鳜配合饲料的最适蛋白质含量［J］．水生生物学报，29（2）：189－192.
王冀平，李亚南．1997. 浙江省 11 种淡水鱼营养成分研究［J］．营养学报，19（4）：477－481.
王清印，李杰人，杨宁生．2010. 中国水产生物种质资源与利用［M］．北京：海洋出版社．
王恬，陆治年，张晨．1994. 饲料添加剂应用及技术［M］．南京：江苏科学技术出版社．
王武．2000. 鱼类增养殖学［M］．北京：中国农业出版社．
王兴礼，刘德福．2006. 调味鲤鱼鱼干片的加工制作［J］．食品工业科技，9：145－147.
王兴礼．2005. 淡水鱼烟熏制品的加工工艺研究［J］．中国水产，12：71－72.
王燕妮，张志荣，郑曙明，等．2001. 鲤鱼的补偿生长及饥饿对淀粉酶的影响［J］．水利渔业，21（5）：6－7.
王勇强．2003. 健康养殖与安全用药［J］．齐鲁渔业，20（1）：1－3.
吴登涛，孙源．2009. 水产养殖中渔药使用原则与病害预防［J］．养殖技术顾问，5：125.
吴光红，史婷华．1999. 淡水鱼糜的特性［J］．上海水产大学学报，8（2）：154－162.
吴晓琛，许学勤，夏文水，等．2007. 酸浸草鱼腌制工艺研究［J］．食品与机械，23（6）：106－107.
武忠弼．2000. 病理学［M］．4 版．北京：人民卫生出版社．
夏文水，姜启兴，许艳顺．2009. 我国水产加工业现状与进展（上）［J］．科学养鱼（11）：2－4.
夏文水，姜启兴，许艳顺．2009. 我国水产加工业现状与进展（上）［J］．科学养鱼（12）：1－3.
夏文水．2007. 食品工艺学［M］．北京：中国轻工业出版社．
谢小军，邓利，张波．1998. 饥饿对鱼类生理生态学影响的研究进展［J］．水生生物学报，22（2）：181－188.
徐伯亥，熊木林，韩先朴，等．1987. 2 龄草鱼肠炎病的研究．水生生物学报［J］.1（11）：73-82.

许国焕，丁庆秋，王燕.2001. 饲料中不同能蛋比对大口鲶生长及体组成之影响［J］. 浙江海洋学院学报（自然科学版），20（增刊）：94-97.

严宏忠.2002. 风味淡水鱼肉松生产工艺研究[J]. 食品科技，（3）：22-23.

杨凤.1999. 动物营养学［M］. 北京：中国农业出版社.

杨国华，戴祥庆，顾道良，等.1989. 团头鲂的营养饲料配方和高产养殖技术［J］. 饲料工业（1）：7-9.

杨琼.2009. 无公害水产养殖的关键环节［J］. 现代农业，2：45.

杨四秀，蒋艾青.2006. 水产养殖中安全用药常识［J］. 养殖与饲料，8：51-52.

杨武梅.2001. 影响鱼肉蛋白质冷冻变性的因素及防止变性的措施［J］. 福建水产，6（2）：52-55.

杨振海，蔡辉益.2003. 饲料添加剂安全使用规范［M］. 北京：中国农业出版社.

叶金云.2012. 青鱼营养与配合饲料研究现状与展望（三）［J］. 科学养鱼，1：19-21.

俞开康，战文斌，周丽.2000. 海水养殖病害诊断与防治手册［M］. 上海：上海科学技术出版社.

俞鲁礼，王锡昌.1994. 几种淡水鱼内脏油脂提取的工艺条件［J］. 水产学报，18：199-204.

曾令兵，贺路.1992. 草鱼出血病病毒 854 株的纯化及其理化特性［J］. 淡水渔业，2：3-5.

曾令兵.2010. 我国水产养殖动物病害的现状及发展方向［J］. 科学养鱼，3：1-3.

翟子玉，陈慧达，郭海燕，等.1993. 青鱼出血病病毒的分离和鉴定［J］. 水产科技情报，1（20）：20-22.

战文斌.2004. 水产动物病害学［M］. 北京：中国农业出版社.

张从义，李金忠，雷晓中，等.2012. 池塘生态高效养殖青鱼技术［J］. 科学养鱼，1：21-22.

张国红，罗定明，胡进成，等.1998. 鱼病发生原因与规律分析［J］. 四川农业科技，5：41-42.

张国辉，何瑞国，高红梅.2003. 鱼类营养代谢病［J］. 北京水产，5：

16-18.

张建英，邱兆祉，丁雪娟.1999. 鱼类寄生虫与寄生虫病［M］. 北京：科学出版社.

张利峰，王姝，段向英，等.2008. 鲤春病毒快速诊断技术的临床应用［J］. 检验检疫科学，3：16-18.

张奇亚，桂建芳.2008. 水生病毒学［M］. 北京：高等教育出版社.

张伟.2007. 春季鱼病发病的原因及防治措施［J］. 中国水产，5：64.

张文兵，谢小军，付世建，等.2000. 南方鲇的营养学研究：饲料的最适蛋白质含量［J］. 水生生物学报，24（6）：603-609.

张杨宗，谭玉钧，欧阳海.1989. 中国池塘养鱼学［M］. 北京：科学出版社.

张崟，朱志伟，曾庆孝.2007. 鱼骨利用的研究现状［J］. 食品研究与开发，9：182-185.

张媛媛，刘波，戈贤平，等.2012. 不同脂肪源对异育银鲫生长性能、机体成分、血清生化指标、体组织脂肪酸组成及脂质代谢的影响［J］. 水产学报，36（7）：1111-1118.

章银良，夏文水.2007. 腌鱼产品加工技术与理论研究进展［J］. 中国农学通报，23（3）：116-120.

郑捷，刘安军，曹东旭，等.2007. 烟熏香糟鱼加工工艺的研究［J］. 食品研究与开发，28（3）：112-115.

周文玉，俞春玉，刘建忠，等.1997. 饲料中油脂的质和量对团头鲂生长的影响［J］. 水产科技情报，24（1）：3-9.

周文玉，俞春玉，刘建忠，等.1997. 饲料中油脂的质和量对团头鲂生长的影响［J］. 水产科技情报，24（1）：3-9.

朱清旭.2009. 鱼病发生的原因及健康养殖技术［J］. 科学养鱼，1：82.

邹记兴.2011. 草鱼无公害养殖技术（二）［J］. 科学养鱼，8：12-13.

邹记兴.2011. 草鱼无公害养殖技术（三）［J］. 科学养鱼，9：12-13.

邹志清，苑福熙，陈双喜.1987. 团头鲂饲料中最适蛋白质含量［J］. 淡水渔业，17（3）：21-24.

邹志清，苑福熙，陈双喜.1987. 团头鲂饲料中最适蛋白质含量［J］. 淡水渔业，17（3）：21-24.

Clark A E，Watanabe W O，Ahmed H，et al. 1990. Growth，feed conversion and protein utilization of Florida red tilapia fed isocaloric diets with different protein levels in seawater pools [J]. Aguaculture, 88: 75-85.

Debnath D, Pal A K, Sahu N P, et al. 2007. Digestive enzymes and metabolic profile of *Labeo rohjta* fingerlings fed diets with different crude Protein levels [J]. Comparative Biochemistry and Physiology - B Biochemistry and Molecular Biologyv, 146 (1): 107-114.

Edward J Noga. 2009. Fish disease: diagnosis and treatment (Second Edition) [M]. New York: Wiley-Blackwell.

Fang Q, Houssam Attoui, Zhu ZY, et al. 2000. Sequence of Genome Segments 1, 2, and 3 of the Grass Carp Reovirus (Genus *Aquareovirus*, Family *Reoviridae*) [J]. Biochemical and Biophysical Research Communications, 274: 762-766.

Geoff L Allan, Ian P Forster, Menghe H Li, et al. 2011. Nutrient requirements of fish and shrimp [M]. Washington, D. C: The national academies press.

Guang-zhen Jiang, Wen-bin Liu, et al. 2012. Influence of dietary glycyrrhetinic acid (GA) combined with different levels of lipid on growth, body composition and cortisol of juvenile channel catfish, Ictalurus punctatus [J]. Journal of the World Aquaculture Society, 43 (4), 538-547.

Guang-zhen Jiang, Wen-bin Liu, Gui-feng Li, et al. 2012. Effects of different dietary glycyrrhetinic acid (GA) levels on growth, body composition and plasma biochemical of juvenile channel catfish, *Ictalurus punctatus* [J]. Aquaculture, 338-341: 167-171.

Herwig N. 1979. Handbook of drugs and chemicals used in the treatment of fish disease [M]. Springfield Illinois: Charles C. Thomas.

Joel Heppell, Heather L Davis. 2000. Application of DNA vaccine technology to aquaculture [J]. Advanced Drug Delivery Review, 43: 29-43.

Li X F, Liu W B, Jiang Y Y, et al. 2010. Effects of dietary protein and lipid levels in practical diets on growth performance and body composition of blunt snout bream (*Megalobrama amblycephala*) fingerlings [J]. Aquaculture, 303: 65-70.

Li Xiang fei, Liu Wenbin, Jiang, Yang Yang, et al. 2012. Protein-sparing effect of dietary lipid in practical diets for blunt snout bream (*Megalobrama amblycephala*) fingerlings: effects on digestive and metabolic responses [J]. Fish Physiol. Biochem, 38 (2): 529-541.

Li Xiang fei, Liu Wenbin, Lu Kangle, et al. 2012. Dietary carbohydrate/lipid ratios affect stress, oxidative status and non-specific immune responses of fingerling blunt snout bream, Megalobrama amblycephala [J]. Fish Shellfish Immunol, 33 (2): 316-323.

Qiu T, Lu RH, Zhang J, et al. 2001. The molecular characterization of RNA segment S9 of grass carp hemorrhage virus GCHV: an aquareovirus [J]. Aquaculture, 203: 1-7.

Robert R. J. 1982. Microbial Disease of Fish [M]. New York and London: Academic Press.

Shi W L, Shan J, Liu M Z, et al. 1988. A study of the optimum demand of protein by blunt - snout bream (*Megalobrama amblycephala*) [J]. FAO library, Network of Aquaculture Centres in Asia, 1988, Project report No: 68.

Stolen J. S. et al. 1986. Fish immunology [M]. New York Amsterdam: Elsevier.

Wolf K. 1988. Fish viruses and fish viral disease [M]. Ithach and London: Comstock.